- 江苏高校品牌专业建设工程资助项目(TAPP,项目负责人:朱锡芳,项目编号:PPZY2015B129
- “十三五”江苏省重点学科项目——电气工程重点建设学科
- 2016 年度江苏省高校重点实验室建设项目——特种电机研究与应用重点建设实验室

农网供配电技术的研究与设计

邹一琴 著

东南大学出版社
SOUTHEAST UNIVERSITY PRESS
·南京·

内 容 简 介

随着国民经济的持续发展，农村工业生产能力大幅提高，人们的生活质量也随之改善，农村电力用户对供电质量的要求也越来越高，加强农村电网建设将成为电力系统新的工作重点，由于当前我国农村配电网明显与城市配电网存在着诸多的不同，在地理气候条件、负荷特性、供配电方式、电能管理等方面有其自身的特点，因此针对农村配电网必须实施不同的配电策略，才可以有效提高农村配电网配电的效率。本书就农网中防雷技术、无功补偿技术、节能技术、综合自动化技术、电气防火技术等方面进行研究，探讨农网供配电设计技术，并针对各项技术给出具体的设计案例。全书内容自成系统，强调理论联系实际，适合现代农村供配电的要求。

本书可作为高等院校电气类专业的参考教材，也可作为高职高专、电视大学、函授大学等电气信息类相关专业的教学参考书，同时可供农村、工厂、企业、公司及城镇从事供配电工作的工程技术人员学习参考。

图书在版编目(CIP)数据

农网供配电技术的研究与设计/邹一琴著. —南京：东南大学出版社，2017.12

ISBN 978-7-5641-7532-0

Ⅰ.①农… Ⅱ.①邹… Ⅲ.①农村配电—研究 Ⅳ.①TM727.1

中国版本图书馆CIP数据核字(2017)第308927号

农网供配电技术的研究与设计

出版发行 东南大学出版社
出 版 人 江建中
社 址 南京市四牌楼2号
邮 编 210096

经 销 全国各地新华书店
印 刷 虎彩印艺股份有限公司
开 本 700 mm×1000 mm 1/16
印 张 13.75
字 数 270千字
版 次 2017年12月第1版
印 次 2017年12月第1次印刷
书 号 ISBN 978-7-5641-7532-0
定 价 48.00元

(本社图书若有印装质量问题，请直接与营销部联系。电话：025-83791830)

前　言

近年来，随着农村经济的快速、持续发展，农村用电量增长迅速，农村电力用户对供电质量的要求也越来越高，加快城乡电力统筹势在必行。如何完善农网供电系统，促进农电的可持续发展，是当前急需研究并解决的问题，由于当前我国农村配电网与城市配电网相比，在地理气候条件、负荷特性、供配电方式、电能管理等方面有较大的区别，因此作者根据多年来对农网供配电系统的研究基础，系统梳理了农网供配电系统中存在的问题，结合现代化新农村的供电要求，提出有针对性的配电策略，拟在进一步提高农村配电网的配电效率、降低电能损耗、提高供电可靠性等。

本书共分8章，主要针对农网中的防雷技术、无功补偿技术、节能技术、综合自动化技术、电气防火技术等方面进行了深入分析和研究，探讨农网供配电设计如何适应新农村供电需求变化的要求，归纳总结设计中应注意的问题，并针对各项技术给出具体的设计案例。全书各章单独成篇而不失系统性，设计案例来自生活中的真实案例，更具有针对性和说服力。全书力求理论联系实际，能反映供配电领域的新技术、新标准和新产品，做到文字简洁、重点突出、通俗易懂。

本书适合从事农村配网规划、建设、运维、创新研究的工程技术人员使用，也可以供电力类专业高校师生和科研人员参考，同时还可以为一般电力用户提供用电安全方面的指导和普及教育。

由于作者水平有限，书中难免有错缺之处，敬请同行、专家和读者批评指正，不胜感谢！

邹一琴

常州工学院

2017年9月

目　录

1 绪论

在我国，为县级区域内的县城、村镇、农垦区及林牧区用户供电的 110 kV 及以下配电网称为农村电网，简称农网。农村电气化建设是我国国民经济发展过程中的重要环节。从 1998 年开始，国家就开始实施农村电网建设与改造工程、县城电网建设与改造工程以及西部部分地区农村电网完善工程；2010 年中央经济工作会议明确提出了启动新一轮农网改造；2011 年国务院常务会议强调加快推进农网升级；2015 年中央一号文件再次提出要继续深化农网改造升级工作。“十一五”期间，国家电网农电系统大力实施“三新”农电发展战略，着力推进农村电网建设与改造“户户通电”工程、新农村电气化建设等工程，累计投入 3 075 亿元，为 134.1 万户 508.9 万人解决了用电问题，建成新农村电气化县 407 个、电气化乡(镇)4 991 个、电气化村 90 053 个；“十二五”期间，国家电网继续对多年来未改造过的农网进行全面改造，着力推进城乡用电同网同价、农村电气化县建设、可再生能源建设等工程，截止到 2015 年为 207.5 万无电人口解决用电问题，农网供电可靠率达到 99.7%，综合电压合格率达到 98.5%，综合线损率平均达到 6.2%。在政府的大力推动下，我国新一轮农村电网改造升级工程进展顺利，农网改造工程的实施，极大地改善了农村电力条件，有力地促进了农村经济和社会的发展。

回顾我国农网的发展历程，大致经历了一个逐步改造和提高的过程：20 世纪 60 年代的简易化阶段、70 年代的工业化阶段、80 年代的小型化阶段、90 年代的无人化阶段和现在正在建的智能化阶段。简易化阶段采用的是简易化变电所，采用柱上变压器、跌落式熔断器等设备，建设周期短、一二次系统比较简单，但供电可靠性低、设备毁损严重、系统维护工作量大；工业化阶段采用的是户内式变电所，采用多油断路器、半封闭成套开关柜等设备，供电可靠性有所提高，但造价高昂、占地面积大、设备安装复杂且维护工作量大；小型化阶段采用户外式断路器、综合集控装置、重合器等设备，具有占地少、投资省、建设周期短、维护费用少等优点；无人化阶段采用无人值班变电所，开始实施微机远动技术，实现了变电所的综合自动化，具有自动化程度高、供电可靠些高、占地面积小、投资省、建设工期短、解放了变电所值班人员等优点；智能化阶段将计算机技术与供电设备紧密联合起来，结合网络通信技术对农网供配电系统进行实时监控和管理。农网的智能化建设是新农村建设中的重要内容，由于智能化先进的科学技术与农网落后的配电技术存在一定的差距，例如有智能化硬件设施薄弱、设备更新速度不快、居民安全意识不浓、用电负荷变动较大、变电站供电能力不足、配网智能化管理欠缺等问题，使农网的智能化改造显得任重而道远，这就要求对农网供配电技术的各个环节进行深入研究，并采取有效的整改措施，全面提高农村的供电水平。

2 农村供配电系统及构成

2.1 农村负荷特点分析

农村人口一般居住比较分散，造成农村用电负荷不集中，加上农业生产季节性时令性强，这些客观条件决定了农村用电负荷与城市用电负荷存在较大的差异。

2.1.1 农村类型分析

1）按区域特点分类

由于存在地区差异，我国农村经济发展状况有较大的不同，这直接影响到农村的用电情况，据有关资料分析，我国农村分为六大类型。

(1) 现代化农村：该类农村以上海市农村为代表，社会经济发展水平很高，经济综合实力远远超过其他省市区。改革开放以来，其发展速度很快，产业结构以二、三产业为主导，在社会总产值中所占的比重在95%以上，一产的比重非常小，农村基础设施非常发达，受上海大都市发展的影响，基本上已实现了农村现代化。

(2) 发达农村：包括北京、天津、江苏、浙江、福建、广东、辽宁、山东8省区。这些省市的共同特点是地处东部沿海经济发达地区，农村社会经济发展水平较高，同时也是经济发展最快的，农村经济非农化程度高，二、三产业占80%左右，市场化与外向型农业较发达。

(3) 农业为主的中等发达农村：包括新疆、海南、内蒙古、黑龙江、吉林5省区。这些省市的共同特点是农业资源非常丰富，第一产业比重较高，同时农业发展的市场化程度也较高。

(4) 非农产业发展较快的中等发达农村：包括山西、河北、河南、安徽、湖南、湖北、广西、云南8省区。农村经济发展水平处于全国中等，大农业有一定的基础，农村非农产业有了较好的发展，在农村经济中已占据重要地位，但农村外向型经济市场化程度不高。

(5) 欠发达农村：包括陕西、甘肃、宁夏、四川、重庆、贵州、江西7省区。这些农村绝大部分位于我国西部地区，农村总体发展水平较低，结构仍以农业为主，非农产业起步晚，非农化程度仍较低，基础设施差，市场化程度低，农村整体发展速度较慢。

(6) 不发达农村：包括西藏、青海 2 省区。是全国农村发展水平最低、发展速度最慢的地区，第一产业在农村经济中占主导地位，二、三产业非常落后，农业资源(特别是水、草、林)潜力较大，但基础设施非常落后，农业市场化程度很低。

2) 按功能特点分类

根据农业部印发的《"美丽乡村" 创建目标体系》中关于美丽乡村的分类及特点，可将农村分为产业发展型、休闲旅游型、高效农业型和宜居综合型 4 大类。

(1) 产业发展型：主要指东部沿海等经济相对发达地区的乡村，其特点是产业优势和特色明显，基本形成"一村一品"、"一乡一业"，实现了农业生产集聚、农业规模化经营，农业产业链条不断延伸，产业带动效果明显。该类型农村主要以乡村工业和家庭小型加工用电负荷为主。

(2) 休闲旅游型：主要指重点发展乡村旅游的农村地区，其特点是旅游资源丰富，住宿、餐饮、休闲娱乐设施完善齐备，交通便捷，距离城市较近，适合休闲度假。该类型农村主要以餐饮住宿、观光游览等商业经营类用电负荷为主。

(3) 高效农业型：主要指我国农业主产地区的农村，其特点是以发展农业作物生产为主，农田水利等农业基础设施相对完善，农产品商品化率和农业机械化水平高，人均耕地资源丰富，农作物秸秆产量大。该类型农村以现代农业、种养殖业、农产品加工用电负荷为主。

(4) 宜居综合型：主要存在于大中型城市郊区，其特点是经济条件较好，公共设施和基础设施较为完善，交通便捷，农业集约化、规模化经营水平高，土地产出率高，农民收入水平相对较高。该类型农村以居民生活用电为主。

3) 按收入高低分类

按照经济收入及用电水平的高低将农村分为富裕型、小康型和温饱型三类。

富裕型：指人均年纯收入 15 000 元以上，户均年用电量 2 500 kW·h 以上。

小康型：指人均年纯收入 8 000～15 000 元，户均年用电量 1 500～2 500 kW·h。

温饱型：指人均年纯收入 8 000 元以下，户均年用电量 1 500 kW·h 以下。

2.1.2 农村用电特点分析

1) 农村用电需求分析

影响农村用电需求的重要因素有农村的产业特征和经济发展水平。以美丽乡村的农村类型为例，产业发展型农村的配电台区最大负荷率和平均负载率相对较高，季节性负荷和日负荷波动较小，如 2013 年，产业发展型农村年户均用电量大于 1 500 kW·h；休闲旅游型农村的配电台区最大负荷率较高，但平均负载率相对较低，季节性负荷和日负荷波动较明显；高效农业型农村的配电台区最大负载率和平均负载率均较低，农业生产用电季节性变化特征突出，故季节性负荷波动较大；宜居综合型农村的配电台区用电负荷相对平稳，季节性负荷和日负荷略有波动，但不突出。以农村收入高低分类为例，富裕型农村的户均最大负荷较高，小康型其次，温饱型农村最低，如 2013 年，富裕型村庄年户均用电量大于 2 500 kW·h，为小康型村庄的 1.5～2.0 倍，温饱型村庄的 2.5～3.0 倍；富裕型村庄的户均最大负荷大于 2.5 kW，为小康型村庄的 2.0～2.5 倍，温饱型村庄的 5.0～5.5 倍。

此外，居民生活习惯的不同对用电需求影响较大，尤其是空调、电暖器等调温设备的使用习惯。以区域型农村为例，现代化农村的使用频率较高，不发达农村最低，导致用电量需求差别较大，同时由于地域的不同，同类型农村的使用情况也有所区别，如空调的使用，长江以南地区主要在夏季和冬季使用，而长江以北地区一般在夏季使用，东北和西北地区夏季使用概率不高；再如电采暖的使用，主要集中在长江以南的华中、西南地区，一般冬季晚上至次日凌晨使用概率较高，而华北、东北、西北地区虽有应用需求，但使用概率不高。预计 2020 年，中等发达农村家庭最大负荷将达到 5 kW 左右，发达农村家庭最大负荷将达到 7 kW 左右。

随着农村居民综合素质及经济收入的不断提高，其用电需求和用电质量不断提高。随着新型城镇化建设的逐步推进，农村生产和消费方式正在从自给型向商品型转变，从单一化向多样化转变，消费结构由生存型向享受型、发展型转变，农民的闲暇时间逐渐增多，闲暇生活也逐步由单调贫乏向丰富多彩、高层次、个性化转变。因此农村的用电需求已朝着多元化、个性化和互动化方向发展，农民客户对电力故障处理的及时性、高效性提出了更高的要求，对用电便捷性、信息准确性、设备智能性等的期望值不断提高。

2）农村用电特点分析

由于农村地理位置均比较偏僻，用电需求也随着经济的发展不断发生变化，故其用电特点与城市之间存在较大的差异。

(1) 负荷密度低。农村村镇地域分布很广，用电不集中，电力负荷密度很低，就目前农村电气化水平而言，负荷密度通常在 5～75 kW/km^2 的范围内，变压器容量一般都较小，配电点多而分散，给用电管理带来不便。

(2) 供电距离远。电力线路供电距离长，线路损耗和电压波动较大，导致供电质量较差，昼夜负荷波动很大，后半夜用电负荷极低。

(3) 有很强的季节性。用电负荷受季节影响大，电力负荷大部分集中在夏、秋两季，用电高峰主要集中在农忙季节（农忙时由于灌溉、脱粒等负荷大量增加），甚至于集中在几天，严重时会使变压器超载，导致事故频生。受到气候的影响，农忙时节通常也是要抗旱或排涝的时期，这造成电网满负荷甚至过负荷运行，导致电网电压过低，影响水泵、电动机等设备的正常工作。

(4) 负荷的功率因数低。农村照明用电量不大，动力用电大多是小容量异步电动机、水泵等，安装分散，加之配套不合理，致使功率因数低，此外，1～3 月份和 10～12 月份为低谷负荷季节，该时段变压器长期在低负荷率下运行，出现无功电源过剩，造成功率因数降低，因此除具有一定规模的乡镇企业外，农村的自然功率因数通常在 0.7 以下。

(5) 负荷利用小时少。农村用电主要是电力排灌和农副产品加工等，而用于排灌和农副产品加工的机械电力设备全年只有很少一段时间使用，使得配电线路经常处于轻载或停用状态，这使得农村电力网设备综合利用小时较少。一般农村综合负荷的利用小时数为 1 500～2 000，而工业负荷的利用小时数为 4 000～6 000。

(6) 供电可靠性要求比较特殊。片刻停电对农村排涝负荷影响不大，从这点上看供电可靠性要求较低，但排涝负荷不能长期停电，如暴雨后 3～5 天内未能将积水排尽，将造成严重的农业减产，从这点上看对供电可靠性的要求又较高，因此，在有排涝负荷的农村，其供电可靠性比较特殊。

(7) 容易遭受雷击。农村电网分布在旷野，线路和变压器容易遭受雷击。变压器一旦受雷击损坏，会造成很大的经济损失。

新农村的建设推进，使农村的用电情况产生了新的变化，具有新的特点，例如农业排灌用电和乡镇企业用电量的增加、农村生活用电的提高、气候变化导致负荷随季节波动幅度减小等。针对以上农村用电新特点，应采取相应的措施，尽可能使电网经济合理、安全可靠地运行。例如，正确选择农用变压器的容量，采用调容量变压器或母子式变压器，合理选择变压器的安装地点，根据季节变化及时调节变压器分接开关，采用补偿电容器或自耦升压，正确整定变压器保护装置和正确选择熔丝，确保变压器的安全，加强线路维护，减小接触电阻和漏电损耗，提高供电质量，推广采用瓷横担，加强防雷保护，在变压器高、低压侧均安装避雷器等。

2.2　农村电网特点分析

2.2.1　传统农村电网特点

传统的农村电网规模大，覆盖面广，负荷分散，主要存在以下特点：

(1) 电网网架规划建设不合理，基础比较薄弱。由于负荷的不确定性，农村电网对负荷预测较为简单粗略，造成电网规划与实际用电出现脱节，甚至有重复建设的情况，线路路径杂乱无章，迂回线路较多，导致建设成本加大，浪费资金；设备选型标准不高，供电损耗偏大，农村低压电网发展存在瓶颈，缺乏适应未来智能电网的农村配电网架和技术研究的储备，缺乏规范统一的配电网制度标准。

(2) 电力设备陈旧，更新迟缓。农村电网的电力设备大多运行多年，由于运行环境比较差，导致老化现象严重，能耗高、性能差，影响供电可靠性，很多已无法满足农村日常的用电需求；由于对未来农村经济的发展预测不够，设备容量不能满足发展需求，例如变压器在选型时考虑的裕量不够，相应的继电保护设备也没有预留空间，导致变压器对负荷的配比未能合理的安排，变压器损耗比较严重，维修频率较高。

(3) 配电线路导线截面偏小，网络线损比较严重。农村用电负荷波动较大，由于规划设计时计算比较粗略，故农村电网电力线路导线截面偏小，加上负荷的中心位置通常没有靠近变压器，导致很多线路供电路径较长，造成了输送过程中电能损失较大，虽然在地方经济的发展下，通过招商引资等途径对原有的电网进行了大幅度改造，但仍然没有得到很好的解决，加上农网用电管理手段较为落后，使得违章和窃电现象普遍存在，导致农网损耗一直偏高。

(4) 电价偏高，电压偏低。由于农村大多数变压器未设置在负荷中心，同时，农网负荷几乎全是感性负载，网架结构内的无功补偿设备匮乏，使农网线路末端电压无法满足标准要求，电能质量差，用电设备不能在正常环境下运行，容易损坏，因此需要对农村电网进行大力改造。由于改造资金数额巨大，其中一部分转嫁到了电费，导致农村电费偏高，给农村居民造成不便。

2.2.1　新农村建设背景下的农网特点

新农村建设提出必须加强农村基础设施建设，加强农村道路、饮水、沼气、电网、通信等基础设施和人居环境建设，加强教育、卫生、文化等农村公共事业建设。电网的重新规划与建设对满足新农村建设生活宽裕、生产发展的要求发挥着关键性作用。在新农村建设的背景下，农网的特点也发生了较大的变化。

(1) 新能源电力接入电网。受经济发展和技术进步影响，大量新能源电力，如小型风力发电、家庭式太阳能发电和小水电等接入农村电网，影响了农网网架结构，既丰富了电力来源，又增加了更多的不确定因素。

(2) 故障判断能力逐步增强。电网逐步实现光变电站综合自动化，具备了故障自我判定能力。当发生电力事故时，农网保护装置可以对故障做出迅速判断，隔离故障，维持农网安全运行。同时，农村电网的信息化建设逐步完善。

(3) 可实现孤岛运行模式。为解决无电地区的用电问题以及提高重要可再生能源丰富的偏远地区的经济效益，开始发展农村微电网系统。当城市电网出现故障，需要网架解列时，农网已具备一定的孤岛运行能力，可充分利用孤岛内的分布式电源保障用户的可持续性供电，使农网的发电量实现自给自足，并通过对孤岛实行合理的控制策略，保证孤岛运行的稳定性和经济性。

(4) 电能质量明显改善。由于新型电力设备、无功补偿设备和智能继电保护装置的更新与推广,电网损耗大幅度降低,电网的重新规划使配电方式实现了优化,消除了末端电网低电压现象,农网供电质量明显提高。

2.3 农村供配电系统构成

为农村供电的电力网络称为农村电力网。农村供电始于19世纪末,当时是用小型发电站或发电机组为农田灌溉用的小型抽水机站供电。第二次世界大战以后,由大电力系统向农村供电的比重不断增长,到1970年,苏联、美国、日本、欧洲各国及其他工业发达国家都主要或几乎全部由大电力系统向农村供电。中国于20世纪30年代开始,在个别大城市郊区、个别县份使用电照明和电力提灌。但中国农村供电的发展很慢。1949—1957年,结合农田水利工程恢复,修建了一批小水电站。50年代末期,农村电气化开始列入国民经济建设计划,实行以大电力系统为主,大电力系统和小型电站并举向农村供电的供电方式。

国内农村电力网主要由220 kV、110 kV或35 kV、60 kV骨干网络和10 kV配电网络构成。10 kV配电网络采用中性点不接地的三相三线制配电方式;在电信线路稀少、负荷较小的个别农村地区,尚有采用以大地为一相导线的二线一地三相配电方式。而其他国家采用三相单相混合配电方式。由小水电站供电的地区,小水电站联网形成以35 kV或110 kV线路为骨干的小型电力系统,为县或若干个县的区域供电。有些小型电力系统还与大电力系统联网运行。

我国农村送配电线路主要采用钢筋混凝土杆塔、钢心铝绞线或铝绞线架空线路;个别农村低压配电线路采用直接敷设在地下的简易塑料电缆线路(俗称地埋线)。35(60) kV变电站采用无备用的简单接线方式、轻型开关电器和必要的保护、控制设备。较大容量的农村水电站装设同期装置、自动调压和自动调速装置。小容量(单机容量500 kW以下)电站一般用手动调节方式。

2.3.1 国外农村电网供电模式

国外农村电网供电模式主要有两类,一类是以欧美为代表的国家,普遍采用双电源单辐射供电模式,变电站建设模式主要靠设计较大容量备用电源,来满足“N—1”的供电要求,出线基本为单辐射,供电半径较长,采用可靠的重合器分段,接线虽然简单,但供电可靠性较高;另一类是以日本为代表的国家,主要采用环网供电模式,线路采用自动配电开关分段,实现配电自动化,从而满足供电要求。

国外常采用的供电制式主要包括三相四线制、两相三线制、三相三线制、单相三线制、单线接地回路等。

1）三相四线制(three-phase four-wire Configuration)

北美农网主要采用的供电模式是传统的三相四线制，即在供电过程中三相单相混合使用的系统，干线采用三相四线制，支线采用二线单相制，其中单相配电是通过三相中的一相与零线供电，并使用小型的单相变压器，这一方式应用于偏远农村地区供电。

2）两相三线制(Vee-Phase Configuration)

两相三线制通过两条相线和一条零线供电，其供电能力优于单相配电。

3）三相三线制(Three-Phase Three-Wire Configuration)

这种方式在欧洲较为普遍，也属于三相单相混合供电系统。与北美的模式不同，欧洲使用了大容量的三相变压器，农村地区通过三相中的两相供电，即支线采用二相线单相从三相中引出。

4）单线接地回路配电系统 (Single Wire Earth Return，SWER)

SWER 系统仅采用一根相线(一根导线)，并以地为回路组成单线一地单相供电。该方式与传统的供电模式相比，经济性更高，特别适用于人口分散的偏远农村地区，同时也适合负荷较为集中的小城镇、小工业设施、大型农场和矿区供电。该供电模式在澳大利亚、新西兰、加拿大、印度、巴西、非洲和亚洲的部分地区得到成功应用，其中在澳大利亚的应用最为广泛。

南非 Eskom 电力公司和澳大利亚 Country Energy 电力公司的经验表明，对于用户密度较低(低于 70 户/km^2) 的农村地区，由于供电半径较大，容易出现线路末端供电电压偏低的问题。此外，随着用户负荷的不断增大，以及单点大负荷的不断增多，农村用户的供电质量会受到较大影响。目前，除延伸中压配电线路外，在低压架空线路上安装线路调压器经济性更佳，可使末端电压达到规定标准。还可加装带有逆变器的储能装置，提高供电质量。储能装置在低谷时段储能，高峰时段放电，可缓解电网压力，同时还可缓解单点大负荷接入带来的短时冲击，降低夜间充电电流给 SWER 等供电线路带来的压升。

5）单相三线式制(Single-Phase Three-Wire Configuration)

两根相线(＝火线)中的任意一根跟中性线之间电压都是相同的，日本是 100 V，中国台湾是 110 V，北美是 110 或 120 V；两根相线之间的电压，是 2 倍于相线与中性线之间的电压，即日本 200 V，中国台湾 220 V，北美 220 V 或 240 V。

综合来看，各国的农村供电方式各不相同，但总体思路均是根据各自农村地区负荷需求的实际情况，因地制宜，选择最适合的农村供电方式，并尽可能提高农网建设的成本效益。

2.3.2 国内农村电网供电模式

我国农网发展极不平衡，东部发达地区农网大多以 110/10 kV 电压等级序列为主，具有较高的建设水平，以双电源“手拉手”环网供电、满足“N－1”可靠性要求为主；而经济欠发达地区农村供电多以 35/10 kV 电压等级序列为主，以单电源和单辐射供电为主。

国内的供电模式通常针对典型区域、负荷特性和特定电压确定，即以社会经济发展为基础，以满足供电区域用电需求为立足点，根据用户实际需要，综合考虑负荷、经济、资源、环境和技术等多方面因素确定与当地经济发展水平相适应的区域供电模式。

根据国家电网公司发布《新农村电气化标准体系》中规定，明确把农村分为 A、B、C 三类，分类依据为全村年人均收入，其中 A 类的收入最高，对用电的需求量也最大，C 类收入最低，用电需求量最小，因此，农村相应的供电模式也分为 A、B、C 三类。A 类典型区域基本供电模式是高、中压采用双电源环网供电，低压为全绝缘化的高配置供电模式，居民客户端电压合格率达到 96%，低压线损率不超过 9%；B 类典型区域基本供电模式是高、中压以环网供电为主，低压以绝缘化为主的中等配置供电模式，居民客户端电压合格率达到 95%，低压线损率不超过 10%；C 类典型区域基本供电模式是以单电源负荷、单环网为主的供电模式，变压器以柱上变为主，居民客户端电压合格率达到 95%，低压线损率不超过 11%。

国内常用的供电制式包括三相四线制、三相三线制。按保护接地的不同，又分为 TN 系统、TT 系统和 IT 系统三种。

(1) TN 系统

为三相四线制系统，该系统有一点直接接地，电气装置的外露可导电部分通过保护导体与该接地点相连接，即我国俗称的“保护接零”，当设备发生单相接地时，就形成单相短路回路，保护设备和人身安全。TN 系统可以分为 TN－S 系统、TN－C 系统、TN－C－S 系统，系统的中性导体与保护导体分开为 TN－S 系统，合一为 TN－C 系统，部分分开部分合一为 TN－C－S 系统。

(2) TT 系统

为三相四线制系统，该系统有一点直接接地，电气装置的外露可接近导体通过保护接地线接至与电力系统接地点无关的接地极，当设备发生一相接地故障时，就会通过保护接地装置形成单相短路电流，对容量较小的电气设备有较好的保护作用。

(3) IT 系统

为三相三线制系统，该系统与大地间不直接连接，电气装置的外露可导电部分通过保护导体与接地极连接,当设备发生一相接地故障时,会通过接地装置、大地、两非故障相对地电容及电源中性点接地装置形成单相接地故障电流,减小触点危害。

我国农网的供电模式,充分吸收了国内外电网建设的先进经验,契合建设“智能电网”的整体要求,逐步推进农网标准化建设。建议我国在开展农村电网的建设和升级改造中,应结合不同地域发展和居住形态差异性,因地制宜地推广应用适合农网特点的建设模式和技术。

3 农村电网防雷技术研究与设计

雷电是自然界中一种激烈的放电现象，由雷电引发的灾害目前已经被联合国列为十大自然灾害之一。近 20 年来，雷电灾害造成的经济损失和人员伤亡事故呈现出发生频次多、影响范围大、危害性质严重、社会影响大等特点。目前，雷电灾害已成为危害程度仅次于暴雨、洪涝滑坡塌方的第三大气象灾害。

雷电对现代社会生活造成的严重危害引起了国内外各界对防雷工作的极大关注，目前国内外已经有较为先进的防雷技术，并且运用于各个领域。不仅涉及普通城市建筑物的防雷保护，更包括一些特殊建筑物的防雷保护，例如玻璃幕墙建筑物、现代金属建筑物，甚至也包括一些危险环境下的建筑物，例如石油储罐、变电站等。而配电线路的防雷则更为重中之重，因为防雷保护与电力系统的稳定运行密不可分，而电力系统的稳定运行则关系到全国广大人民群众生活、生产的用电需求。没有稳定的电力系统作为保障，就不可能有用电可靠性，由此对社会产生的影响是极大的。而农村电网由于自身特点，以及农村地区地形地貌、自然气候条件的差异，其面临的防雷形势也是较为严峻的。

3.1 雷电基本概念

3.1.1 雷电的形成

雷电是一种常见的大气放电现象，一般产生于对流发展旺盛的积雨云中，因此常伴有强烈的阵风和暴雨，有时还伴有冰雹和龙卷。在夏天的午后或傍晚，地面的热空气携带大量的水汽不断地上升到高空，形成大范围的积雨云。积雨云顶部一般较高，其不同部位聚集着大量的正电荷或负电荷，可达 20 km。

云中电荷的分布较复杂，但总体而言，云的上部以正电荷为主，下部以负电荷为主。而地面因受到近地面雷雨云的静电感应，也会带上与云底相反符号的电荷，两者相当于一个巨大的电容器。一般情况下，我们把地面看成零电势面，根据公式 $U=Ed$，因为积雨云与地面间的电场强度与距离都很大，所以它们间的电势差很大，即电压很大。

闪电的电压很高，约为 1 亿～10 亿 V。闪电的平均电流是 3 万 A，最大电流可达 30 万 A。一个中等强度雷暴的功率可达 1×10^7 W，相当于一座小型核电站的输出功率。当云层里的电荷越积越多，使电场强度达到一定强度时，就会把空气击穿，打开一条狭窄的通道强行放电。由于云中的电流很强，通道上的空气瞬间被烧得灼热，温度高达 6 000～20 000 ℃，所以发出耀眼的强光，这就是闪电。而闪道上的高温会使空气急剧膨胀，同时也会使水滴汽化膨胀，从而产生冲击波，这种强烈的冲击波活动形成了雷声。

3.1.2　雷电的种类

雷电主要分为直击雷、感应雷、雷电波入侵、雷球、雷击电磁脉冲。

1）直击雷

指雷电直接击在建筑物构架、动植物上，因电效应、热效应和机械效应等造成建筑物等损坏以及人员的伤亡。

2）感应雷

感应雷也称为雷电感应或感应过电压。它分为静电感应雷和电磁感应雷。

(1) 静电感应雷：是由于带电积云接近地面，在架空线路导线或其他导电凸出物顶部感应出大量电荷引起的。它可产生很高的电位。

(2) 电磁感应雷：是由于雷电放电时，巨大的冲击雷电流在周围空间产生迅速变化的强磁场引起的。这种迅速变化的磁场能在邻近的导体上感应出很高的电动势。雷电感应引起的电磁能量若不及时泄入地下，可能产生放电火花，引起火灾、爆炸或造成触电事故。

3）雷电波入侵

雷电波可能沿着架空线路或金属管道侵入屋内，危及人身安全或损坏设备。

4）雷球

球形雷是一种特殊的雷电现象，简称球雷。球形雷的形成研究还没有完整的理论，通常认为它是一个温度极高的特别明亮的眩目发光球体，直径一般约为 10～20 cm 或更大。球形雷通常在电闪后发生，以每秒几米的速度在空气中漂行，存在的时间大约为百分之几秒至几分钟，一般是 3～5 s，其下降时有的无声，有的发出嘶嘶声，一旦遇到物体或电气设备时会产生燃烧或爆炸，它能从烟囱、门、窗或孔洞进入建筑物内部造成破坏。

5）雷击电磁脉冲

雷击电磁脉冲是指建筑物在遭受直接雷击或其附近遭受直接雷击的情况下产生的雷电过电压。雷击电磁脉冲是一种干扰源，是指闪电直接击压建筑物防雷装置和建筑物附近所引起的效应。

3.1.3 雷电的危害

雷电流也是电流，它具有电流所具有的一切效应，不同的只是它在短时间以脉冲的形式产生强大的电流。尤其是直击雷，它的峰值有几十千安，甚至几百千安。它的峰值时间（从雷电流上升至 1/2 峰值算起，直至下降到小于 1/2 峰值的时间间隔），负闪击通常只有几微秒到十几微秒，正闪击稍长些，正是这种特殊情况，使雷电流具有特殊的破坏作用。

雷电的危害主要包括雷电热效应的破坏作用、雷电冲击波的破坏作用、雷电流电动力效应的破坏作用、雷电静电感应的破坏作用、雷电流电磁感应的破坏作用、雷电反击和引入高电位的破坏作用。按雷电破坏因素可将其归纳为三类：

1）电性质破坏

雷电产生高达数万伏甚至数十万伏的冲击电压，可毁坏发电机、变压器、断路器、绝缘子等电气设备的绝缘，烧断电线或劈裂电杆，造成大规模停电。绝缘损坏会引起短路，导致火灾或爆炸事故，如高压窜入低压，还可造成严重触电事故；二次放电（反击）的火花可能引起火灾或爆炸；巨大的雷电流流入地下，会在雷击点及其连接的金属部分产生极高的对地电压，可直接导致接触电压或跨步电压的触电事故。

2）热性质破坏

当几十安至上千安的强大电流通过导体时，在极短的时间内将转换成大量热能。雷击点的发热能量约为 500～2 000 J，这一能量可熔化 50～200 cm^3 的钢。故在雷电通道中产生的高温往往会酿成火灾。

3）机械性质破坏

由于雷电的热效应，能使雷电通道的木材纤维缝隙和其他结构缝隙中的空气剧烈膨胀，同时使水分及其他物质分解为气体，因而在被雷击物体内部出现很大的压力，致使被击物遭受严重破坏或造成爆炸。

3.1.4 雷电的参数

雷电放电受气象条件、地形和地质等许多自然因素影响，带有很大的随机性，因而表征雷电特性的各种参数也就具有统计的性质。主要的雷电参数有雷暴日及雷暴小时、地面落雷密度、雷电流幅值、雷电流等值波形等。

1）雷暴日及雷暴小时

雷暴日 T_d是指该地区平均一年内有雷电放电的平均天数（d/a）。雷暴小时 T_h是指平均一年内有雷电的小时数（h/a）。雷暴日与该地区所在纬度、当地气象条件、地形地貌有关。若某地区雷暴日小 15 天则为少雷区，若大于 40 天则为多雷区，若大于 90 天则为强雷区。

2）地面落雷密度

表征雷云对地放电的频繁程度，以地面落雷密度(γ)来表示，是指每一雷暴日每平方公里地面遭受雷击的次数。地面落雷密度和雷暴日的关系式为：

$$\gamma=0.023T_d^{0.3} \tag{3.1}$$

DL/T 620 - 1997 标准取 $T_d=40$ 为基准，则 $\gamma=0.07$。

3）雷电流幅值

按 DL/T 620 - 1997 标准，一般我国雷暴日超过 20 天的地区雷电流的概率分布为：

$$\log P=-\frac{I}{88} \tag{3.2}$$

式中：I——雷电流幅值(kA)；

P——雷电流幅值超过 I 的概率；

4）雷电流等值波形

雷电流的幅值随各国自然条件的不同而差别较大，而测得的雷电流波形却基本一致。雷电流的波头在 1～5 μs 的范围内，多为 2.5～2.6 μs；波尾多在 20～100 μs 的范围内，平均约为 50 μs；按 DL/T 620 - 1997 标准，取为 2.6/50。

3.1.5 我国雷电活动情况

由于我国地域广阔，且东西南北地形地貌特征各异，在气候方面也是具有很大的差异。因此大致上我国的雷电活动可以以区域来划分总结。雷电活动从季节来讲以夏季最为活跃，冬季最少。从地区来讲是赤道附近地区最为活跃，随纬度升高而减小，极地最少。评价某一地区雷电活动的强弱，通常有两种办法。其一，习惯使用“雷电日”即以一年当中该地区有多少天发生耳朵能听到雷鸣来表示该地区的雷电活动强度。我国平均雷电日的分布大致以四个区域划分，西北地区一般在 15 日以下；长江以北大部分（包括东北）平均雷电日在 15～40 日；长江以南地区平均雷电日达 40 日以上；而北纬 23°以南地区平均雷电日达 80 日。我国广东的雷州半岛地区及海南省，是我国雷电活动最剧烈的地区，年平均雷电日高达 120～130 日。总之，我国是雷电活动很强的国家，大致有如下规律：

① 南方多于北方。越靠近赤道和热带地区，雷电活动就越强；越往北，也就是气温较低、雨量较小地区，雷电活动就较弱。

② 山区多于平原。如云贵高原、青藏高原等地区的雷电活动就比同纬度的其他地区强。此外，我国山区的雨量一般比平原多。

③ 内地多于沿海。在其他条件相同时，沿海和靠近大江大河的地区的雷电活动较其他地区弱。

④ 在其他条件相同时，土壤电阻率较高的地区，雷电活动较弱。例如，西北和内蒙古的沙漠地区，雷电活动就比同纬度的其他地区如华北、东北地区少很多。

⑤ 我国雷电活动移动的方向，在华北多自西北向东南；华中和西南地区由东向西；华南地区方向比较不定。

综上仅仅是大致上的总结，仍不全面，但是足以作为雷击选择性的资料，对防雷工作有很重要的意义。

3.2　送电线路防雷技术研究

目前而言，农网大致由 35 kV 送电线路、35 kV 变电所、10 kV 配电网、0.4 kV 用电网组成。35 kV 线路是我国农村电网主要送电线路，其线路绝缘水平低，经常发生直击雷雷害事故，同样也会有相应的感应雷雷害发生。故在雷雨、大风等恶劣天气条件下送电线路跳闸率居高不下。虽然改造农村电网后情况有所好转，但是在防止雷害事故，特别是防止跳闸事故方面并没有取得根本的改善。

3.2.1　国外防雷技术分析

长期以来，世界范围内的电力行业一直致力于减少配电线路雷击事故的发生，提高供电可靠性。发展至今，在国际上已经形成了较为综合的防雷措施。19 世纪 70、80 年代是电力网发展的初期阶段，当时几乎无任何过电压保护装置。19 世纪 90 年代初期，才有 E. Tomsom 研制出了磁吹间隙，保护直流电力设备。而到了 20 世纪初，德国最先提出了利用避雷线防雷的理论，该理论侧重强调采用避雷线防雷，有利于降低绝缘上的感应过电压。到了 20 世纪 30 年代，虽然避雷线已经投入运行多年，但是在国际上对其防雷作用并没有达成较为一致的认识。架设避雷线在于防止感应雷，而像英国、德国等一些国家的专业人士认为高压线不受感应雷的影响。到了 1931 年，苏联科学家提出，对于大于等于 60 kV 的高压线路来说，避雷线的保护仅仅侧重于直击雷。通过努力，德国仅在几年之后就成功研究了线路遭遇雷击之后在相邻杆塔之间的雷电流分布情况，即分流系数概念。到 20 世纪 40 年代初，世界先进防雷技术就确保了 100 kV 及以上高电压输电线路的防雷基本配置，即架设避雷线且避雷线架设高度足够高，与此同时配有较为良好的接地保护装置。

3.2.2 国内防雷技术分析

对于我国而言，电网建设相对于发达国家来说是较为落后的，农村电网建设则更为落后，在电网防雷技术、防雷技术配置、设施方面更是远远落后于发达国家，由于我国的城市建设步伐缓慢，城乡发展落后，再加上我国地域广阔，有着山区、丘陵、平原等各种不同的地形地貌，在电力网防雷技术方面存在优劣差异。就目前而言，由于我国农村电网结构复杂、地貌特征复杂等因素仍然未能全面考虑，使得防雷设计及措施改造还处于不完善阶段，并不断通过技术革新，水平正在逐渐成熟。

经过不懈的努力，我国电力部门在雷电形成机理研究、雷电活动情况观察以及各领域内的防雷已经取得相对完善的科技成果。这些科技结果已经广泛应用于架空线路的建设当中，对其防雷保护起着极为有效的作用。但是在相当一部分架空线路中，雷击仍然是影响其安全的重要因素。例如，1998—1999 期间年我国某市雷电活动较为频繁，8 月连续遭遇雷暴天气，其中 8 月 16 日晚连续遭遇直击雷达 30 几次，多段 35 kV 线路频繁跳闸，且多数雷击部位是 35 kV 线路合成绝缘子处。经后期数据统计，在 1998—1999 年期间，该市 35 kV 配电线路共发生雷击跳闸达 12 次，其中自动重合闸成功有 11 次，占 91.6%；重合闸不成功次数为 1，占 8.4%。而在这 12 次雷击中，雷击导致合成绝缘子闪络 10 次，占 83.3%。1994—1997 年期间，我国山东威海地区 35 kV 系统由于雷击引起间歇性谐振弧光接地过电压，烧毁了 14 台电压互感器、3 台电流互感器、4 台开关柜和 6 台避雷器，直接经济损失达 200 多万元，给电网供电可靠性以及安全运行带来很大的威胁。1997 年，我国浙江金华地区 35 kV 线路共发生事故(包括障碍)8 次，其中 7 次为雷击事故(重合成功 5 次，重合不成功 2 次)，占 87.5%，雷击跳闸率为 3.21 次/100 km/a。在所有雷击事故中，都存在着不同程度的绝缘子闪络现象。可见在 35 kV 输电线路的事故中，雷击事故占了绝大多数。对 35 kV 送电线路来说，考虑经济效益，一般不宜沿全线架设避雷线，而是在变电所或发电厂的进线段架设 1～2 km 避雷线。

就避雷器领域而言，早在 20 世纪 60 年代末，日本大阪松下电器公司就研制出新一代“无间隙避雷器”，即氧化锌避雷器。我国从 1976 年开始进行电力氧化锌避雷器的研究，自 20 世纪 80 年代以来，我国氧化锌避雷器技术发展很快，目前我国的氧化锌避雷器的研究与生产现已形成集合型和规模化的大生产体系。经过引进、消化、移植国外先进技术，现在已经开发研制出具有自己独立知识产权的系列产品，并已达到国际先进水平，已与国际接轨，参与国际市场的竞争。长期以来，避雷器一直是电力系统限制大气过电压的主要措施。近年来，经过科技工作者的努力，已经成功地将避雷器应用在线路上。35 kV 线路一般采用 3～4 片绝缘子，其绝缘水平较低，防雷一般采用安装避雷线、消弧线圈等措施，很少采用线路避雷器，然而通过试验运行，采用一般的防雷措施还存在一些问题。而安装线路避雷器可以很大程度改善输电线路防雷性能。我国从 1993 年开始研制并应用线路型避雷器。1997 年，我国山东淄博相关电力部门首开先例，使用自主生产的线路避雷器在35 kV线路上试验运行。经过 2 个雷雨季节，其在 35 kV 配电线路上的防雷效果是显而易见。随后，线路避雷器在众多实践工程得到应用，实际运行情况表明，装设线路避雷器后，线路耐雷水平大幅度提高，雷击跳闸率也大大降低。

除了架设避雷线以及使用线路避雷器以外，对于 35 kV 配电线路的防雷措施还有降低杆塔接地电阻，即确保杆塔接地电阻小于 10 Ω，尤其是变电站进出线的头两个杆塔的接地电阻必须小于 10 Ω。在我国电网输电建设工程中，杆塔接地电阻造价在工程总造价中所占的比例相对很低，仅仅不到 1%。通过改善杆塔接地电阻来提高线路耐雷水平的成本并不高，但降低雷击跳闸率的经济效益是较为显著。对于雷害事故多发段，通常在输电导线下方接一条地线，即耦合地线，以提高输电线路反击耐雷水平，降低雷击跳闸率。目前我国普遍运用的耦合地线架设技术分为两类，一是直接增设在导线下方的直挂式耦合地线，二是平行架设在线路两侧(或一侧)的侧面耦合地线。对于 35 kV 配电线路来说，装设自动重合闸对于防雷来说是不可或缺的。目前，我国 35 kV 及以下配电线路的自动重合闸成功率约为 50%～80%，可见自动重合闸装置对我国电力网提高保供电可靠性，确保电网安全起着重要作用。配电线路自身绝缘水平低，仍是我国 35 kV 配电线路防雷现状中的一个现实问题。其中，输电线路绝缘子损坏及老化是造成输电线路绝缘水平低的主要原因。例如在 35 kV 配电线路中普遍使用 XWP2－70 等型号的绝缘子，从实际运行来看，在绝缘子使用片数以及防污处理等方面仍存在不当之处，及时检测和更换绝缘子成为改变这一现状的有效方式之一。在国外，自 20 世纪 60 年代以来学者们就开始研究在架空输电线路上使用并联间隙技术。而长期以来我国电力工业并没有广泛的使用绝缘子串并联间隙技术。近年来，中国电力研究科学院联合一些省市电力公司及试验研究院、电力设计院及生产厂家开始对类似35 kV输电线路并联间隙保护装置进行研究，经过不断改进和完善，研制出了适用于我国的并联间隙保护装置，并且在江苏省的运行试验中取得了一定的成绩。

长期以来我国农村电网在以提高配电线路耐雷水平、降低雷击跳闸率为根本目的的防雷技术研究和措施改造工作已经取得一定的成绩。但是，在 35 kV 配电线路设计与运行当中，由于对线路走廊的雷电活动掌握不够全面，对线路结构及地形地貌特征未能全面考虑，故我国面前的防雷设计与措施仍处于粗放、简单的状态，并且缺乏针对性，经济性也不强。因此，应当充分了解线路走廊的雷电活动情况的差异、线路结构特征以及地形地貌特点的差异，对 35 kV 输电线路的防雷技术及措施的技术原理、应用目标及原则、综合效益以及发展趋势进行综合评价，只有以这样的指导思想来开展防雷工作，才能达到更好更高的水平。

3.3 变电所防雷技术研究

3.3.1 国外防雷技术分析

变电所是电力系统防雷的重要保护环节之一，其安全性直接影响社会生产和人民生活，因此变电所的防雷保护措施必须十分可靠。变电所防雷的研究是从20世纪60年代开始的，当时美国电力工程技术人员对变电所的电磁干扰问题从电子电路到电缆的电磁干扰耦合过程进行了研究，在1978年建立了一套新的变电所开关柜的电磁干扰研究方法，1983年通过模拟变电所的雷电瞬态干扰对二次设备抗扰度的影响，比较了时域和频域测试的特点，提出了一种分析变电所雷电瞬态电磁干扰问题的时域模型，1986—1993年间，测量了7个空气绝缘变电所和2个气体绝缘变电所，分析了雷击变电所产生的瞬态电磁干扰对变电所电缆和内部电缆线的影响，总结出变电所瞬态电磁干扰的建模方法和测量技术。

瑞士科学家在分析雷击效应和对GIS变电所的瞬态电磁干扰研究方面较为突出，瑞士洛桑联邦理工大学的M. Ianoz教授提出了分析雷击效应的建模方法，分析了GIS变电所和AIS变电所电磁干扰问题的建模影响因素。J. Meppelink对GIS变电所内、外过电压现象作了具体研究，提出利用球形电场传感器测量实际GIS外壳过电压的方法。ABB公司的P. Knapp提出把电磁干扰问题按界面划分的处理方法。

其他国家的研究也各有特点。德国的W. A. Heib介绍了针对一座GIS变电所开关操作产生的雷电干扰所采取的屏蔽设计工程。南非的P. H. Pertorus测量了132 kV、275 kV和400 kV等电压等级的变电所的雷电瞬态电磁干扰结果。英国C. S. Barrack对变电所瞬态电磁干扰测量方法进行了分析比较。日本和意大利等国科学家也开始了在该领域的研究工作。

3.3.2 国内防雷技术分析

我国对变电所的电磁兼容问题研究较晚。20世纪80年代随着基于微电子技术的继电保护装置的应用与推广，电磁兼容问题才受到关注。1996年1月1日自欧共体执行“89/336/EEC电磁兼容性指令”，我国才加大了对各行业电磁兼容问题的研究力度。随着电力工业的迅猛发展，国家电网所属的中国电力科学研究院、清华大学等科研院所相继开展电磁兼容问题的研究。例如，中国电力科学研究院出版了《发电厂和变电站电磁兼容导则》，清华大学研究了电力线路干扰临近通信线路或金属管线的问题,南京自动化研究院和四方公司对二次弱电设备的抗干扰问题进行了研究等。

3.3.3 变电所防雷措施

1) 直击雷防护

雷云对地放电的主通道通过变电所,就称变电所被直击雷击中。直击雷发生的概率虽然很小,但其危害十分大。变电所直击雷的防雷措施主要有:装设独立的接闪杆或架空接闪线或接闪网,使被保护的变电所及风帽、放散管等突出屋面的物体均处于接闪器的保护范围,确保设备与接地引下线的安全距离,防止反击,装设集中接地装置,每一引下线的冲击接地电阻不得大于 10 Ω;主控室(楼)或网络控制楼若有金属屋顶或屋顶有金属结构时,将金属部分接地,若屋顶为钢筋混凝土结构,应将其钢筋焊接成网接地,若结构为非导电的屋顶时,采用接闪网保护,该接闪网的网络为 8～10 m 设引下线接地。

2) 闪电电涌侵入防护

在对系统进行浪涌防护时,必须在浪涌输入通道的端口上将其有效的抑制。抑制浪涌的主要手段是采用 SPD(浪涌保护器件)。变电所防闪电电涌侵入的主要措施有:设置进线保护段,以减少危险雷电侵入波产生的机会,即在靠近变电站出线架的 1～2 km 线路上采取可靠的防雷保护措施;在变电所内装设避雷器,以限制雷电侵入波过电压的幅值,如在变电站母线上装设阀型避雷器,对大容量变电站的电气设备装设 SFZ 系列阀型避雷器,对小容量的配电装置装设 FS 系列阀型避雷器等。

3) 感应过电压的防护

感应过电压产生的原因主要是由于雷电的入侵,大型用电设备的开、关动作,大型电网的闭合。其中感应雷是由直击雷放电并在其附近的金属导体中感生的,它通过不同的方式入侵导体,感应出很高的电动势。感应过电压的防护措施主要有:采用等电位联结和设备接地,即对二次设备及系统的各导电部分建立电位基本相等的电气连接,包括设备所在建筑物的主要金属构件和进入建筑物的金属管道、供电线路(含其外露可导电部分)、防雷装置、由二次设备构成的信息系统,将机房、变电房、铁塔的接地极连接起来,组成联合地网。

3.4 低压配电网络防雷技术研究

过去一般都把防雷的重点放到开关和变压器等方面,对于低压配电网络没有给予充分的准备和重视。实际上低压配电网络自身的绝缘能力有限,加之配电网中设备较多、分布线路较广，和用户关系较为密切，因此，遭受雷击后对电力系统和电能用户的影响越来越大。近年来对低压配电网络的防雷技术研究越来越受重视。

3.4.1　低压配电网络的防雷技术现状

低压配电网络的防雷技术有配电设备防雷技术以及中压配电网线路的防雷技术等。对于配电线路中，主要有架空线路以及电缆线路两种，电缆线路主要深埋于地下，受雷电的影响较小，因此架空线路的防雷是重点。架空线路的防雷基本包括架设避雷线的方式、安装线路避雷器以及防弧金具等。

中压架空线路中国内最基本和普遍的防雷措施是架设避雷线。35 kV 等级主要对变电站和发电站的相关出线和进线架设避雷线 1～2 km，如果是重要线路和雷击的重点防护区，则可以根据实际情况在全线架设避雷线；10 kV 等级一般情况下不再架设避雷线，如有特殊需要，可架设单根的避雷线。

在雷电活动和发生频率较高的山区和相关地方，可安装避雷器对配电线路进行防雷其能够使避雷水平得到大幅度的提升，使雷击的跳闸率得到一定程度的下降。

防弧金具可以从防雷金具上对雷击电流进行相应的疏导，使导线免被雷电击损。在我国的沿海江浙地区，安装防弧金具进行防雷的情况较为广泛，也收到了良好的防雷效果。

3.4.2　低压配电网络防雷技术问题分析

设避雷线进行防雷，对限制过电压有一定的作用，但由于线路绝缘水平较低，雷击严重时会导致雷击断线的情况发生，一般线路是无法只利用避雷线进行有效的防雷保护的，加上避雷线的造价较高、难度很大，所以对于 10 kV 的线路主要是考虑其接地装置的情况和适当对绝缘进行加强。

中性点的运行方式对避雷器的选择有一定的影响，例如中性点的相关接地系统对绝缘水平的要求比中性点的非有效性的相关接地系统要低一些，此时可以采取金属氧化的避雷器进行防雷。

35 kV 的线路可以采用避雷器来提高防雷标准。由于 35 kV 的相关输电线路的绝缘水平也比较差，仅采用对绝缘子进行加强和降低对接地电阻等措施是不够的，可以配合安装避雷器。避雷器有无间隙型和间隙型两种。如果采用间隙型的避雷器，有纯空气间隙以及复合绝缘子的间隙两种，可任意进行选取，能够降低维修时间（其在运行的过程中没有电流，对功率的损耗不大，使用寿命较为理想）。选择纯空气间隙型的避雷器，能够解决无间隙避雷器场受到污染等相关问题。

输电网络的消弧线圈有自动消弧线圈和固定消弧线圈两种。固定消弧线圈因存在一定的问题，逐渐被自动消弧线圈所代替。自动消弧线圈能够在电网中有效地检测电流，因此可以控制电流，不让接地电弧连续，从而降低和减少跳闸率。在目前较为通用的和先进的相关技术主要有气吹消弧装置，能够对雷电发出相应的强烈消弧气流，从而使气流在电弧通道中脱离电极，使其熄灭。

3.5　农网防雷设计案例

江苏昆山是我国经济百强县之首，国内高新科技产业密集地，属于新农村的典型代表。下面以昆山千灯地区秦石 387 线以及大石 343 线两条 35 kV 送电线路为案例，进行农网 35 kV 送电线路防雷技术分析设计；以石浦 35 kV 变电站为案例，进行农网 35 kV 变电所和低压配电网络的防雷改造设计。通过案例设计，为农网供配电系统的防雷设计提供借鉴。

案例一　农网 35 kV 送电线路防雷改造设计

一、送电线路概况

1）线路模型

大石 343 线，始于昆山张浦镇大市变电站，终端为昆山千灯镇石浦 35 kV 变电站；秦石 387 线，始于昆山千灯镇变电站，终端为昆山千灯镇石浦 35 kV 变电站，图 3.1为该配电网络的模型图。

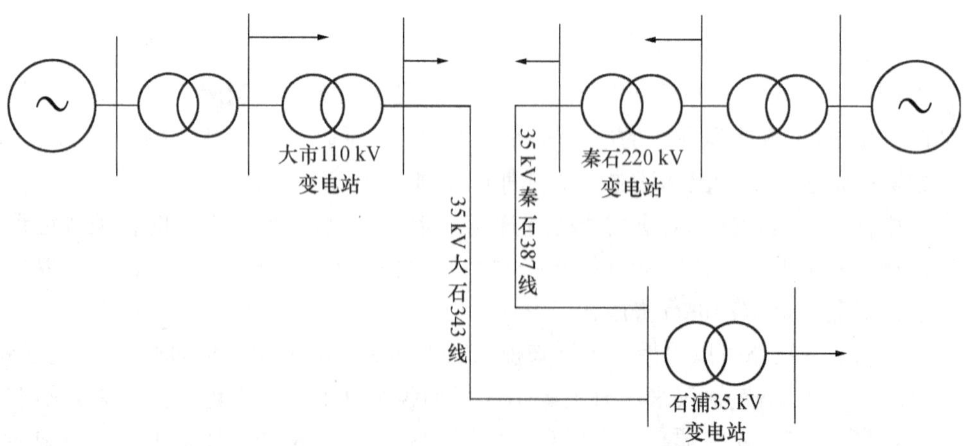

图 3.1　35 kV 线路模型

2）线路参数

大石 343 线以及秦石 387 线这两条 35 kV 配电线路采用钢结构不带拉线的自

立式杆塔，其具体配置情况如下：

秦石 387 线：杆塔数为 25 基，其中千灯镇秦峰变电站出线段杆塔数为 8，即 1＃、2＃、3＃、4＃、5＃、6＃、7＃、8＃；千灯镇石浦 35 kV 变电站进线段杆塔数为 7，即 25＃、24＃、23＃、22＃、21＃、20＃、19＃。

其中，转角杆塔有 2＃、24＃，终端杆塔为 1＃、25＃，其余杆塔为直线杆塔，且秦石 387 线全段线多数采用上字型塔。图 3.2 为杆塔模型：杆塔上只架设一根架空地线，导线呈不对称三角形布置，其外形呈“上”字型，顶端架设避雷线，适用于轻雷及轻冰地区导线截面较小的输电线路，常用于 35 kV 电压等级的电力线路。

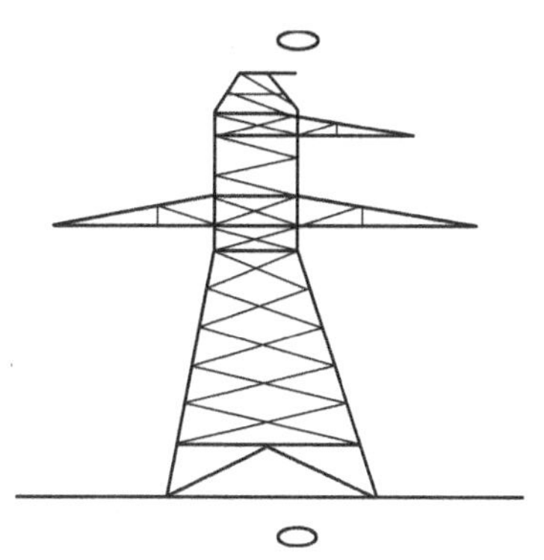

图 3.2 上字形杆塔模型图

大石 343 线：杆塔数为 42 基，其中张浦镇大市变电站出线段杆塔数为 7，即 1＃、2＃、3＃、4＃、5＃、6＃、7＃；千灯镇石浦 35 kV 变电站进线段杆塔数为 7，即 36＃、37＃、38＃、39＃、40＃、41＃、42＃。

其中，转角杆塔有 2＃、41＃，终端杆塔为 1＃、42＃，其余杆塔为直线杆塔，且大石 343 线全段线也多数采用“上”字型塔，图 3.3 为实际杆塔。

图 3.3 大石 343 线 40＃杆塔

大石 343 线相应参数

电压等级：35 kV

线路长度：10.2 km

气象条件：年最高温度 40 ℃，年最低温度－5 ℃，年最大风速 25 m/s

地形情况：100%平地

雷电日：40 日左右

导线：型号为 LGJ - 95，安全系数为 2.5，平均运行应力为：66.64 N/mm^2

地线：型号为 GJ - 35，安全系数为 3.33，最大使用应力为：393 N/mm^2，平均运行应力为 252.8 N/mm^2

秦石 387 线相应参数：

电压等级：35 kV

线路长度：4.6 km

气象条件：年最高温度 40 ℃，年最低温度 -5 ℃，年最大风速 25 m/s

地形情况：100%平地

雷电日：40 日左右

导线：型号为 LGJ - 95，安全系数为 2.5，平均运行应力为 66.64/mm^2

地线：型号为 GJ - 35，安全系数为 3.33，最大使用应力为 393 N/mm^2，平均运行应力为 252.8 N/mm^2

这两条 35 kV 输电线路先后投入运用，目前秦石 387 线是 35 kV 石浦变电站的备用电源。两条线路基本情况相近，但在防雷措施等方面存在一定的差异。对这两条 35 kV 线路的防雷措施方面进行分析比较可更好的体现出昆山地区防雷现状。

3) 线路绝缘水平分析

绝缘子是将导线绝缘地固定和悬吊在杆塔上的物件。送电线路常用绝缘子有：盘形瓷质绝缘子、盘形玻璃绝缘子、棒形悬式复合绝缘子。按材料的不同绝缘子分为：瓷质绝缘子、玻璃绝缘子、合成绝缘子。图 3.4 为大石 343 线线路绝缘子串在线路中连接情况，所选用的绝缘子型号为 XWP2 - 70 盘形瓷质绝缘子，与在该地区投入运行的多数绝缘子属于同一系列。

图 3.4　实拍线路绝缘子图

XWP2－70 盘形绝缘子(见图 3.5)具体参数如下：

① 公称结构高度 H:146 mm

② 瓷件公称盘径 D:255 mm

③ 最小公称爬电距离:400 mm

④ 连接型式标记:16c/16b

⑤ 机电破坏负荷:70 N

⑥ 50%全波冲击闪络电压(峰值):peak/kV

⑦ 工频湿放电电压:45 rms/kV

⑧ 工频击穿电压:120 kV

图 3.5　XWP2－70 盘形绝缘子实物图

大石 343 线以及秦石 387 线全线采用 4 片 XWP2－70 盘形绝缘子组成的绝缘子串。其中大石 343 线全线均采用单相线路，与杆塔连接处使用两个绝缘子串并联，而秦石 387 线则采用单组绝缘子串，这是两条线路存在的明显差异。

二、现场调研

1) 接地电阻测量

(1) 使用接地电阻测试仪准备工作

① 熟读接地电阻测量仪(见图 3.6)使用说明书，全面了解仪器的结构、性能及使用方法。

② 备齐测量时所必须的工具及全部仪器附件，并将仪器和接地探针擦拭干净，特别是接地探针，一定要将其表面影响导电能力的污垢及锈渍清理干净。

③ 将接地干线与接地体的连接点或接地干线上所有接地支线的连接点断开，使接地体脱离任何连接关系成为独立体。

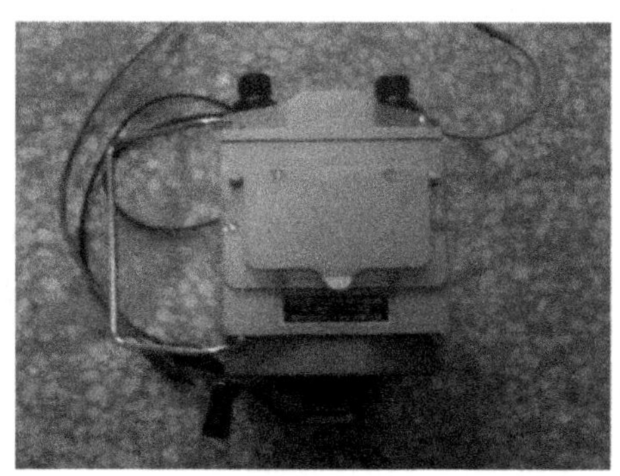

图 3.6　ZC25－4 型绝缘电阻表(1 000 V,0～1 000 MΩ)

(2) 使用接地电阻测试仪测量步骤

① 将两个接地探针沿接地体辐射方向分别插入距接地体 20 m、40 m 的地下，

插入深度为 400 mm(见图 3.7)。

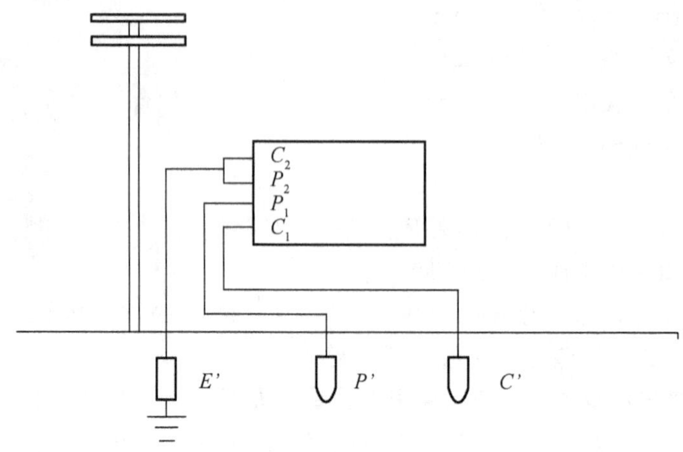

图 3.7　接地电阻测试图

② 将接地电阻测量仪平放于接地体附近,并进行接线,接线方法如下:

a. 用最短的专用导线将接地体与接地测量仪的接线端“C2”、“P2”相连后的那一端相连。

b. 用最长的专用导线将距接地体 40 m 的测量探针(电流探针)与测量仪的接线钮“C1”相连。

c. 用余下的长度居中的专用导线将距接地体 20m 的测量探针(电位探针)与测量仪的接线端“P1”相连。

③ 将测量仪水平放置后,检查检流计的指针是否指向中心线,若否调节“零位调整器”,使测量仪指针指向中心线。

④ 将“倍率标度”(粗调旋钮)置于最大倍数,并慢慢地转动发电机转柄(指针开始偏移),同时旋动“测量标度盘”(细调旋钮)使检流计指针指向中心线。

⑤ 当检流计的指针接近于平衡时(指针近于中心线)加快摇动转柄,使其转速达到 120 r/min 以上,同时调整“测量标度盘”,使指针指向中心线。

⑥ “测量标度盘”的读数过小(小于 1)不易读准确时,说明倍率标度倍数过大。此时应将“倍率标度”置于较小的倍数,重新调整“测量标度盘”使指针指向中心线上并读出准确读数。

⑦ 计算测量结果,$R_{地}$ =“倍率标度”读数×“测量标度盘”读数。

2) 测量结果分析

经过准确测量,大石 343 线全线 42 个基杆塔与秦石 387 线 25 个基杆塔接地电阻值如表 3.1、表 3.2 所示。

表 3.1 大石 343 线接地电阻值表

线路	项目								
35 kV 大石 343 线	杆塔	1#	2#	3#	4#	5#	6#	7#	8#
	阻值(Ω)	3.21	6.75	8.22	4.20	5.12	5.67	11.67	5.65
	杆塔	9#	10#	11#	12#	13#	14#	15#	16#
	阻值(Ω)	8.54	8.68	11.24	6.75	7.71	2.04	4.44	5.44
	杆塔	17#	18#	19#	20#	21#	22#	23#	24#
	阻值(Ω)	5.13	1.27	8.00	10.24	5.33	4.91	6.02	11.70
	杆塔	25#	26#	27#	28#	29#	30#	31#	32#
	阻值(Ω)	7.41	6.02	7.49	10.13	9.35	1.26	9.13	2.01
	杆塔	33#	34#	35#	36#	37#	38#	39#	40#
	阻值(Ω)	5.34	4.35	6.02	11.73	2.23	10.76	6.11	5.86
	杆塔	41#	42#						
	阻值(Ω)	9.71	1.27						

表 3.2 秦石 387 线接地电阻值表

线路	项目								
35 kV 秦石 387 线	杆塔	1#	2#	3#	4#	5#	6#	7#	8#
	阻值(Ω)	2.18	11.78	3.48	5.02	4.26	11.51	4.88	10.02
	杆塔	9#	10#	11#	12#	13#	14#	15#	16#
	阻值(Ω)	1.25	4.53	4.67	2.28	3.13	4.45	10.11	7.80
	杆塔	17#	18#	19#	20#	21#	22#	23#	24#
	阻值(Ω)	2.94	4.68	2.03	6.11	18.94	1.13	2.32	7.35
	杆塔	25#							
	阻值(Ω)	6.36							

由表可见,大石 343 线全线接地电阻阻值大于 10 Ω 的基数为 7,分别为 7#、11#、20#、24#、28#、36#、38#,其中进线段接地电阻大于 10 Ω 的为 7# 11.67 Ω、36# 11.73 Ω、38# 10.76 Ω。

秦石 387 线全线接地电阻阻值大于 10 Ω 的基数为 5,分别为 2#、6#、8#、15#、21#、其中进线段接地电阻大于 10 Ω 的为 2# 11.78 Ω、6# 11.51 Ω、8# 10.02 Ω、21# 18.94 Ω。

接地电阻阻值大于 10 Ω 属于超标现象,按照规程规定而言,这将会影响雷电流能否经过杆塔顺利入地,对线路耐雷水平也存在风险,是造成雷击跳闸率高的原因之一。

三、雷击跳闸率分析

1）雷击跳闸率的基本概念

据有关资料的统计，我国浙江地区到 2014 年为止，雷击断线事故与雷击跳闸事故约为 395 次，上海地区使用绝缘导线以来，也已有近百起雷击闪络事故。西方资料介绍雷击断线事故约占总雷击的 96.8%，日本资料表明雷击断线事故约占配电网绝缘事故的 36.8%。因此，一条线路的雷击跳闸次数与线路长度、雷电日的多少以及防雷措施的好坏有关。为了分析比较这两条线路防雷措施的好坏，引入了雷击跳闸率的概念。即每百公里线路，40 雷电日，由于雷击引起的开断数（重合成功也算一次），称为该线路的雷击跳闸率，简称跳闸率，跳闸率是衡量线路防雷性能好坏的综合指标。

(1) 雷击跳闸率

定性地用式(3.3)表示：

$$n=NP_1\eta \tag{3.3}$$

式中：N——线路上的总落雷数；

P_1——雷电流幅值等于或大于耐雷水平的概念；

η——建弧率；

NP_1——会引起闪络的雷击数。

所以 $NP_1\eta$ 表示会引起开关跳闸的雷击次数，即跳闸率。

(2) 建弧率

雷冲击时绝缘子串发生冲击闪络的过程。雷冲击电压过去后，弧道仍有一定程度的游离，在工频电压的作用下，将有短路电流流过闪络通道，形成工频电弧。因雷电压持续时间很短（100 μS 左右），绝缘子冲击闪络时间相应也很短，继电保护来不及动作，所以仅有冲击闪络并不会引起开关跳闸，只有当冲击闪络火花转变为稳定工频电弧，才会引起线路开关跳闸，因此一条线路的雷击跳闸数，不仅与耐雷水平有关，而且与冲击闪络之后弧道建立工频电弧的可能性，也就是建弧率有关：η ＝建立稳定工频电弧的次数。

2）雷击跳闸率的计算

输电线路的雷过电压分为感应雷过电压和直击雷过电压。感应雷过电压对电压为 35 kV 线路来说，由于绝缘水平不高，会引起闪络；对于直击雷过电压，只考虑雷直击杆塔和雷绕过避雷线击于线路（绕击）两种情况，不考虑雷击档距中央的情况（认为不会发生闪络）。

（1）雷击杆塔的耐雷水平 I

$$I_1=\frac{U_{50\%}}{(1-k)\left[\beta\left(R_{ch}+\frac{L_{gt}}{2.6}\right)+\frac{h_d}{2.6}\right]} \tag{3.4}$$

式中：$U_{50\%}$——绝缘子串的50%冲击闪络电压；

k——避雷线与输电线路间的耦合系数；

h_d——塔高(m)；

β——分流系数；

R_{ch}——杆塔冲击接地电阻(Ω)；

L_{gt}——杆塔等值电感(μH)。

雷击杆塔跳闸率 n_1（每40个雷暴日，每100 km）

$$n_1=0.6h_b g p_{I_1}\eta \tag{3.5}$$

式中：h_b——避雷线的平均高度(m)；

g——击杆率；

p_{I_1}——雷电流超过耐雷水平 I_1 的概率；

η——建弧率。

（2）雷绕击线路的耐雷水平 I_2

$$I_2=\frac{4U_{50\%}}{Z} \tag{3.6}$$

式中：Z——输电线路的波阻抗(Ω)。

绕击引起的跳闸率

$$n_2=0.6h_b p_\alpha p_{I_2}\eta \tag{3.7}$$

式中：p_α——绕击率；

p_{I_2}——雷电流超过耐雷水平 I_2 的概率。

对于平原地区

$$\lg p_\alpha=\alpha\sqrt{h_d}/86-3.9 \tag{3.8}$$

对于山区

$$\lg p_\alpha=\alpha\sqrt{h_d}/86-3.35 \tag{3.9}$$

式中：α——保护角度。

线路总的雷击跳闸率

$$n=n_1+n_2 \tag{3.10}$$

对于两条案例线路，用上述计算方式计算，结合实际运行情况，雷击跳闸率相对比较高。

3）造成雷击跳闸率高的原因

35 kV线路自身的绝缘水平不是很高，当发生雷击时，雷击放电引起的导线接地闪络是极为正常的。线路因为雷击跳闸必须满足以下两个条件：一是雷击时雷电过电压超过线路绝缘水平引起绝缘冲击闪络，但其持续时间仅有几十微秒左右，线路开关还来不及跳闸；二是冲击闪络相继转化为稳定的工频电弧，对于35 kV线路来说就是形成相间短路，从而导致跳闸。

对于35 kV线路来说，雷闪引起的线路过电压主要有以下四种：感应雷过电压、雷直击导线过电压、雷直击杆塔过电压、雷直击避雷线反击过电压。图3.8为雷闪引起线路过电压示意图。

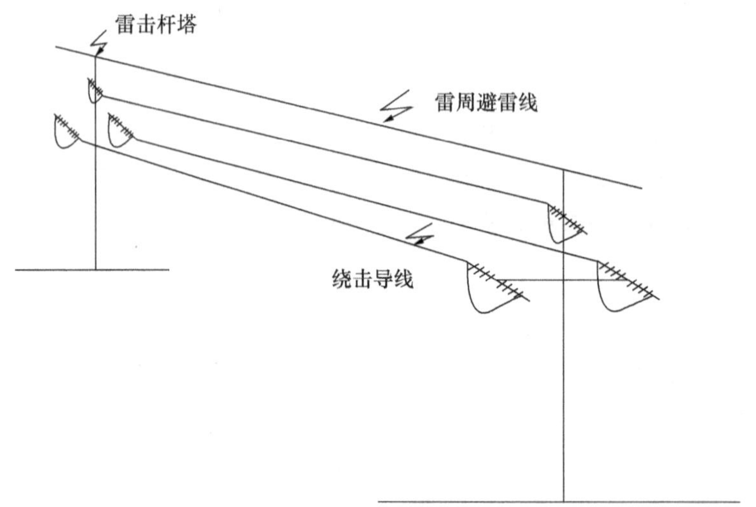

图3.8　雷击过电压示意图

(1) 直击雷落雷点多

直击雷直击线路一般主要有三种情况，即35 kV配电线路不是全线架设避雷线，在无避雷线的情况下，雷电直击导线是不可避免的；在进线段虽然有1～2 km的避雷线保护，但是由于避雷线的架设有偏差等因素，雷电绕击导线也可能会发生；避雷线遭到雷电直击也是会发生的，很多情况下会发生在杆塔与避雷线结合处。以大石343线为例，在近几年的几次雷击跳闸事件中，多数以直击导线为主，当然也曾发生过绕击导线的现象。从大石343线历年跳闸统计可知，直击线路的落雷点较为分散，且落雷点多，这也是线路雷击跳闸率高的一个重要前提。

对于雷电直击导线可以这么理解：在雷直击导线后，雷电流将从被击导线向两侧分流如图 3.9 所示。

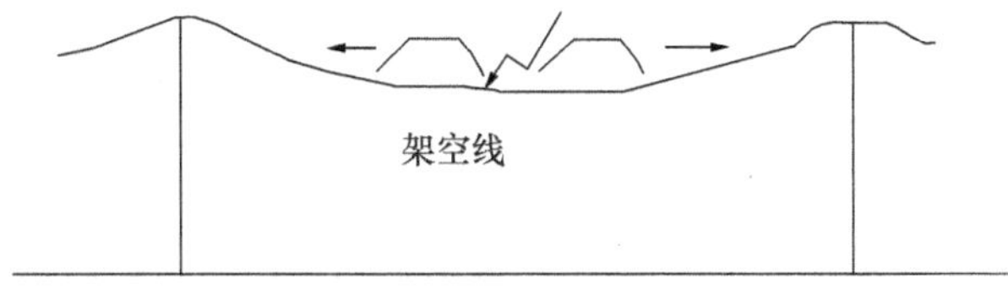

图 3.9　雷直击导线示意图

雷击导线形成向两边传播的过电压波，在没有产生反射波之前，电压与电流比值为阻抗 Z，35 kV 架空线在大气过电压的情况下，Z 值一般取 400 Ω 左右。而雷击架空线时，要求电流必须小于统计测量的雷电流，多数情况取一半，即$\frac{I}{2}$，因此作用在线路绝缘上的电压为：

$$U_g=\frac{I}{2}\times\frac{Z}{2} \tag{3.11}$$

因为过电压波向两侧分流，故取$\frac{1}{2}Z$，可得 $U_g=100I$。假设 U_g 取值为绝缘子的 50%冲击闪络电压，即 U_{50}，可表示为：$I=\frac{U_{50}}{100}$，故在没有避雷线的情况下，架空导线的耐雷水平可以雷电流幅值 I 来表示。按 DL/T 620－1997 标准，一般我国雷暴日超过 20 日的地区雷电流的概率分布为：

$$\log P=-\frac{I}{88} \tag{3.12}$$

若以 3.5 kA 雷电流幅值为参考基准，则有 91%的概率雷直击导线会导致绝缘子闪络，可见 35 kV 配电线路在无避雷线的情况下，线路耐雷水平是很低的，这也与大石 343 线、秦石 387 线雷直击导线造成的跳闸占跳闸率比例高的现状符合。

(2) 感应雷防护措施不够

当雷云在架空线上方时，架空线路感应出异性电荷。雷云对其他物体放电后，架空线路上的电荷被释放，形成自由电荷流向线路两端，产生电位很高的过电压，即感应雷过电压，如图 3.10 所示。

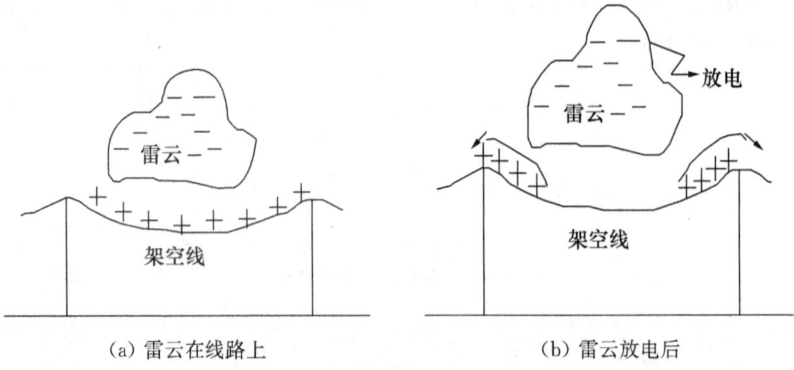

(a) 雷云在线路上　　(b) 雷云放电后

图 3.10　架空线上的感应雷过电压

当雷击点与导线距离超过 65 m 时，导线上的感应雷过电压可以表示为：

$$U_g = 25\frac{I \times h_d}{S} \tag{3.13}$$

式中：I——雷电流幅值(kA)；

h_d——导线平均高度(m)；

S——雷击点与导线距离(m)。

由式可知，感应雷过电压与雷电流幅值成正比，与导线平均高度成反比，且 h_d 越大，导线对地电容就越小，感应电荷产生的电压就越高。而感应雷过电压与雷击点到导线的距离成反比，当 S 增大时，感应雷过电压就相应减小。相关测试显示，感应雷过电压的峰值可以达到 300～400 kV，对于 35 kV 配电线路来说，这也是造成绝缘子闪络的重要原因之一。从实际情况来看，在 343 大石线以及 387 秦石线及周边 35 kV 线路的多年运行中，因为感应雷过电压而引起的跳闸时普遍存在。造成这种现象的原因是这类 35 kV 配电线路对于感应雷的防护措施仍不够全面。

(3) 进线段接地电阻超标

以大石 343 线与秦石 387 线两条 35 kV 配电线路全线接地电阻测量值为例分析如下：大石 343 线全线接地电阻阻值大于 10 Ω 的基数为 7，分别为 7＃、11＃、20＃、24＃、28＃、36＃、38＃，其中进线段接地电阻大于 10 Ω 如表 3.3 所示。

表 3.3　大石 343 线进线段超标接地电阻值表

杆塔号	7＃	11＃	38＃
接地电阻(Ω)	11.67	11.73	10.76

秦石 387 线全线接地电阻阻值大于 10 Ω 的基数为 5，分别为 2＃、6＃、8＃、15＃、21＃，其中进线段接地电阻大于 10 Ω 如表 3.4 所示。

表 3.4　秦石 387 线进线段超标接地电阻值表

杆塔号	2#	6#	8#	21#
接地电阻(Ω)	11.78	11.51	10.02	18.94

接地电阻阻值大于 10 Ω 属于超标现象，按照规程规定而言，这将会影响雷电流能否经过杆塔顺利入地，对线路耐雷水平也存在风险，是造成雷击跳闸率高的原因之一。秦石 387 线 21#杆塔的接地电阻为 18.94 Ω，比其他的接地电阻来说超标更为严重，经过现场调研发现，该杆塔接地电极所在区域有农作物种植，故该接地电极受到一定影响，已出现腐蚀现象。该杆塔属于秦石 387 线石浦变电站的进线段杆塔，接地电阻超标严重是影响该段线路耐雷水平的一个很大隐患，必须及时处理。

(4) 线路绝缘及耐雷水平不高

线路绝缘水平低也是雷击跳闸率居高不下的一个重要因素。大石 343 线以及秦石 387 线这两条线路近年来都经过大型维护，目前绝缘子使用概况都是符合国家规定标准的，绝缘子选用为 XWP2－70 盘形绝缘子，均使用 4 片串联而成。表 3.5为 XWP2－70 盘形绝缘子冲击放电试验参考表。在忽略因绝缘子个体差异的情况下，可以看出，4 片 XWP2－70 盘形绝缘子的耐压水平可以满足一定的绝缘闪络，但如果在全线易击段或者耐张段，雷击后闪络发生的几率依旧存在。因此对于大石 343 线以及秦石 387 线来说，即使全线均采用 4 片 XWP2－70 盘形绝缘子也不一定可以保证 100%的安全。

表 3.5　XWP2－70 盘形绝缘子冲击放电电压值参考表

绝缘子片数	1	2	3	4
U_{50}(kV)	90	169	284	369

与此同时，现场调研情况反映，大石 343 线以及秦石 387 线目前均没有全面采用线路避雷器，故其耐雷水平相对较低，对于线路进线段的保护也存在一定问题，以往运行数据反映，大石 343 线曾经发生过进线段雷电绕击事故，由此反映出避雷线保护角大小对线路进线段的耐雷水平来说也是一个重要因素。

四、改造方案设计

1) 避雷线保护的改善

架设避雷线是高压线路最基本的防雷措施，其主要作用是防止雷直击导线，此外，避雷线对雷电还有分流作用，可以减小流入杆塔的雷电流，使杆塔电位下降，与导线之间的耦合也可降低绝缘上的过电压。35 kV 配电线路的自身特点决定了其不宜全线架设避雷线。从实际考虑，35 kV 配电线路架设避雷线的范围为进线段 1～2 km。

避雷线保护角是影响输电线路抗绕击的因素之一，适当减小避雷线保护角，输电线路的绕击率就会相对减小，进而整条线路的雷击跳闸率就会大大降低。根据电气几何模型的观点，减小避雷线的保护角，能够提高避雷线对下方导线的屏蔽性能，即在相同幅值的雷电流下能够减小导线的暴露距离，与此同时，还可以减小可能发生的最大绕击电流。根据大石 343 线和秦石 387 线实际，通过适当的技术减小避雷线的保护角是可以实现的，这将使这两条线路的耐雷水平有很大的提高。

减小避雷线保护角的方法有以下三种：

① 保持避雷线和导线的高度不变，减小它们之间的水平侧向距离，使保护角减小。

② 保持避雷线高度不变，即确保杆塔高度不变，通过增加绝缘子片数，降低导线挂线点高度来减小保护角，这同时增加了绝缘子串长度，提高了绝缘子串的耐受电压，无疑是一举两得的事。

③ 保持导线高度不变，通过增加避雷线的高度，即增加杆塔高度来减小保护角。

大石 343 线和秦石 387 线目前采用的绝缘子串并非悬垂式，而是横向延伸的，故方法②并不适合，但对于符合条件的 35 kV 配电线路来说其是最为理想的方法。

在减小避雷线保护角时应当注意以下两点：

① 通过避雷线外移减小避雷线与导线之间的水平距离来减小保护角时应当注意避雷线不能外移太多。

② 通过导线内移的方法来减小保护角，可以避免杆塔重量的增加和基础应力增大的问题，还可以建造更为紧凑的输电线路，线路走廊也会相应减小。

对于像大石 343 线和秦石 387 线这样的已经投入运行的线路来说，进行改造虽然对降低跳闸率有明显效果，但是改造工程相当复杂，考虑到停电施工等因素，总体经济性不高。对于新建线路时，则要充分考虑这一点，确定一个最为合理的避雷线保护角大小。

2）采用线路避雷器提高防雷水平

避雷器是电力系统各类电气设备及线路绝缘配合的基础。由避雷器的保护性能确定电力系统所有电气设备的内外绝缘指标(短时工频耐压、雷电冲击耐压和操作冲击耐压等)。

(1) 金属氧化物避雷器的概念

金属氧化物避雷器是 20 世纪 80 年代由美、日等国开始在国际上普及推广的新一代避雷器，是常规避雷器中最先进的产品。我国 80 年代中期全面引进该项技术后，通过多年实践消化，目前各专业避雷器厂的交流避雷器性能与美、日、西欧等国的最先进产品相差不大，某些性能指标甚至达到或超过他们，真正达到了国标全部要求的产品也可以满足国际 IEC 标准的全部要求。

该产品核心工作元件用以氧化锌为主的多元金属氧化物粉末烧制，具有优异的非线性伏-安特性，陡波响应快，通流容量大。有间隙产品采用自吹间隙，带均压照射结构，降低了放电的分散性，冲击系数小。复合绝缘外套的采用，顺应了国际电力产品小型化、安全化、免维护的发展趋势。高分子有机复合材料与传统的陶瓷和玻璃等无机材料相比，具有体积小、重量轻、耐污秽免清扫、防爆防震动的优点。是集成化、规模化中高压输电线路成套设备中首选的防雷元件。

(2) 金属氧化锌避雷器的工作原理

加装避雷器以后，当输电线路遭受雷击时，雷电流的分流将发生变化，一部分雷电流从避雷线传入相邻杆塔，一部分经塔体入地。当雷电流超过一定值后，避雷器动作，加入分流，大部分的雷电流从避雷器流入导线，传播到相邻杆塔。雷电流在流经避雷线和导线时，由于导线间的电磁感应作用，将分别在导线和避雷线上产生耦合分量。因为避雷器的分流远远大于从导线中分流的雷电流，这种分流的耦合作用将使导线电位提高，使导线和塔顶之间的电位差小于绝缘子串的闪络电压，绝缘子不会发生闪络，因此，线路避雷器具有很好的钳电位作用，这也是用线路避雷器进行防雷的明显特点。

当塔顶电位 U_t 与导线上的感应电位 U_1 的差值超过绝缘子串 50%的冲击放电电压时，将发生由塔顶至导线的闪络，即 $U_t - U_1 > U_{50}$；如果考虑线路工频电压幅值 U_m 的影响，则为 $U_t - U_1, U_m > U_{50}$。因此，线路的耐雷水平与 3 个重要因素有关，即线路绝缘子的 50%冲击放电电压、雷电流强度和塔体的冲击接地电阻。

(3) 金属氧化锌避雷器的选用

随着输电线路防雷技术的不断提高，线路氧化锌避雷器作为一种新的线路防雷工具，已得到越来越广泛的认可和应用。多年运行经验表明，在雷电活动频繁、土壤电阻率高、地形复杂的地区安装线路型氧化锌避雷器，无论在防止雷绕击导线、雷击塔顶或地线时的反击都非常有效。对于 35 kV 线路装设的金属氧化锌避雷器的技术参数，一般应满足以下条件：

① 持续运行电压(有效值)不小于 40.8 kV；

② 额定电压(有效值)不小于 51 kV；

③ 直流 1 mA 参考电压不小于 73 kV(范围在 73～74 kV 之间)；

④ 标准放电电流 5 kA 等级下残压(峰值)不大于：雷电冲击 134 kV、操作冲击 114 kV、陡波冲击 154 kV；

⑤ 2 000 μs 方波电流(峰值)为 200 A；

⑥ 对绝缘配置，根据线路污秽等级要求确定。

线路用避雷器可分为无间隙避雷器及有串联间隙避雷器，有串联间隙避雷器又分为固定间隙避雷器和空气间隙避雷器。其中,无间隙避雷器始终参与线路运行,雷击线路时避雷器动作,常态时也可以吸收线路上的各种过电压能量,但避雷器故障失效时使母线对地,需停电人工摘除。有串联间隙避雷器不参于线路运行,延长了避雷器的使用寿命,雷击线路时避雷器间隙放电动作。固定间隙避雷器的优点是间隙放电电压范围稳定,缺点是固定间隙失效相当于无间隙避雷器;空气间隙避雷器的优点是常态下始终与系统脱离。雷击线路时避雷器间隙放电动作,缺点是间隙会随风摆动。

大石 343 线和秦石 387 线这两条线路并未全线安装线路型避雷器,只针对目前防雷薄弱地段装设了避雷器,密集度并不是很大。安装线路避雷器必须考虑技术经济性,要以最少投入达到最好效果,要既尽量减少避雷器安装的数量又达到防雷的目的;考虑到雷击的分散和不确定性,安装数量又必须足够才能看出效果,因此,选点、选量、选相是相当重要的。在充分考虑经济性方面后,可以适当考虑在这两条线路上增装线路型避雷器,在线路进线段选用有间隙避雷器则更好,以确保这两条线路耐雷水平能上升一个档次。此外,氧化锌避雷器的在运行过程中的合理维护也是相当重要的。

3) 安装自动重合闸装置

自动重合闸是将因故障跳开后的断路器按需求自动投入的一种自动装置。自动重合闸的采用是系统安全经济运行的客观要求。根据运行经验,在电力系统的故障中,输电线路的故障所占比例最大,而且 90%左右为暂时性的。在电力系统中采用自动重合闸装置,可自动恢复整个电力系统的正常运行状态,极大地提高了供电的可靠性,减少了停电损失,大大提高了电力系统的暂态稳定水平,增强了线路的送电容量。

由于线路绝缘具有自恢复性能,大多数雷击造成的闪络事故在线路跳闸后能够自行消除,因此,安装自动重合闸装置对于降低线路的雷击事故率具有较好的效果。根据统计情况,我国 35 kV 配电线路的自动重合闸成功率为 50%~80%。因此,对于 35 kV 配电线路来说应当尽量装设自动重合闸装置。

在 35 kV 配电线路上安装单相自动重合闸最为合适,因为对于 35 kV 配电线路来说,多数为单侧电源供电,并且运用于生活用电,故单相自动重合闸可确保不间断对用户进行供电。大石 343 线与秦石 387 线虽然同时进入 35 kV 石浦变电站,但是这两条线相对独立,故各自独立安装单相自动重合闸装置是符合实际情况的。

4) 采用绝缘子并联间隙保护技术

35 kV 输电线路并联间隙技术是利用在绝缘子串两端并联一对金属电极构成间隙,使雷线路时闪络发生在间隙处,从而保护绝缘子串免受电弧灼烧的输电线路防雷保护技术。并联间隙及绝缘子串两边的电极合称为并联间隙装置，又称引弧角或者招弧角。根据绝缘子种类不同，并联间隙装置可以分为玻璃绝缘子用或者瓷质绝缘子用并联间隙装置和复合绝缘子用并联绝缘子装置。

正常情况，在绝缘子串两端并联一对金属电极构成间隙，保护间隙的长度小于绝缘子串的长度。图 3.11 为并联间隙保护技术原理图。

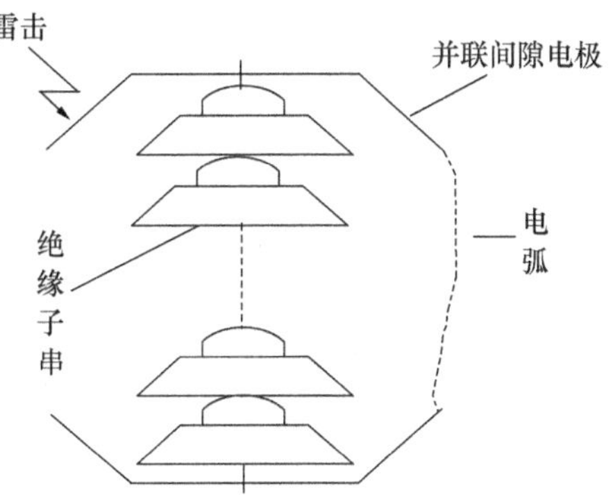

图 3.11 并联间隙保护技术原理图

正常运行时，并联间隙装置均有工频电场作用；当架空导线遭受雷击时，绝缘子串上产生相当高的雷电过电压，由于保护间隙的雷击冲击放电电压小于绝缘子串的放电电压，所以保护间隙先进行放电，接续的工频电弧在电动力和热应力的作用下，通过并联间隙所形成的放电通道，被引导至电极端头，然后在固定的电极上燃烧，这样就借着电动力沿着电极端头吹开并且最终消散开来，从而使得绝缘子串得到保护不被电弧灼烧坏。在绝缘子表面发生闪络时，接续产生的工频电弧在电动力和热应力的作用下，沿着并联保护间隙电极向远处运动，同样可保护绝缘子串。

国外发达国家从 20 世纪 60 年代起就开始研究在架空线路上使用并联间隙保护技术、并且已经积累了相当丰富的技术和经验。这些国家所有的架空线路均采用了各种不同形状的绝缘子并联间隙保护装置。我国电力行业从 80 年代以后开始采用这项技术。通过多年来的运行经验，总结出使用并联间隙保护技术的优点：

① 装置价格便宜，结构相对简单；

② 提高系统重合闸的成功率，减少非计划停电时间；

③ 保护绝缘子不受损坏，减小绝缘子更换频率；

④ 降低线路的雷击事故率，保障配电网的稳定运行。

但采用并联间隙保护技术也存在不足之处，比如在输电线路现有的绝缘水平下安装并联间隙保护装置后会导致线路的绝缘水平下降，可能会造成雷击跳闸率的上升；在确保保持绝缘水平不下降的情况下安装并联间隙保护装置，则要考虑增加绝缘子串的长度，会增加成本。

总而言之，并联间隙保护技术原理简单、方便进行安装、经济性较高，是现代防雷技术的一项有力补充。常规的防雷技术如降低接地电阻、较小避雷线保护角以及安装线路避雷器等均可以理解为“堵塞型”防雷技术。而输电线路并联间隙保护技术则属于“疏导型”防雷技术，这类技术理念是值得推崇的。案例的两条 35 kV 配电线路并没有采用这项技术。因此,考虑推广并联间隙保护技术作为大石 343 线、秦石 387 线,以及昆山地区更多此类线路的防雷措施是很有现实意义的举措。

5) 加强维护和提高线路绝缘水平

35 kV 配电线路的运行维护是非常重要的,其中最为主要的就是绝缘子的检测与更换以及接地电阻的检测。这样做有利于及时发现并解决问题。合理的运行维护是提高线路防雷水平的重要环节之一。

(1) 降低超标接地电阻阻值

架空线路的接地电阻对于电力系统的安全稳定运行至关重要,山区、多雷区的线路由于接地电阻高而产生的雷击闪络事件特别多,因此设法降低杆塔接地电阻是降低雷击跳闸率的有效措施。因为当杆塔接地电阻降低时,雷击杆塔顶部时杆塔顶部电位升高的程度降低,绝缘子所承受的过电压程度也降低,故线路的反击耐雷水平提高,从而有效地降低线路的雷击跳闸率。

因此,电力部门必须定期检测杆塔接地电阻,及时测量杆塔接地电阻值,尤其是配电线路进线段接地电阻阻值,如果发现有阻值超标就要及时作出处理。表3.6为不同土壤电阻率下的杆塔接地电阻标准值。

表 3.6　不同土壤电阻率下杆塔接地电阻标准值

土壤电阻率(Ω · m)	100 及以下	100～500	500～1 000	1 000～2 000	2 000 以上
接地电阻(Ω)	10	15	20	25	30

降低杆塔接地电阻的方法主要分为物理降阻和化学降阻。物理降阻主要包括更换接地电极周围土壤、延长接地电极、降接地电极深埋、使用复合接地电极;化学降阻是以降低土壤电阻率来达到降低接地电阻的目的,通常是在杆塔接地电极周围敷设降阻剂等。在平原地区,土壤电阻率相对较低,按照常规设计,接地电阻值即能达到要求;在山区以及高土壤率地区,如何有效降低接地电阻、如何确保以较少投资收获最好效果依旧是电力部门面临的主要技术难题。

昆山属于长三角平原地区,大石 343 线这样的 35 kV 配电线路,其杆塔接地电阻控制在 10 Ω 以下是相对容易的;然而在线路运行过程中,若维护不到位,则很容易出现接地电阻超标的情况,在做现场调研时发现,秦石 387 线 21＃杆塔的接地电阻为 18.94 Ω,已经大于相应标准。从现场环境观察发现,该杆塔下方为一处农村耕

图 3.12　秦石 387 线 21＃杆塔接地实图

地,下方常年种植农作物,并且杆塔接地线上方堆有泥土、砖块等杂物,如图3.12所示。

检查发现,接地线已明显有腐蚀现象,可以认为该杆塔接地电阻值高的原因和种植农作物施肥以及维护不当等因素有关。因此,对于农村地区的35 kV配电线路接地电阻方面的维护应该加以重视。

(2) 检测及更换绝缘子

绝缘子是配电线路中极为重要的设备之一,其运行情况对于整条线路的绝缘水平有着很重要的作用。关于绝缘子的维护主要注意以下几点:

① 长期运行之后会出现许多低值或零值绝缘子,这样会使线路绝缘水平降低,因此需要定期检测出这些绝缘子,并进行更换。

② 电弧放电会造成绝缘子烧伤或者是绝缘子铁帽炸裂,因此对于这类绝缘子要及时更换。

③ 如果瓷质绝缘子表面出现龟裂,无论从电气性能还是机械性能来说,这都是很危险的,必须及时更换。

④ 在工业区、或者污染较为严重的地方,绝缘子很容易受到污染,对于绝缘子的防污也是极其重要的。

⑤ 如果条件允许,在配电线路受污染较为严重的地方可以选用防污型绝缘子,例如 XPW-110 系列的产品或者玻璃防污绝缘子等。

对于配电线路而言,其运行维护并非只涉及绝缘子和接地电阻,像线路避雷器等设备都需要经常进行检测和维护,只有做到防范于未然,才能确保配电网的安全稳定,才能确保供电可靠性。因此,在系统地提出防雷措施的时候,必须将运行维护考虑进去,这样防雷保护光较为全面。

案例二 石浦 35 kV 变电站防雷保护改造设计

一、变电站进线段保护

35 kV 送电线路不采取全线架设避雷线,但是为防止变电站附近线路受到雷击时,雷电沿线路侵入变电站内损坏设备,需在进线段 1～2 km 内架设避雷线,使该段线路免遭雷击。为使避雷线保护段以外的线路受雷击时侵入变电站内的过电压有所限制,一般可在避雷线两端处的线路上装设避雷器。进线段防雷具体接线方式如图 3.13 所示。当保护段以外线路受到雷击时,雷电波到避雷器 F_1 处即对地放电,降低了雷电过电压值。避雷器 F_2 的作用是防止雷电入侵波在断开的断路器 QF 处产生过电压,击坏断路器。

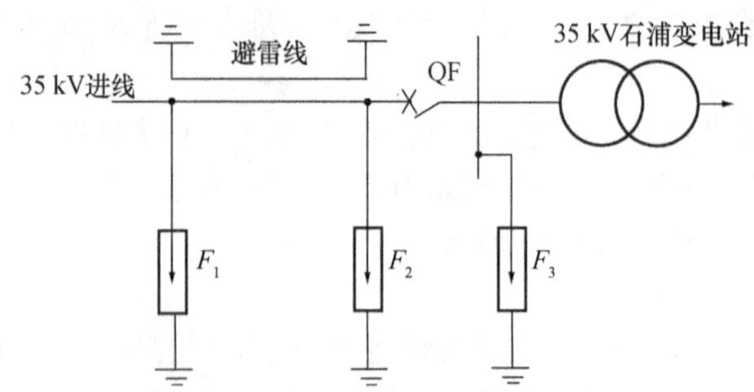

图 3.13　变电站 35 kV 进线段防雷保护接线

对于进线段的保护改造主要有三个方面，即用较小避雷线的保护角、降低进线段杆塔接地电阻、采用避雷器保护措施。本节主要讨论石浦变电站避雷器的更换。目前石浦变电站进线段避雷器使用情况达到标准，但如图 3.13 所示，F_1、F_2 以及 F_3 均采用的是有机外套型（HY5WX）无间隙避雷器，即 HY5WX－51/134 无间隙避雷器。但是严格来说，F_3 采用有间隙保护避雷器则防雷效果更佳。因此建议将 F_3 更换为 HY5CX 系列带间隙的避雷器。该系列的避雷器包括空气间隙避雷器，但采用固定间隙避雷器即可达到较好的防雷效果。因此，在避雷器选择方面相对简单，例如选取 HY5CX－51/134 型带间隙避雷器替换原先的 F_3 避雷器。

二、变电站直击雷保护计算与设计

1）建筑物防雷保护及避雷针概念

（1）建筑物的防雷分类及防雷要求

各种建筑物中，根据重要性、使用性质、发生雷电事故的概率和后果，按对防雷的要求不同分 3 类。

凡是在存放爆炸物品和正常情况下能形成爆炸性混合物，因电火花而会发生爆炸，致使房屋毁坏以及造成人身伤亡者属于第一类防雷建筑物。应有防直击雷、感应雷和雷电入侵波的措施。

制造、使用或存储爆炸物质但电火花不易引起爆炸或不致引起巨大破坏或者事故的建筑物，或者国家级重要建筑物，属于第二类建筑物。应有防直击雷和雷电入侵波的措施，有爆炸危险的也应有防感应雷的措施。

不属于第一、二类建筑物但需要实施防雷保护者，如住宅、办公楼、高度在15 m以上的烟囱、水塔等孤立高耸的建筑物属于第三类建筑物。

变电站是保障广大人民生活、生产用电的供应中心，是重要部门。一旦遭遇雷击就会产生严重的后果，因此要按国家第一类建筑物标准来防雷保护。

对于第一、二类建筑物装设独立避雷针或架空避雷线（网），使被保护建筑物及风帽、放散管等突出屋面的物体均处于接闪器的保护范围内。第三类建筑物宜采用装设在建筑物上的避雷针或避雷带或混合的接闪器，引下线不少于两根。

(2) 避雷针的基本概念

避雷针是防止雷直击建筑物的有效装置，作用是吸引雷电到自身并泄放到地中，从而到达保护建筑物及其电气设备的目的。避雷针主要由四部分组成，分别为接闪器、支持构架、引下线和接地体。

① 接闪器：是避雷针顶端1～2 m长的一段镀锌圆钢或焊接钢管。圆钢直径应大于12 mm；钢管直径应大于20 mm。

② 支持构架：高度在15～20 m以下的独立避雷针可以采用水泥杆；如果比较高，则应采用钢结构。

③ 引下线：采用经过防腐处理的圆钢或扁钢。圆钢直径不得小于8 mm；扁钢截面积不得小于12 mm×4 mm。引下线应沿支持构架及建筑物外墙最短路径入地，以减小雷电流通过时的电感。

④ 接地体：埋于地下的各种钢体，工程中多数为垂直打入地中的钢管、角钢或者水平埋设的圆钢、扁钢。接地体是直接泄放电流的，因此不仅要考虑经济性，还要使其满足接地电阻规定的标准。

避雷针的功能实质是引雷。当雷电先导临近地面时，它能使雷电场畸变，改变雷云放电的通道，将其吸引到避雷针本身，然后经与避雷针相连的引下线和接地装置泄放到大地中去，使被保护物免受直接雷击。

2) 避雷针保护范围计算

可以根据水利电力部、西北电力设计院编写的《电力工程电气设计手册》中的电气“折线法”计算保护范围；也可以其能防护直击雷的空间来表示，按照国标GB 50057-2000《建筑物防雷设计规范》采用“滚球法”来确定。

对“折线法”保护范围的确定，以单支避雷针的保护范围为例分析说明。单支避雷针的保护范围如同一顶草帽，由折线构成上下两个圆锥形保护空间，如图3.15所示。若避雷针高度为h，从避雷针的顶点向下作一45°角的斜线，构成锥形保护空间的上部，为上保护区；从距避雷针底各方向1.5h处向避雷针0.75h高处作连接线，与上部45°斜线相交，可以证明交点处为$h/2$，交点以下的斜线构成保护空间的下半部，为下保护区。由图3.14可知，保护半径r_x、被保护物高度h_x和避雷针高度h三者之间的关系为：

① 当$h_x \geqslant \frac{h}{2}$时，

$$r_x = (h - h_x)p \tag{3.14}$$

② 当 $h_x < \frac{h}{2}$ 时，

$$r_x = (1.5h - 2h_x)p \tag{3.15}$$

式中：p——避雷针的影响系数。

当 $h \leqslant 30$ 时，$p=1$；当 $30 < h \leqslant 120$ 时，$p=\frac{5.5}{\sqrt{h}}$；当 $h>120$ 时，h 取 120 即可。图 3.14 为单支避雷针以折线法确定保护范围的分析图。

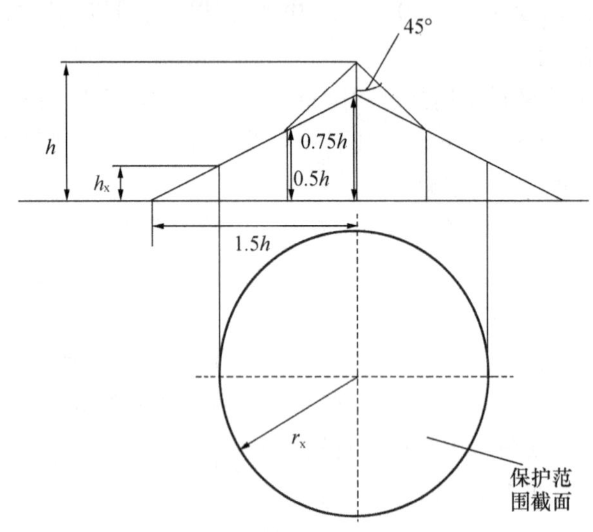

图 3.14 单支避雷针以折线法确定保护范围

"滚球法"是选择一个半径为 h_r（滚球半径）的滚球，沿需要防护直击雷的部分滚动，如果球体只触及接闪器或接闪器和地面，而不触及需要保护的部位时，则该部位就在这个接闪器的保护范围之内。滚球半径按建筑物防雷类别确定，如表 3.7 所示。

表 3.7 各类防雷建筑物的滚球半径

建筑物防雷类别	滚球半径 h_r(m)
第一类防雷建筑物	30
第二类防雷建筑物	45
第三类防雷建筑物	60

(1) 单支避雷针的保护范围

当避雷针高度 $h \leqslant h_r$ 时，

① 在距离地面 h_r 处作一平行于地面的平行线；

② 以避雷针的针尖为圆心，h_r 为半径，作弧线交平行线于 A，B 两点；

③ 以 A，B 为圆心，h_r 为半径作弧线，该弧线与针尖相交，并与地面相切。由此弧线起到地面为止的整个锥形空间，就是避雷针的保护范围，如图 3.15 所示。

避雷针在被保护物高度为 h_x 的 XX' 平面上的保护半径 r_x 按式(3.16)计算：

$$r_x=\sqrt{h(2h_r-h)}-\sqrt{h_x(2h_r-h_x)} \tag{3.16}$$

当避雷针高度 $h>h_r$ 时，在避雷针上取高度 h_r 的一点代替避雷针的针尖作为圆心。余下作法与避雷针高度 $h\leqslant h_r$ 时相同。

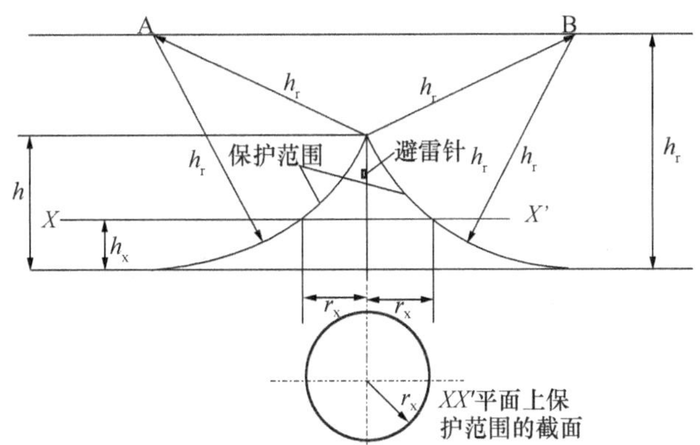

图 3.15　单支避雷针以滚球法确定保护范围

(2) 两支避雷针的保护范围

两支避雷针的保护范围如图 3.16 所示。在避雷针高度 $h\leqslant h_r$ 的情况下，当每支避雷针的距离 $D\geqslant 2\sqrt{h(2h_r-h)}$ 时，应各按单支避雷针保护范围计算；当 $D<2\sqrt{h(2h_r-h)}$ 时，保护范围如图 3.16 所示。

① 每支避雷针保护范围外侧同单支避雷针一样计算。

② 两支避雷针 C,E 两点位于两针间的垂直平分线上。在地面每侧的最小保护宽度 b_0 为：

$$b_0=\sqrt{2(2h_r-h)-\left(\frac{D}{2}\right)^2} \tag{3.17}$$

在 AOB 轴线上，距中心线任一距离 x 处，在保护范围上边线上的保护高度 h_x 为：

$$h_x=h_r-\sqrt{(h_r-h)^2+\left(\frac{D}{2}\right)^2-x^2} \tag{3.18}$$

该保护范围上边线是以中心线距地面 h_r 的一点 O' 为圆心，以 $\sqrt{(h_r-h)^2+\left(\frac{D}{2}\right)^2}$ 为半径所作的圆弧 AB。

③ 两支避雷针 $ABCE$ 内的保护范围。以 ACO 为例，在任一保护高度 h_x 和 C

点所处的垂直平面上，以 h_r 作为假想避雷针，按单支雷针的方法逐点确定。

④ 确立 XX'平面上的保护范围。以单支避雷针的保护半径 r_x 为半径，以 A，B 为圆心作弧线与四边形 $AEBC$ 相交。同样以单支避雷针的(r_0-r_x)为半径，以 E，C 为圆心，作弧线与上述弧线相接。

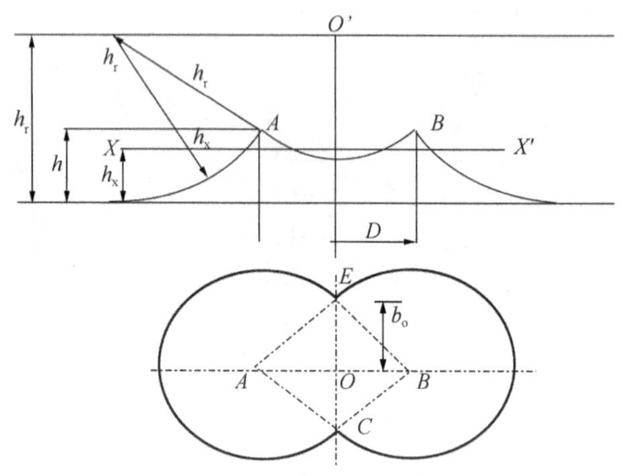

图 3.16　两支等高避雷针的保护范围

故由于保护范围并不随避雷针的高度增大成正比增大，对于比较大的保护范围，采用单支避雷针时，将大大增加避雷针的高度，以至于难以安装，成本变大，通常在这种情况下采用两支避雷针或多支避雷针比较合理。

3）石浦变电站避雷针保护改造设计

35 kV 石浦变电站是已经投入多年的老变电站，其虽然有两路电源进线，但是占地面积并不大。就变电站建筑物而言，其长度约为 20 m，宽度约为 12 m，建筑物最高不超过 10 m。因此，在充分考虑实际情况下，使用单支避雷针保护是比较合理的。图 3.17 为目前变电站与避雷针模型图，图 3.19 为实物图，从实物图可以看出，整个变电站采用单支避雷针保护，避雷针高度约 55 m。下面对该避雷针保护范围进行验算，图 3.18 为保护范围俯视图。

该避雷针是以第三类建筑保护要求来计算的，其中 $r=\sqrt{(5.5+20)^2+6^2}=26.2$ m，高度为 $h_x=10$ m 处的保护半径为：

$$r_x=\sqrt{55(2\times 60-55)}-\sqrt{10(2\times 60-10)}=26.6\ \text{m}$$

数值表明其符合要求。但变电站应该归类为第一类防雷建筑物。因此，即使实际上能起到保护作用，但是从严格要求来说，目前石浦变电站的避雷针保护措施不够严谨，因此建议用两支避雷针来保护，并进行相关验算。

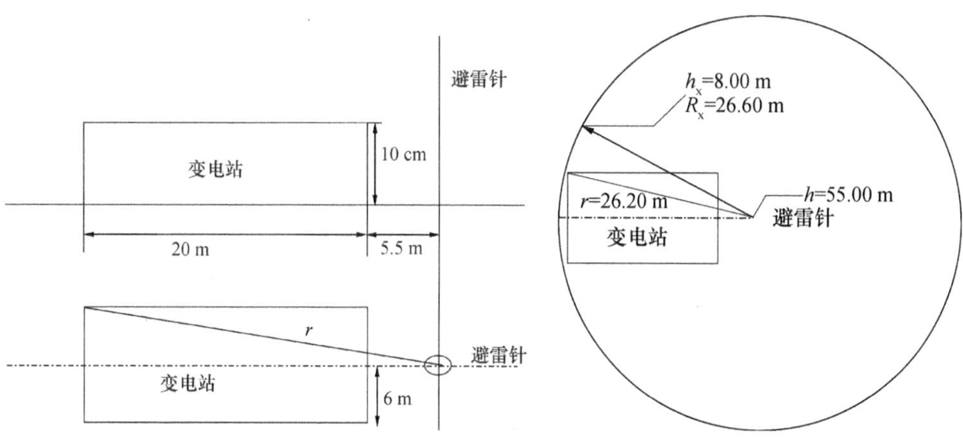

图 3.17　变电站与避雷针模型图　　图 3.18　"滚球法"单支避雷针保护范围俯视图

图 3.19　目前变电站与避雷针实物图

采用"折线法"简单计算模型图如图 3.20 所示，假设 $h_x<\frac{h}{2}$，h 为避雷针高度，则有

$$r_x=(1.5h-2h_x)p \tag{3.19}$$

式中：p——考虑避雷针太高时，保护半径不成正比增大的系数，当 $h\leqslant30$ 时，$p=1$；当 $30<h\leqslant120$ 时，$p=\frac{5.5}{\sqrt{h}}$；当 $h>120$ 时，h 取 120。因 r_x 至少大于10 m，故代入计算的 $h\geqslant20$ m。

两支避雷针之间的距离为 $D_{12}=20+5.5+5.5=31$ m，以 25 m 高避雷针为参考。以单支避雷针为例，其计算模型如图 3.21 所示，避雷针在最小保护宽度为 $b_x=12$ m，即变电站的宽度时，计算得 $h_x=10.44$ m，大于建筑物最高高度 10 m，因此符合要求。

将 $b_x=1.5(h_0-h_x)$，$h_0=h-\frac{D_{12}}{7p}$代入计算，同样符合要求。因此，当两支避雷

针高度大于 25 m 是符合保护要求。从经济性和严格要求两方面考虑，用两支25 m左右的避雷针代替原来单支 50 m 的避雷针是可以考虑的。因此建议采用两支25 m高的避雷针代替原先的单支避雷针。

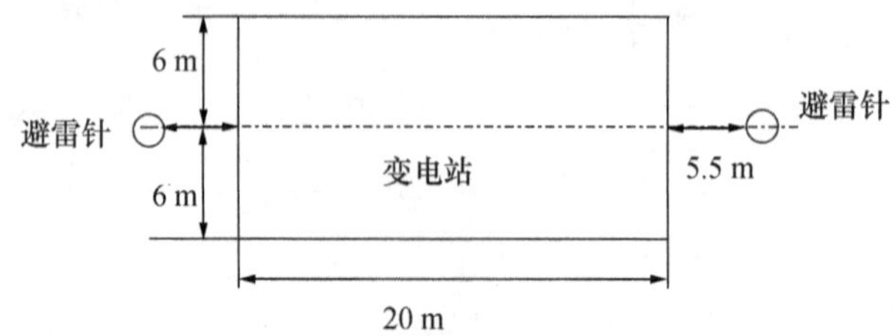

图 3.20　两支避雷针保护模型图

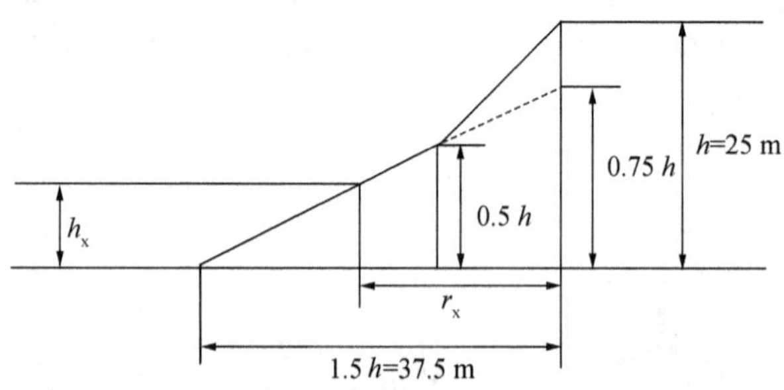

图 3.21　"折线法"避雷针保护范围计算模型

4）石浦 35 kV 变电站年预计雷击次数的计算

建筑物年预计雷击次数 N 计算公式如式(3.20)：

$$N=kN_gA_e=0.024kT_d^{1.3}A_e \tag{3.20}$$

当 $H<100$ m 时，

$$A_e=[LW+2(L+W)\sqrt{H(200-H)}]+\pi H(200-H)\times 10^{-6} \tag{3.21}$$

当 $H\geqslant 100$ m 时，

$$A_e=[LW+2H(L+W)+\pi H^2]\times 10^{-6} \tag{3.22}$$

式中：A_e——建筑物接受相同雷击次数的等效面积(km^2)；

T_d——当地年平均雷击日数；

N_g——建筑物所在地区雷击平均密度[次/(km^2 · a)]；

L、W、H——分别为变电站的长、宽、高(m)；

k——校正系数。

对于不同地域，k 的取值一般不同，对昆山地区一般取 $k=1$。

因此，石浦 35 kV 变电站的年预计雷击次数计算如下：

$$N=0.024kT_d^{1.3}A_e;$$

$$A_e=[20\times12+2(20+12)\sqrt{10(200-10)}+3.14\times10(200-10)]\times10^{-6};$$

$$A_e=8.996\times10^{-3};$$

因为 $k=1, T_d=40$，所以 $T_d^{1.3}=40^{1.3}=120.97, N=N=0.024\times1\times120.97\times8.996\times10^{-3}=0.0261$，故 $\frac{1}{0.0261}=38.3$，即该变电站运行 38 年左右才会遭遇一次雷击，总体而言是相对安全稳定的。

5）变电站防“反击”保护设计

当雷击避雷针时，强大的电流通过引下线和接地装置泄入大地，避雷针及引下线上的高电位可能对附近的建筑物和变配电设备发生“反击闪络”。为防止“反击”事故，应注意以下规定和要求：

① 独立避雷针与被保护物之间应保持一定的空间距离 S_O，如图 3.22 所示。此距离与建筑物的防雷等级有关，但通常满足 $S_O\geqslant5$ m。

② 独立避雷针应装设独立接地装置，其接地体与被保护物的接地体之间应保持一定的距离 S_E，如图 3.22 所示，通常满足 $S_E\geqslant3$ m。

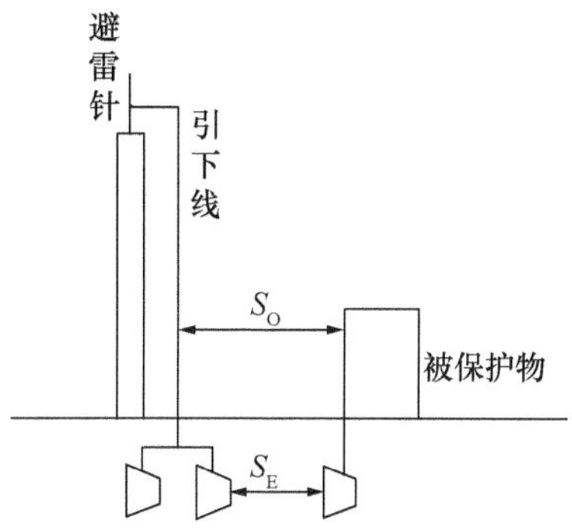

图 3.22　避雷针接地装置与被保护物及其接地装置的距离

③ 独立避雷针及其接地装置不应设在人员经常出入的地方，与其他建筑物的出入口及人行道的距离不应小于 3 m，以限制跨步电压。否则，应采取如下措施之一：

a. 水平接地体局部埋深不小于 1 m；

b. 水平体局部包以绝缘物，如 50～80 mm 的沥青层；

c. 采用沥青碎石路面，其宽度要超过接地装置 2 m；

d. 采用“帽檐式”均压带。

三、变电站电气电子设备保护设计

1）配电变压器防雷保护设计

我国共有 2 400 个县级农村电网及 280 个城市电网，配电变压器数量达数百万台。目前配电变压器受雷电波侵害较为严重，这不仅给供电企业带来极大的经济损失，而且严重影响供电可靠性。为防止雷电波对配电变压器的侵害，保证配电变压器安全运行，有必要对配电变压器采取适当的防雷保护措施。

最普遍的措施就是在配电变压器高压侧装设避雷器。根据 SDJ7－79《电力设备过电压保护设计技术规程》规定："配电变压器的高压侧一般应采用避雷器保护，避雷器的接地线和变压器低压侧的中性点以及变压器的金属外壳三点应连接在一起接地。"这也是部颁 DL/T 620－1997《交流电气装置的过电压保护和绝缘配合》推荐的防雷措施。图 3.23 为电力变压器防雷接地保护系统图。

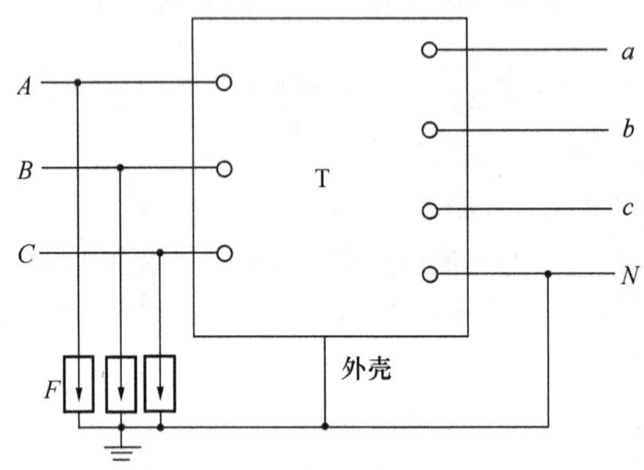

图 3.23 配电变压器防雷接地保护系统图

也可在配电变压器低压侧加装普通阀型避雷器或金属氧化物避雷器。变压器高、低避雷器的接地线、低压侧中性点及变压器金属外壳四点连接在一起接地。

还可采用高、低压侧接地分开的保护方式。高压侧避雷器单独接地，低压侧不装避雷器，低压侧中性点及变压器金属外壳连接在一起，并与高压侧接地分开接地。

2）变电站电子设备防雷保护设计

在电力系统中，对于强电设备的防雷措施比较完善，经验也比较丰富。但是对于弱电设备的防雷却显得较为薄弱，每年因为弱电设备遭到雷击而遭受破坏的实例屡见不鲜。随着电力系统现代化和电网智能化的发展，弱电系统在整个电力系统中的地位越来越重要，本节将侧重于石浦变电站内电子设备的防雷。

为了适应智能化变电站的发展要求，必须在原定防雷措施基础上，更进一步进行防范。根据国内外多年防雷的实践经验，建筑物防雷工作的关键是贯彻 DBSGP 的原则，即分流、均压、接地、屏蔽和保护技术。

分流：增加雷电接地引下线数，从而减小每根引下线通过的雷电流，则其感应范围也就相对较小。

均压：使被保护对象的各部位尽可能构成等电位，从而杜绝电位差对电子设备造成的损害。

接地：良好的接地是防雷安全的重要保证之一，尤其是能够有效地消除二次高压反击雷的产生。

屏蔽:良好的屏蔽对于防雷电电脉冲是最有效的措施。

保护:对电子装置进行过压和过流保护,是最直接也是最重要的措施之一。

变电站防雷系统有其自身的特点,仔细考察变电所现场,并且详细分析典型的变电所设计图纸,发现屏蔽和保护是变电站防雷,尤其是二次回路防雷中容易忽视的措施。根据前面分析的二次回路中雷电造成破坏的几种形式,结合DBSGP防雷技术,认为变电所二次回路防雷可以采取以下措施:

① 杜绝雷电从电源侵入。在电源出线处必须使用电源电涌保护器,防止雷电电流脉冲通过电源引出线进入所用电源系统,侵害二次回路及电子设备。

② 做好屏蔽,削弱感应雷的影响。电缆沟内的电缆铺设要合理,不同系统的电缆在电缆沟内要分开铺设,最好还要屏蔽隔开或者走金属管内,使雷电侵入到弱电系统时,不会对其他系统产生干扰影响。变电所的微机保护和远动系统中的数据采集电缆,必须使用屏蔽电缆,并一定要将屏蔽层在装置端接地。

③ 做好接地,杜绝二次反击雷的影响。良好的接地体是可靠防雷的基本条件,不然通过避雷针、避雷带等设备将雷电引入到接地体时,产生的二次反击雷将严重危害电子设备。变电所接地网在变电所投运时,应确保接地电阻满足安全运行的要求。

四、变电站接地保护设计

1) 接地保护的基本概念

整个大地是一个导体,在没有电流通过时,整个大地是等电位。因此,人们就把大地视为零电位,如果地面上的金属物与大地连接在一起,当金属物中没有电流或者仅有微弱电流流过时,则金属物与大地之间没有电位差,该金属物就具有大地电位即零电位,这就是接地。

接地按作用分类可以分为功能(工作)接地和保护接地两类。功能接地是为了电力系统的正常运行需要而设置的接地,如变压器的中性点接地或者双极直流输电系统的中性点接地等。保护接地,又称为安全接地,是为保证人身安全和设备安全,将电气设备的金属外壳、底座接地。配电装置的金属框架和输电线路杆塔等外露导电部分的接地是为防止因绝缘损坏等造成伤害事故。一般来说,保护接地是在故障发生条件下发挥作用的。

防雷接地,既是功能接地,又具有保护接地的作用。防雷接地是防雷保护装置中不可缺少的组成部分,它的主要作用就是将雷电流顺利泄放入地,减小雷电流引起的电压,防止雷害事故。

2) 接地装置的概念

接地体是接地装置的主要部分,其选择与装设是能否取得合格接地电阻的关键，接地体可以分为自然接地体和人工接地体。

利用自然接地体不但可以节约钢材，节省施工费用，还可以降低接地电阻。因此往往优先考虑自然接地体。经实地测试，可利用的自然接地电阻如果能满足要求，又满足热稳定条件时，就可以不用装设人工接地装置，否则应增加人工接地装置。凡是与大地有可靠良好接触的设备和构件，大都可以用作自然接地体。利用自然接地体，必须保证良好的电气连接，在建筑物钢结构结合处，凡是用螺栓连接的，只有在采取焊接与加跨接线等措施后才能利用。

自然接地体不能满足接地要求或无自然接地体时，应装设人工接地体。人工接地体大多采用钢管、角钢、圆钢和扁钢制作。一般情况下，人工接地体都采取垂直敷设，特殊情况如多岩石地区，可以采取水平敷设。

垂直敷设的接地体的材料，常用直径为 40～50 mm、壁厚为 3.5 mm 的钢管，或者 40 mm×40 mm×4 mm～50 mm×50 mm×6 mm 的角钢，长度取 2.5 m。

水平敷设的接地体，常采用厚度不小于 4 mm、截面积不小于 100 mm^2 的扁钢或直径不小于 10 mm 的圆钢，长度宜为 5～20 m。

如果接地体敷设处土壤有较强的腐蚀性，则接地体应镀锌或镀锡并适当加大截面，不采取涂漆或涂沥青的方法防腐。

多根接地体相互靠近时，入地电流相互排斥，影响入地电流的流散，这种现象叫屏蔽效应。屏蔽效应使得接地体组的利用率下降。为减少接地体间的屏蔽作用，垂直接地体的间距应不小于接地体长度的两倍，水平接地体的距离一般不小于 5 m。

3）接地装置的设计

接地体与土壤之间的接触及土壤的电阻之和称为散流电阻，散流电阻加接地体和接地线本身的电阻称为接地电阻。对接地装置的接地电阻进行限制，实际上就是限制接触电压和跨步电压，保证人身安全。

石浦 35 kV 变电站有两台主变，其中一台为备用。主变容量为 16 000 kV。电压为 35/10.5 kV，中心点不接地，经消弧线圈接地。最大运行方式下，电压母线短路电流为 5.25 kA，单相短路电流为 10.5 kA. 低压侧主动保护时间约为0.7 s。变电站长为 20 m，宽为 12 m。

（1）设计具体步骤

① 接地电阻要求。因为中心点不接地，经消弧线圈接地，且仅供高压电气保护装置保护时用，所以 $R_E \leqslant 250/I$，且 $R_E \leqslant 10\ \Omega$。

② 确定土壤电阻率。大石 343 线及秦石 387 线属于标准的农网配电线路，所在地域普遍为农耕用地，表 3.8 为不同土壤的电阻率参考表。考虑季节变化，土壤电阻率应乘以季节系数 $\varphi=1.3$，所以最大电阻率为 $\rho=100\times1.3=130\ \Omega\cdot cm$。

表 3.8　土壤电阻率参考值

土壤名称	电阻率(Ω·m)	土壤名称	电阻率(Ω·m)
陶黏土	10	可耕地	100
泥炭、泥灰	20	黄土	200
捣碎木炭	40	砂土、含砂黏土	300
黑土、田园地	50	多石土壤	400
黏土	60	砂、砂砾	1000

③ 初步确定接地装置方案。垂直接地体选角钢 L 50×50×5，长为 3.5 m；水平接地体选扁钢 40 mm×5 mm，构成垂直接地体为主的复式接地装置。垂直接地体间距取 6～7 m，沿闭合环路垂直打入地中，上端以扁钢连接，扁钢埋入地中为 0.5～0.7 m；

④ 单根垂直接地体的接地电阻。$R_{cd}=\rho/2\pi l\ln(4l/d)\approx 39.4\ \Omega$。

⑤ 初定根数。$L=[(1.5\times2+20)+(1.5\times2+12)]\times2=76$，根数为 $n=L/a=76/(6\sim7)=12.67\sim10.86$，即至少取 12 根，考虑对称及最终布置合理性，确定取 14 根。

⑥ 确定屏蔽系数。$a/l=2$，$\eta_E=0.7$。

⑦ 热稳性校验。$S_{min}=(I_{jd}\times\sqrt{t_d})/C=10.5\times10^3\times\sqrt{0.7}/70=125.5\ \text{mm}^2$，实际接地线为 $40\times5=200>S_{min}$，符合要求。

(2) 根据上述确定最终的接地网设计方案，该变电站的接地网设计共分成上下两层。

附录Ⅰ

XWP 系列绝缘子的相关参数表

型号		XWP1-70/c	XWP2-70T	XWP2-70	XWP1-100
主要尺寸(mm)	公称结构高度 H	146	146	146	160
	瓷件公称盘径 D	255	255	255	255
最小公称爬电距离(mm)		400	400	400	400
连接型式标记		16C		16	16
机电破坏负荷(kN)		70	70	70	100
打击破坏负荷(N·m)		—	—	—	—
50%全波冲击闪络电压(峰值)不小于 kV(peak)		120	120	120	120
工频湿闪络电压(有效值)不小于 kV(rms)		45	45	45	45
工频击穿电压(kV)		120	110	120	120
参考重量(kg)		7.2	7.5	8	8

附录Ⅱ

（1）避雷器实物图与结构图

HY5WX－51/134 型避雷器实物图

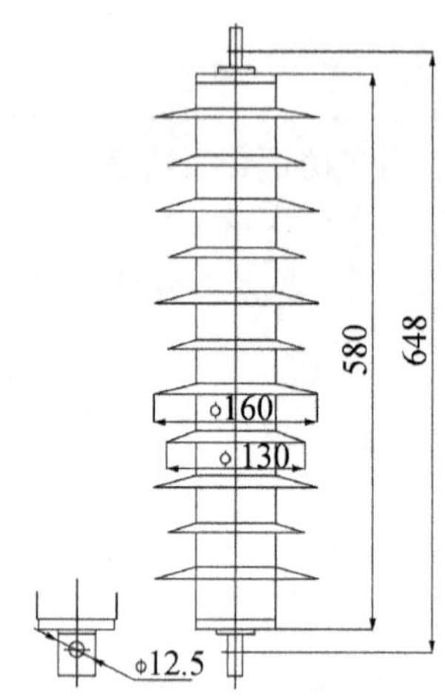

HY5WX－51/134 型避雷器结构图

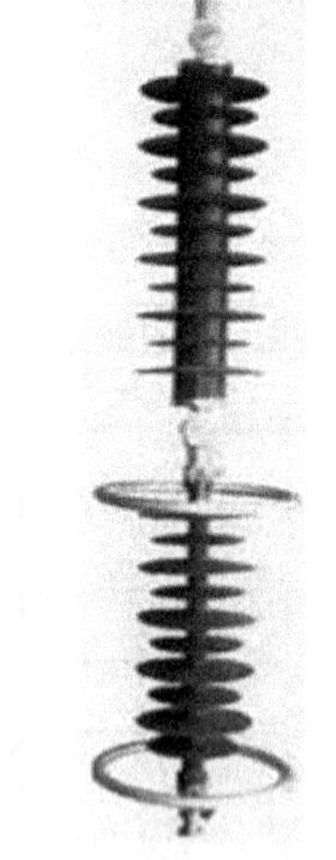

HY5CX－51/134 型避雷器实物图

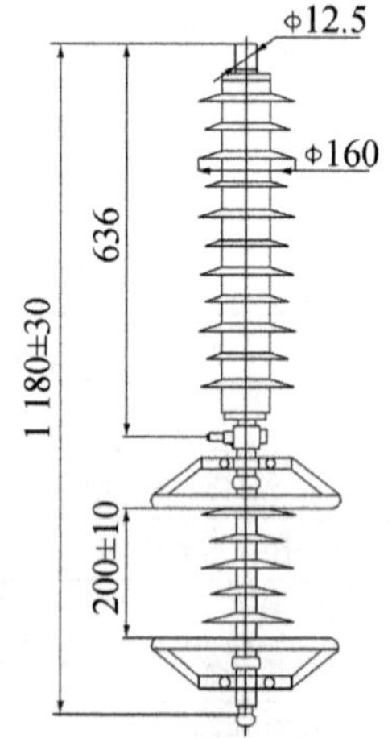

HY5CX－51/134 型避雷器结构图

(2) 电气参数表

避雷器电气参数表

避雷器型号	HY5WX－51/134	避雷器型号	HY5CX－51/134
系统额定电压(kV)(rms)	35	系统标称电压(kV)(rms)	35
避雷器额定电压(kV)(rms)	51	雷电冲击电流残压(kV)	>134
持续运行电压(kV)(rms)	40.8	冲击放电电压(kV)	>249
直流参考电压($U_{1\,mA}$)(kV)	<73.0	工频耐受电压(kV)	>70
陂波冲击电流下残压(kV)	>154	直流参考电压($U_{1\,mA}$)(kV)	<73
雷电冲击电流下残压(kV)	>134	串联间隙距离(mm)	200
操作冲击电流下残压(kV)	>114	方波通流容量(2 ms)(A)	400
方波通流容量(2 ms)(A)	400		
大电流冲击耐受(kA)	100		

参考文献

[1] 唐志平.供配电技术[M]. 北京:电子工业出版社,2005

[2] 张要强.张凡采用线路型避雷器提高 35 kV 输电线路的耐雷水平[J].绝缘材料,2008,41(1):33－36

[3] 肖金华,李景禄.农村电网防雷保护的分析与讨论[J]. 电磁避雷器,2005(4):40－46

[4] 中国航空工业规划设计研究院.工业与民用配电设计手册[M].北京:中国电力出版社,2005

[5] 陈拥军,姜宪.农村电网规划与设计[M].北京:中国水利水电出版社,2010

[6] 林福昌.高电压工程[M].北京:中国电力出版社,2006

[7] 陈维江,孙昭英等.35 kV 架空送电线路防雷用并联间隙研究[J]. 电网技术,2007,1:62－65

[8] 吴元华.配网雷击事故分析及防雷改进措施[J].高电压技术,2004,12:63－64

[9] 李志娟.关于农网 35 kV 线路防雷措施探讨[J].电磁避雷器,2007,10:39－42

[10] 朱德恒,严章.高电压绝缘[M]. 北京:清华大学出版社,1992

[11] 周志敏.电气电子系统防雷接地实用技术[M].北京:电子工业出版社,2005

[12] 翁双安.供配电工程设计指导[M].北京:机械工业出版社,2008

[13] 阎士琦.农村配电设计手册[M].北京:中国电力出版社,2001

[14] Weiming Chen,Lihua Wang,Guoqi Hu,el. Application of PSL－12/4 Lightning Protected Supporting Insulator in Distribution Line. Shanghai Municipal Electric Power Company, Shanghai China,2002:33

4 农村电网节能技术研究与设计

我国的能源发展战略是“节约与开发并举，把节约放在首位”。电能作为一种清洁无污染和使用方便的优质二次能源，已经广泛应用于各个领域，在人们的日常生活中正在发挥着越来越重要的作用。据有关资料的估算，广义电力系统中的各种电气设备(包括发电机、变压器、电力线路、电动机等)在发电到输电再到用电的过程中，全部的电能损耗约占发电量的 28%～33%，对于全国来说，一年就有3 178亿～3 746 亿 kW·h 的电能损耗在运行的电气设备中，相当于 10 个中等用电量省的用电量之和。这意味着作为电能提供者的供电企业责任重大，它不仅要安全输送电能，而且要合理分配电能，力求减少电能的损失，以响应国家号召，做好节能减排工作。

4.1 概述

4.1.1 农网节能现状分析

1）国外现状

当前世界各国均对电网节能工作予以高度重视，纷纷把节约电能作为提高经济效益和减少环境污染的重要手段来对待。近十多年来，许多国家都在致力于改造现有电网，主要改造内容为：简化与减少电压等级，拉开相邻级距达 2～3 倍或以上；提高各级配电电压；采用优化电压制及标准化系列设备等。如英国现有电网主要电压等级为七级，计划取消 150 kV 与 5 kV 两级，改为 380/225/90(63)/20/0.38 kV 五级制；日本、美国及德国也正在改造现有电网，努力实施优化电压制。随着电力负荷的不断增长和工业程度的日益提高，许多国家都已经或正在逐步提高配电(尤其是中配)电压等级。

以美国为例，随着国民经济和电力工业的快速发展，美国农村电网大部分采用架空线路供电，12.5～35 kV 采用三相接地系统运行。其设备质量好，一般都能达到运行数十年而基本不需大的检修维护。高压部分导线大部分采用绝缘导线，低压下户线均采用绝缘导线。导线截面选取较大，导线架设比较规范。配电变压器采用小容量、密布点方式，其供电半径在 120 m 以内。单相配电变压器应用较多，配变架设方式以柱上为主。配网自动化水平高，已实现集中微机控制。农村电力合作社调度中心可以直接反映各个区域供电设备运行状况。配网设备的配置坚持实用的原则，集中体现在绝大部分配网线路均采用木电杆(美国木材资源丰富，木材电杆价格便宜，经过防腐处理后能保证运行要求)，且不同电压等级多回架设。电网绝缘配置较高，大多采用合成绝缘子，且绝缘子体积小、重量轻、制造工艺优良，提高了输电线路可靠性，大幅度减少了维护工作量。

2) 国内现状

我国是农业大国，农村电网覆盖了全国 80%的人口和 90%的国土，在整个电力网中占据着相当大的比例。长期以来，我国农村电网绝大部分是在"先解决有电用"的指导思想下建设的，造成了农网设备状况差、运行环境复杂、电压等级多、低压线路长、电能损耗高的情况，存在着较严重的电力浪费。

随着我国社会主义新农村建设的不断深入，农村电网的建设和改造工程正在紧张而有序地进行。人们开始普遍关注农村配电网的供电质量，为开展农村电网节能降损的研究工作营造了良好的氛围。

农村电网节能的根本目标就是提高和改善供电质量。供电质量有两个重要指标，一个是电压质量，一个是电路稳定。近几年来，国家通过加大技改力度，改造和新建了一大批输配电工程，农网结构得到了一定程度的改善，网络损耗也大幅度降低，提高了电网的供电能力、供电质量和供电可靠性，有力地推动了农村的发展，农村用电量占全社会用电量的比例逐年提升，农村电网的节能降损工作取得了显著成绩。但是必须看到，由于发展的不平衡，许多地区的农村电网依然存在着比较严重的电能浪费现象，节能的潜力巨大，任务艰巨。

目前，我国一些地方的电网建设仍处在无规划状态，县级电网总体架构仍比较薄弱。尤其是近年来用电量的增长速度明显比电网建设的速度快，而电网建设改造资金又严重匮乏，使得电网发展处于长期滞后状态。中、低压配电网网架基础结构薄弱，特别是居民区低压配网配置水平较低，容量不足。在电力系统中，电网无功容量不足会导致电流的增大，使得设备及线路的损耗增加以及电网电压降低。无功功率经过多级送电线路、变压器的输送和转换，造成无功功率的损耗，导致电网功率因数下降。因这些无功功率没能及时地得到补偿，造成发供电设备出力不足，使电网电压产生波动，增加了电能损耗。据相关资料统计，我国低压电网(包括线路和低压变压器)的综合损失率为 10%，低压电网的电能损耗占整个供配电损耗的 50%～60%。

随着农村电力需求的迅速增长，现有的农网供电设施已不能适应农村用电发展的需要。农网线路陈旧，供电设施严重老化，遇上刮风下雨就发生停电事故，电网结构不合理，整体发展水平不均匀，多数地区与国内发达地区仍有较大差距。配电设施较落后，无功补偿欠缺，其送电功率因数仅为 0.7～0.8。相对于目前经济的发展和生活水平的提高，导线截面基本偏小，很多铝芯主干线截面小于 16 mm^2，电压偏低。导线绝缘等级低下，因绝缘老化或绝缘损坏常导致相间短路或相线对零线、相线对地产生泄露电流，从而导致线损增加。变压器多为高耗能配电变压器，运行不合理，故障率较高。配电变压器数量多，励磁涌流大。很多配电设备的选点并不是以相邻负荷中心为依据，在出现新的负荷点时通常只是从最近的电网引线，造成了电网中变电所布局不合理，变压器位置不在负荷中心，部分线路供电半径偏大，存在大量迂回供电的现象。许多 10 kV 线路的实际供电距离过远，甚至有干线长达 40～50 km，造成线损率约在 10%～18%。

我国目前主要研究适合于不同地域、不同经济发展水平，符合农村经济和用电负荷发展特点，在电压等级组合、变电所布局、供电范围、变压器容量配置和网络接线等方面进行充分优化论证的农网节能建设方案。

4.1.2 农网节能方案分析

农村电网节能技术以典型供电模式为核心，以线损分析与降损为主线，以无功优化补偿技术、经济运行技术为手段，以技术支持有载调容变压器为载体，综合考虑设备可用性、使用年限、故障率、供电区负载特性等因素，以可靠性、年运行费用、线损率综合最优为设计目标。

在设备节能方面，选用节能型配电变压器可以直接降低变压器的功率损耗；在电力网运行节能方面，经济运行和无功优化补偿技术可以实现电网资源的优化配置、降低电网功率损耗；在管理节能方面，线损分析可以为确定降损措施提供技术依据。电网损耗与设备和技术等多方面的环节相关，综合应用降损技术，可以全方位地解决降损的问题，增加降损的效果。图 4.1 为农村电网节能技术方案。

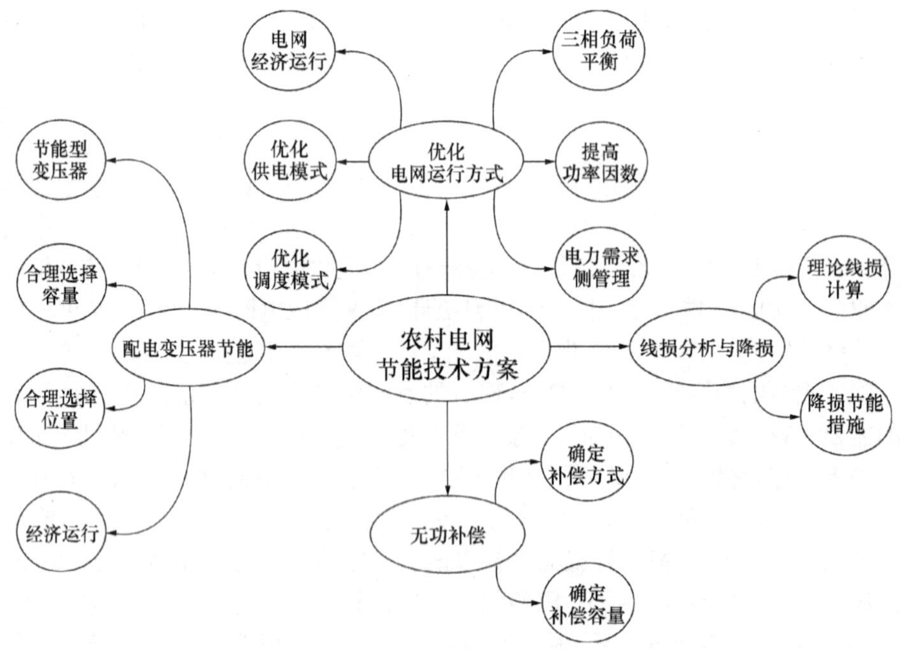

图 4.1 农村电网节能技术方案

4.2 电网运行方式优化节能

4.2.1 电网经济运行

1）电网经济运行的基本内涵

电网包括城市电网、农村电网、企业电网和区域网。电网经济运行范围包括配电网经济运行和输电网经济运行。城市电网、农村电网、企业电网的电压等级绝大部分是在110 kV以下，它们的经济运行统称作配电网经济运行，即双绕组配电变压器及其供电系统经济运行。区域电网的电压等级绝大部分是在110 kV以上，它的经济运行称作输电网经济运行，也就是三绕组变压器及其供电系统经济运行。电网经济运行是在保证配电网和输电网的安全运行和满足供电质量的基础上，充分利用电网中现有的输、配、变电设备，通过优选配电变压器、电力线路的经济运行方式、负载的经济调配以及变压器与供电线路运行位置的优化组合等技术措施，从而最大限度地降低变压器与供电线路的有功功率损耗和无功功率消耗。

2）电网经济运行降损的措施

（1）做好负荷预测，按经济运行要求调整负荷，投入线路运行。

当线路负荷较大时要压负荷，使整体负荷值达到经济运行要求后投入运行；当线路负荷较小时，要采取集中时间，或几条线路轮流投运的办法，以免轻载。负荷大小可从线路出口电流表观察。

（2）调整线路运行电压。

根据各线路在不同季节的固定损耗所占比重、线路末端用电设备允许电压波动范围，在确保电压质量和不损坏用电设备的情况下，确定线路运行电压降低或升高的百分比。按负荷变化，调节主变分接开关进行调压；按昼夜负荷变化，投切变电站内和线路上的补偿电容器的容量进行调压；利用有载调压主变压器的调压装置和其他调压装置进行调压。

（3）调整不合理的网络结构

因为各种原因导致送变电容量不足，出现"卡脖子"、供电半径过长等问题，既影响了供电的安全和质量，对线损也有着重大影响。因此，国家有关供电半径的规定为：0.38 kV/0.5 km、10 kV/15 km、35 kV/40 km（0.22 kV照明控制在1 km以内）。

架设新的输配电线路，改造原有陈旧杂乱的线路，增大导线截面，选用低损耗配电变压器。改造迂回线路、消除"卡脖子"现象是电网安全可靠经济运行的基础。应制定按期发展建设的电网规划，确保电网的安全与经济运行。

变压器绕组中的功率损耗和线路导线的功率损耗都和电压的平方成反比，而变压器铁心的功率损耗却和电压的平方成正比。因为电网的重要组成部分是配电变压器，其损耗在电网损耗中占据了很大的比例，所以，应该依据负荷的变化，适时对母线电压进行调整，降低电网的电能损耗。用节能型变压器替换高能耗变压器和减少重复的变电容量是一项切实可行的节能技术措施，经济效益显著。

根据电源布置方式不同，电能损失与电压损失也会有很大的差异。电源应尽量布置在负荷中心。在负荷密度高、供电范围大的情况下，应优先考虑两点或多点布置，其降损节能效果明显，同时也可以有效地改善电压质量。

因为线路的能量损耗与电阻成正比，所以增大导线截面可以使能量损耗减少。但是增大导线截面，线路的建设投资也会相应的增加。选择导线应优先考虑末端电压降(10 kV 允许 5%，低压允许 7%)，兼顾经济电流密度和发热条件、机械强度等。

(4) 调整电网分布

调整电网分布，缩短供电半径，增大导线的截面面积。供电部门应该和城市规划部门保持联系，电力网络建设规划要与城市规划保持一致，做好负荷预测工作，要将变电站和配电变压器设在负荷中心位置，以缩短供电半径。农村配电网络规划适合小容量、短半径、密布点。

线损与线路电阻成正比，而线路电阻与线路长度成正比，与导线截面面积成反比。因而可以通过缩短供电半径，增大导线截面面积来降低线损。要根据负荷的变化状况，合理调整变压器的位置。推广使用绝缘导线，防止泄漏电流。增大导线截面面积，提高供电可靠性，降低线路损耗。对靠近导线的树竹及时砍伐，更换不合格的绝缘子，提高线路的绝缘水平，减少泄漏损失。

(5) 合理调度实现移峰填谷均衡用电

电网运行中的用电负荷时随时间而变化的，一天 24 h 内负荷的变化是较大的。通常把实际电流小于平均电流的运行时段称为“谷”，把实际电流大于平均电流的运行时段称为“峰”。线路运行中产生的损耗不仅与峰谷差的大小有关，而且还与峰谷持续时间长短有关。

在农网运行中，应通过优化电力调度，合理调度电力负荷，强化用电负荷管理，调整用户的负荷曲线，使负荷曲线形状系数 K 值减少，实现配电网络的降损节能。此外，应提高负荷率，尽量减少峰谷差，调整三相不平衡电流，降低用电负荷的不平衡程度，使负荷趋于均衡，实现移峰填谷，降低用户配电变压器损耗和配电网的线损。因为在总用电量相同的前提下，负荷率越高，峰谷差越小，线损也越小。线路负载三相不平衡度大，不仅会增加相线和中线上的损耗，同时还会影响变压器的安全运行。必须及时合理调整电网年度、季度运行方式，把各种变电设备和线路有机地组合起来，提高供电的可靠性。

4.2.2 优化供电模式

供电模式以电网规划理论、规程规范为支撑，在电压等级匹配、供电半径优化、电网布局优化等优化的基础上，对电网结构、供电单元和电网装备等供电系统主要组成要素、要点进行优化配置。

优化网络结构、缩短供电半径是实现降低电网损耗的基本手段。优化供电模式包括供电范围的优化、变压器容量的优化、网络布局优化、电压等级组合优化。应在规划设计阶段，以安全性和经济性为目标，合理布局电源点位置，优化规划网架结构。

4.2.3 优化调度模式

电网经济调度是以电网安全运行调度为基础，以降低电网线损为目标的调度方式。要调整发电调度规则，实施节能、环保、经济调度。电力公司应尽快研究制定新的调度规划，以节能、环保、经济为标准，确定各类机组的发电次序和时间，优先调度低能耗机组发电，或直接按照能耗标准调度，激励发电企业降低能耗，减少高能耗机组的发电量。

电网合理调度必须注意的问题有：① 各配电线路应该按照其等值电阻的倒数比分配负荷。② 使各线路处于其经济负荷区内运行。越靠近其经济负荷点运行，线损就越小。③ 努力削峰填谷，减少峰谷差，缩短峰、谷期持续时间，尽量做到均衡用电。负荷越均衡，线路损耗就越小。

4.2.4 平衡三相负荷

1）配电网的三相不平衡原因

三相不平衡是指三相电源各相的电压不对称，这是由各相电源所加的负荷不均衡导致的。三相不平衡与用户负荷特性和电力系统的规划、负荷分配有关。在公网配电变压器中，三相负荷不平衡现象比较普遍，尤其是农用配电变压器。三相负荷不平衡，将会使配电变压器出力降低，增大线路上的功率损失。

在三相四线制的供电网络中，电流通过线路导线时，因为阻抗的存在将产生电能损耗，且与通过的电流成正比。当以单相四线制供电时，因为存在单相负载，将会造成三相负载不平衡。当三相负载不平衡运行时，中性线即有电流通过，产生功率损耗。这样不但相线有损耗，也增加了电网线路的损耗。

配电变压器是低压电网的供电设备，它的额定容量是按每相绕组设计的。当配电变压器处于三相负荷不平衡状态时，因其功率损耗是随着负载的不平衡而变化的，所以将会增加配电变压器的功率损耗。变压器的损耗包括空载损耗和负载损耗。正常状态下的变压器运行电压基本不变，也就意味着空载损耗是一个恒量。而负载损耗是随着变压器运行负荷的变化而改变的，并且与负载电流的平方成正比。在三相负载处于不平衡状态运行时，可以把变压器的负载损耗看作三台单相变压器的负载损耗之和。在任意负载下运行的变压器功率损耗依据功率损耗公式计算，其相应的有功损耗并没有改变。在相同输出容量的前提下，三相负载不对称运行将会增加变压器的功率损耗，并且这种损耗是长期的，会造成很大的浪费。变压器在电压不平衡状况下为负载供电，容易烧坏接在电压高的一相用户的用电设备，而接在电压低的一相用户的用电设备可能无法使用。

2）配电线路实现三相负荷平衡的技术措施

通过改善或者改变配电网络的结构，可以实现三相负荷平衡。解决配电线路三相负荷不平衡的原则是合理调整负荷，单相负荷的分配要确保在一天大部分时间和负荷高峰期达到三相基本平衡。由于电网接线不适合经常变动，因此要慎重选择接线方式；定期测量综合用电的配电变压器出口、低压主干线和主要分支电流，及时做好平衡三相负荷电流的工作。供电规程规定，三相负荷的不平衡度不能大于20%。因此，应测量单相用电设备在工作高峰时的三相负荷电流，当不平衡度超过20%时及时进行调负荷工作。

注意避免发生中性线断线的事故。中性线断线严重的会损坏甚至烧毁用电设备：为减小接触电阻，导线与电气设备的连接头必须可靠；合理选择熔丝，不使用导线代替熔丝，以防压降过大而增加线损；低压中性线要接地，以防备变压器遭雷击，同时要适当在线路和负荷各点使中性线重复接地。

在线路改造过程中，必须严格按照三相负荷平衡的原则进行规划。在架设低压配电线路时，中性线线径不宜比相线小。供电规程中规定的中性线电流不能超过规定电流的25%。应定期进行测量，及时发现和解决问题；坚决杜绝空、轻载配电变压器的运行。

4.2.5　提高功率因数

1）功率因数

电动机、变压器等电网中的电力负载属于既有电阻又有电感的电感性负载。电感性负载的电压和电流的相量间存在着相位差，通常用相位角 φ 的余弦 $\cos\varphi$ 来表示，称作功率因数，它是有功功率与视在功率之比，反映了电力用户用电设备合理使用状况、电能利用程度和用电管理水平。三相功率因数的计算公式为：

$$\cos\varphi=\frac{P}{S}=\frac{P}{\sqrt{P^2+Q^2}}=\frac{P}{\sqrt{3}UI} \tag{4.1}$$

式中：P——有功功率(kW)；

Q——无功功率(kvar)；

S——视在功率(kV·A)；

U——用电设备的额定电压(kV)；

I——用电设备的运行电流(A)。

在供电系统中，电力用户大批量使用感应电动机等电感性用电设备；感性用电设备配套和使用不合理，使得用电设备长期处于轻载或空载状态；采用日光灯、汞灯照明，没有配备电容器；变电设备的负载率和年利用小时数都比较低。电感性用电设备除吸收系统的有功功率做功外，还需要电力系统提供大量无功功率。这些无功功率经过多级送电线路、变压器的输送和转换，又造成无功功率的损失，电网功率因数的下降。这不但减少了发、供电设备的有功出力，还导致电网电压的波动和电能损耗的增加。负荷的性质和有功功率在功率中所占的比重决定了功率因数的大小。在感性负荷的电路中，功率因数的变化范围在 0～1 之间，即 $0<\cos\varphi<1$。若用户负荷所需要的无功功率(包括变压器的无功功率损耗)都能实现就地补偿，可以大幅度降低供电可变损失，也可以改善电压质量。因而在电力用户中，功率因数的提高，可以降低无功电力消耗和导线的温度，对节能降耗具有十分重要的意义。

2) 提高功率因数的优点

(1) 降低供电线路的损失，减少系统损耗。系统的线路损失与电流的平方成正比，而电流的减小与 $\cos\varphi$ 的改善程度成正比，因此线路损耗与 $\cos\varphi$ 的平方成反比。线路有功功率损耗计算公式为：

$$\Delta P=3\frac{P^2}{U^2\cos^2\varphi}R\times10^{-3} \tag{4.2}$$

由公式(4.2)可知，有功功率损耗与功率因数的平方成反比。当功率因数由 0.75 提高到 0.85 时，线损可降低 40%。因此在用户端装设电容器，实现无功就地平衡，线损可以大大降低，使用户的电费支出减少。

(2) 降低线路电压损失，提高电压质量。提高功率因数、改善电压质量后，系统中电流减少，尤其是无功功率的降低对减少电压降的效果最为明显。输电线路电压降的减少，提高了负载端的电压。电压损失计算公式为：

$$\Delta U=\frac{PR+QX}{U} \tag{4.3}$$

由公式(4.3)可知，电力系统向用户供电的电压是随着线路所输送的有功功率和无功功率的变化而改变的。电压损失包括有功部分损失和无功部分损失。当线路输送的有功功率一定时，输送的无功功率越多，电压损失越大，到用户端的电压越低。当采用无功补偿技术提高用户端的功率因数后，用户向系统吸取的无功功率减少，电压损失下降，提高了电压质量。

(3) 提高发、供、用电设备的使用效率。通常情况下，拖动发电机的原动机的有效功率相应于发电机的视在功率，因此提高功率因数后，既能释放原动机的有效功率，又能释放发电机的视在功率。此外功率因数提高后，将减小线路中的总电流，导线、断路器、变压器等变、配电设备过热烧毁的可能性降低，提高和延长了设备运行的可靠性和使用寿命，设备利用率得以提高。

(4) 减少企业电费支出。提高功率因数后，除因企业内部供配电线路功率损耗降低而减少电费外，我国供电部门规定，当 $\cos\varphi$ 为 0.90～0.95，给予奖励；当 $\cos\varphi$ 为 0.85～0.90，给予罚款；当 $\cos\varphi<0.5$ 时，供电部门将停止供电。

4.2.6 电力需求侧管理

电力需求侧管理是指通过终端用电效率的提高和用电方式的优化，在完成同样用电功能的同时减少电量消耗和电力需求，实现节约能源、保护环境和低成本电力服务所进行的用电管理活动。

电力需求侧的目标有六种：削峰、填谷、削峰填谷、策略性节电、策略性负荷增长、灵活负荷。实施需求侧管理是我国实现电力可持续发展战略、改善负荷特性和优化电网运行、提高企业竞争力和改善人民生活质量的需要。

4.3 配电变压器节能

配电变压器是低压配电网的核心，在整个电力系统中是一种广泛应用于电能转换的电气设备。它可以把一种电压、电流的交流电能转换成相同频率的另一种电压、电流的交流电能。变压器是连接电力系统与用户的纽带，作为电力系统的终端，是配电网中最常见、最重要的设备之一，其型号、容量和位置的选择对节能降损效果影响重大。农村用电负荷的特点是季节性强、峰谷差大、年利用小时数低、全年轻载甚至长时间空载，因此要合理选型和调配变压器容量，提高配电变压器平均负载率和能源利用率。

变压器的节能技术主要从设计制造和生产运行两方面进行。在设计制造方面，利用新型电磁材料和新型的生产工艺开发研制出高效节能变压器，用以更换高能耗配电变压器；在生产运行方面，利用新的技术手段或加强运行管理，使变压器经常保持在高效区运行。

4.3.1 采用节能型变压器

节能型变压器是指空载、负载损耗均比 GB/T 6451 中规定值平均降低 10%以上的三相油浸式电力变压器(10 kV 及 35 kV 电压等级);空载、负载损耗比 Gwr 10228(组Ⅰ)中规定值平均下降 10%以上的干式变压器。

1) 卷铁心配电变压器(S_{11}型)

卷铁心变压器的优点:变压器空载损耗降低 10%~25%;空载电流降低,一般是叠片铁心的 50%;变压器噪声水平降低,对环境的噪声污染减少。卷铁心配电变压器(S_{11}型)与 S_9 型变压器相比,空载损耗平均降低约 30%,空载电流可下降 70%。

S_{11}-M.R 型三相卷铁心全密封配电变压器属于节能型新产品,由于采用代替传统结构的特殊卷铁心材料,其空载损耗降低 30%,空载电流降低 50%~80%,噪声降低 6~10 dB。

2) 单相配电变压器(D_{10}型)

D_{10}型单相配电变压器多为柱上式,便于安装和靠近负荷中心,通常是少维护的密封式。D_{10}型单相配电变压器与同容量三相变压器相比,有效材料用量少,空载损耗和负载损耗也小,价格降低 20%~30%。

因为单相卷铁心变压器空载电流减小,几乎没有无功损耗,所以变压器空载运行无需考虑无功补偿。采用单相三线制供电模式,可以缩短半径,降低线路工程造价,节约电气设备投资。

3) 非晶合金铁心配电变压器

非晶合金变压器的铁心是由非晶态合金材料制成,它的最大特点是铁磁损耗(空载损耗)和运行成本低,在负载率为 20%~30%时节能效果最显著。非晶合金配电变压器与 S_9 型变压器相比,空载损耗可下降 70%~80%,空载电流可下降约 50%。选择非晶合金铁心配电变压器容量以大于 200 kV·A 为宜,适用于安装在农网中经常处于轻载或空载运行的配电台区。

4) 干式配电变压器

干式配电变压器主要有两类产品:环氧树脂干式变压器和浸渍式干式变压器(或称作 Nomex 纸型)。由于干式配电变压器结构简单、维护方便、防火阻燃、防尘等,在对安全运行有较高要求的场合广泛应用。

5) 调容变压器

调容变压器是一种具有大小两个容量等级,并可依据电网实际负荷大小利用有载调容开关进行运行容量调节的变压器,是一种针对农网季节性负荷变化大,减少用电低谷期变压器空载损耗大的问题而设计制造的产品。可以在以农业负荷为主的广大农村推广应用。其1年调整2次容量。

6）有载调压变压器

有载调压变压器可根据电网电压变化而自动或者手动有载调压。有载调压开关调节后无需测量直流电阻，调节范围大，对用电设备运行安全有利，便于负荷低谷段多用电，电容器可以连续运行，变压器固定损耗、线损和用电负载的损耗降低，设备有功功率输出提高，可防备电压过高或过低而损坏电气设备。

7）三角形卷铁心变压器

三角形卷铁心变压器采用三只同形状半圆截面卷铁心框组合成三相变压器铁心，使三相铁心磁路完全对称，铁轭缩短，芯柱截面为圆形，芯柱填充系数高，铁心无接缝，大大减小磁阻。三角形卷铁心变压器的优点有：空载损耗低、体积紧凑、节省材料、运行噪音小。

在选取变压器时，应该选择低损耗节能型变压器。上述几种节能型变压器各具特点，应该根据台区实际负荷运行情况和管理维护水平，合理选择以达到节能降损的最佳效果。在多尘或有腐蚀性气体严重影响变压器安全的场所，应选择密封型变压器或防腐型变压器；供电系统中没有特殊要求和民用独立变电所常采用三相油浸自冷电力变压器；发电厂、化工厂等对消防要求较高的场所，宜采用干式电力变压器；电网电压波动较大的，为改善电能质量应采用有载调压电力变压器（见表4.1）。

表4.1　部分节能型变压器与S_9型变压器节能效果对比

变压器类型	空载损耗	空载电流	负载损耗	其　他
卷铁心配电变压器（S_{11}型变压器）	下降约30%	下降70%	同S_9	磁路均匀，噪声水平低，温升低，效率高，体积小
非晶合金型变压器	下降70%～80%	下降50%	同S_9	制造工艺要求高，产量低，过载能力差，噪音大
三角型变压器	下降40%～50%	下降80%～90%	下降7%左右	噪声级降低5～15 dB，铜铁成本降低15%～20%，漏磁减少50%以上，油箱体积可减少1/4，体积可减少1/5
有(无)载调容变压器	下降30%	下降70%	同S_9	年运行成本可降低45%左右

4.3.2　配电变压器的容量选择

1）合理选择配电变压器容量的原则

综合考虑负荷性质、现有负荷的大小以及发展规模，尽量使投资省、电能损耗小。具体原则如下：

(1) 在容量不同的配电变压器中，符合电气技术要求时，选择年运行费低者；投资相当时，选择电气技术数据优越者；要使配电变压器本身的电能损耗最小。如在同样的用电负荷下，选用一台 100 kV·A 的配电变压器要比选用同型号的两台 50 kV·A配电变压器的损耗相应小，而且前者的价格也比后者的价格低廉。

(2) 要使配电变压器有较高的利用率。这就要求配电变压器尽可能地多带一些不同性质和用电时间的负荷，通过这些负荷的交替来提高配电变压器的利用率。

(3) 配电变压器的备用容量不能过大。如果备用容量选择过大，将增加设备投资，使设备的容量闲置，配电变压器的负载率更低，从而造成无功励磁损耗所占比例增大，电网负荷功率因数降低，直至影响整个配电网络的经济运行。

(4) 要使配电变压器的容量与低压电网的供应范围相适应。低压线路的合理供电半径通常不超过 0.5 km，合理输送功率一般不超过 100 kW。选择过大的配电变压器容量可能会增加变压器供电的负荷点，扩大供电范围，从而引起低压配电线路扩展和延长，配电供电区的线路布局过于庞大混乱，供电半径超过合理长度，此时低压电网电能损耗将增大，电压质量得不到保证。

(5) 为了限制短路时低压侧的短路电流，选用配电变压器的单台容量不适合超过 1 600 kV·A，配电台区几台配电变压器的总容量也应该适当控制。

(6) 变压器的经常负荷应不小于变压器额定容量的 60%，即负荷率在 0.6 为宜。因此选择变压器容量时，应该根据用电负荷的性质和特点，用电负荷最低时其利用率应不低于 10%也不应高于 60%。

2) 配电变压器容量选择方法

根据变压器的出厂技术数据和有功功率损失的计算公式可知，对于同型号的变压器，容量越大，其空载损耗和短路损耗也越大。变压器容量的选择对综合投资效益有很大影响。如果电网中配电变压器容量选得过大，变压器将会较长时间运行在轻载状态下，不仅使空载损耗和无功损耗增大，而且一次性投资大。如果电网中配电变压器容量选得过小，变压器将会较长时间运行在超载状态下，不仅使变压器负载损耗增大，而且对变压器等设备的安全运行造成很大威胁。

变压器的最佳负载率(即效率最高时的负载率)，不是在额定状态下，而是在40%～70%之间，这是因为负载率越高，损耗越大。另外，若变压器容量裕度小，负荷稍有增加，便需换大容量变压器，势必会增加投资，影响供电。

(1) 按用电负荷选择确定配电变压器的容量

用电负荷的性质、大小及其发展状况，是确定变压器容量的重要因素，变压器容量选择是否合理，对变压器安全经济运行至关重要。

选择变压器容量，要以现有的负荷为依据，适当考虑负荷发展变化。对于农村电网，选择新建配电变压器容量可以按照5年规划负荷的需要，以防止不必要的扩建和增容。当5年内电力发展明确，变化不大且当年负荷不低于变压器容量的30%时：

$$S_N = K_S \sum P_H/(\cos\varphi \times \eta) \tag{4.4}$$

式中：S_N——变压器在5年内所需配置的容量(kV·A)；

$\sum P_H$——5年内的有功功率(kW)；

K_S——同时率，一般为0.7～0.8；

$\cos\varphi$——功率因数，一般为0.8～0.85；

η——变压器效率，一般为0.8～0.9。

一般取$K_S=0.75$，$\cos\varphi=0.8$，$\eta=0.8$，代入式(4.4)可得：

$$S_N = 0.75 \times \sum P_H/(0.8 \times 0.8) = 1.17\sum P_H \tag{4.5}$$

负荷变化不大、负载率较高的综合用电的配电变压器，要满足动力及居民生活用电综合性负荷的需要，要充分考虑各种用电设备的同时利用率，为此，可按实际高峰负荷总千瓦数的1.2倍选择确定配电变压器的额定容量为：

$$S_e=1.2P_M\cos\varphi \tag{4.6}$$

配电变压器容量，一般可根据实际所需负载容量和功率因数进行选择，其容量按式(4.7)计算：

$$S_e=P_eR_s \tag{4.7}$$

式中：P_e——当年的用电负荷(kW)；

R_s——容载比，一般不大于3。

对于季节性用电的配电变压器，比如农业排灌专用变压器，或主要供给农村工副业用电的变压器，要考虑所供电动机启动的同时利用率，以满足瞬间较大负荷电流的需要，因此，可按农村季节性用电负荷的平均值P_{pj}的2倍选择确定配电变压器的额定容量为：

$$S_e=2P_{pj}/\cos\varphi \tag{4.8}$$

对于农村居民生活用电的专用配电变压器，可按其用电设备总千瓦数的接近值来选择确定变压器的额定容量为：

$$S_e \leqslant \sum_{i=1}^{m} P_i/\cos\varphi \tag{4.9}$$

照明、动力混合用电，按实际可能出现高峰总千瓦数的 1.25 倍选择。对于一般全压启动的异步电动机的功率，不宜超过配电变压器容量的 30%，同时还要保证在最大的一台电动机启动时，电动机的端电压不能低于额定电压的 25%，否则要采取降压启动。

(2) 按年电能损耗率最小选择确定配电变压器容量

按配电变压器全年电能损耗率最小的方法，选择确定配电变压器额定容量，是较为经济的一种方法，对于所供负荷起伏变化较大，而且停用又不太方便或不考虑频繁停用的变压器较为适用。

变压器容量要按 5～10 年发展考虑，位置选择应放在负荷中心，低压供电半径不得超过 0.5 km，电压降不得超过额定电压的±7%。当接线组别为 Y,y_{n0} 的配电变压器，三相负荷应尽量平衡，不得使用一相或两相供电，其中中性线或保护中性线的电流，不应超过低压侧额定电流的 25%。

4.3.3　配电变压器安装位置的基本原则

① 既要满足用电设备的负荷需要，又要使配电变压器的空载损耗减到最小。比如，对于某些中小型排灌站的专用变压器，不应考虑其他负荷的用电，以便在非用电季节得以停运，减少配电变压器空载损耗。而对于其他一般的变压器，应考虑多带几种不同性质的负荷，以利用各种负荷的时间差异而使配电变压器经常有较高的负载率，得到更为充分的利用。② 所选安装位置应地势较高，安全可靠，既不会被水冲水淹，又不会塌方使变压器倾斜或倒下，并且进出线容易，交通运输方便。③ 在确保线路供电半径不超过 0.5 m，缩短供电距离的条件下，要使配电变压器置于或靠近负荷中心而不是地理位置中心，以减少低压电网的损失。

4.3.4　配电变压器的经济运行

配电变压器经济运行是在确保变压器安全运行、满足供电量和保证供电质量的基础上，以良好的损耗参数为前提，充分利用现有的设备条件，通过择优选取变压器最佳运行方式和负载率、确定变压器运行位置最佳组合、改善变压器运行条件等技术措施，从而最大限度地降低变压器本身的运行损耗和提高电源侧的功率因数。变压器经济运行的实质就是变压器节电运行。变压器经济运行节电技术是把变压器经济运行的优化理论、定量化的计算方法和变压器各种实际运行工况密切结合的一项应用技术，该项节电技术不用投资，在某些情况下还能节约投资。

配电变压器是供电系统中的主要设备，是一种高效率转换电能的电器。在实际运行中，变压器损耗占全系统线损总量的 30%～60%，降低变压器的损耗是电网降损的重要内容。一般除选用节能型变压器外，在变电所内应安装两台以上的变压器并联运行。这样既可以提高供电的可能性,又可以根据负荷合理停用并联运行的变压器台数,降低变压器损耗。这样选取变压器的最佳运行方式,合理调整负荷分配,提高功率因数,可以有效降低配电变压器的损耗,实现经济运行。

1) 合理选择变压器的运行方式

在电力网络改造过程中,需要考虑负荷增加的可能性,一般都留有一定的冗余,因此变压器容量通常选择偏大。而农网的季节性很强,峰谷差大,有必要充分利用电网供电系统的特点,防止配电变压器过负载或轻负荷。在轻负荷时,由一台变压器带负荷,另一台变压器停运。在负荷高峰时,两台变压器并列运行。通过调整变压器的运行方式,使运行变压器负荷始终处于最佳运行区或其附近,减少配电变压器有功功率的损耗,保证整个电网供电系统经济运行。

(1) 子母变压器节能方案。子母变压器是指供电台区按照总量要求配置两台容量不等的变压器,一大一小。子母变压器按照日负荷曲线自动投退,负荷低谷时段投小切大,负荷平时段投大切小,负荷高峰时段两台配电变压器同时运行,形成两台配电变压器三种容量的子母变压器节能方案。

(2) 两台等容量变压器节能方案。这是指供电台区按照总容量要求配置两台容量相等的变压器。负荷低谷段和平时段一台变压器运行,负荷高峰时段再投运另一台变压器。两台变压器可以交替运行,也可以并列运行。

2) 保证三相负荷平衡

如果三相负荷分布不平衡,配电变压器将产生不平衡电压,使功率损耗增加。在供电相同负载的条件下,如果三相负荷不平衡达到最大时,变压器的有功功率损耗将是三相负荷平衡时有功功率损耗的三倍。所以,当三相不平衡度超出正常范围时,应及时进行调整,使三相负荷平衡,保证配电变压器的经济运行。

3) 提高电网的功率因数

在电网中,由于低压电网的功率因数低,电能损耗大,影响到线路和变压器的经济运行。变压器在输出一定有功功率时,需要容量与变压器的功率因数成反比,所以提高功率因数就能减少变压器的需用容量,也就可以提高变压器的供电能力。因此,一定要认识到提高功率因数的重要性,通过装设无功补偿装置,提高整个电网的功率因数,达到节约电能,降低损耗的目的。

4.3.5　配电变压器节能的意义

全面开展变压器的经济运行,其节电量约占用电量的 1%以上(即降低变压器的损失率 10%以上)。根据农村负荷的实际情况,进行配电变压器的选型,合理选择配电变压器的容量和安装位置。一方面,实际运行时依据用电负荷变化情况适当地变换变压器的容量,既可以为国家节约能源,也可以为用户减少损耗,节省用电,改善用户电能质量,提高设备工作效率,减少噪声和环境污染。另一方面,使所选变压器能够安全可靠运行,节省一次投资和运行维护费用,同时为今后的扩容做一定的准备。

4.4 降低线损节能

市场经济的发展要求供电企业以经济效益为中心,加快改造城市配电网和农村配电网,进一步控制和降低线损率。在理论上,线损的特点是电能以热能和电晕的形式消失在电网元件的周围空间。因此,电力网的线损是一种自然的物理现象,这是线损电量中不可避免的一部分。但是,线损电量中也存在着可以避免的部分,宜采取适当措施,将其降低到合理值范围内。

线损分析包括理论线损计算和管理线损计算,同时应实现供电模式、运行方式、无功补偿等对线损的影响分析功能。线损计算分析为判定电网节能降损的薄弱环节提供参考,为管理线损提供决策依据,合理下达线损考核指标并采取相应的降损措施,可最大程度地降低电网损耗。

4.4.1 电力网的线损

线路损失是指从发电厂发出的电能,在电力网输送、变压、配电各环节中造成的功率损失、电能损失以及其他损失,也就是电力网的线损是发电厂发出的输入电网的电能与电力用户用电时所消耗的电能量之差,包括从发电厂主变压器一次侧(不包括厂用电)至用户电能表上的所有电能损失。线损电量不能直接计量,是用供电量与售电量相减计算出来的。线损率是线损电量占供电量的百分比,是电力企业的一项重要综合性技术指标。它反映了一个电力网规划计划管理、运行管理、技术管理、计量管理、营业管理等多方面的综合管理水平。

4.4.2 线损产生的主要原因

1) 电阻作用

电能在电网传输中由于存在电阻,电流必须克服电阻的作用而流动,即必须产生电能损耗。电能损耗使得导体温度升高和发热,即电能转换为热能,并以热能的形式散发于周围的介质中。由于这种损耗是由导体电阻对电流的阻碍作用而引起的,因此称作电阻损耗。又因为这种损耗是随着导体电流的大小而变化的,故又称作可变损耗。

2) 磁场作用

在交流电路中,电流通过电气设备,使之建立并维持磁场,电气设备才能正常运转，带上负荷做功。在电磁转换过程中，因为磁场的作用使得电气设备的铁心中产生磁滞和涡流现象，从而使电气设备的铁心温度升高、发热，产生电能损耗。由于这种损耗是由交流电在电气设备铁心中建立和维持磁场作用而产生的，因而称作励磁损耗。又由于这种损耗与设备接入的电网电压等级有关，而与电气设备产生的电流大小无关，因而也称作固定损耗。

3）管理问题

因为电力部门的管理失误而造成的电能损失称为管理损耗，即管理线损。例如用户违章用电和窃电，电网绝缘水平差、有漏电，计量表计配备不合理，营业管理松弛造成抄核收工作的差错损失等，导致线损电量中的不合理成分增大，提高了线损率。

4）其他因素

如高压和超高压输电线路导线上产生电晕损耗等。

4.4.3 影响配电网线损的内在因素

线路或变压器功率损耗的通用计算公式：

$$\Delta P=3I^2R=3\left(\frac{S}{U}\right)^2R=3\frac{P^2}{U^2\cos^2\varphi}R \tag{4.10}$$

式中：I——流过线路或变压器绕组的电流(A)；

R——导线电阻(Ω)；

S——视在功率(kV·A)；

U——系统电压(kV)；

P——有功功率(kW)；

$\cos\varphi$——功率因数。

从式中可以看出影响线损的内在因素有：

(1) 负荷电流与线损成正比。负荷电流增大，则线损增大；负荷电流减小，则线损减小。任何一条运行中的配电线路都有一个经济负荷电流的范围，当实际负荷电流保持在这个范围内运行时，就可使线损率降低到最小值。

(2) 适当提高供电电压。不变线损(铁损)会伴随着电压的升高而增加，总线损在电压升高时是升高还是降低，和线损中的不变线损(铁损)在总线损中所占的比例相关。当不变线损在总线损中所占的比例小于一半时，线损中的可变线损减少比较多，总线损下降。因此，当不变线损所占比例小于50%时，提高供电电压和保证电压质量，有利于线路损耗的降低。

(3) 功率因数与线损成反比。功率因数提高，线损中的可变损耗将会减小；功率因数降低，线损中的可变损耗降会大大增加。

4.4.4 配电网线损的主要危害

配电网线路发热的过程就是把电能转化为热能的过程。发热不仅会使电能损失，而且还会使导体温度升高，加速绝缘材料老化，缩短使用寿命，降低绝缘程度，发生热击穿，引发配电系统事故。

这样配电网的线损没有转换为有用的能量，还要通过如通风、冷却等方式散热，而散热也需要消耗电能。这不仅意味着配电网络中电能的损失，更体现为对环境的污染和对一次能源的大量浪费。

因此，配电系统线损产生的经济损失表现在发、供、用电的各个环节，如果不采取相关措施来降低配电系统的线损率，必将会对国家的能源利用、企业的经济效益和环境保护产生负面影响。随着电力需求的不断增长，电能损失也会越来越大。每个用电企业都必须从大局出发，从技术和管理上降低线损。

4.4.5 线损分析

1）理论线损计算方法

（1）三相电力线路的有功功率计算公式为：

$$\Delta P_{WL}=\Delta P_A+\Delta P_B+\Delta P_C=3I_c^2R_{WL}\times10^{-3} \tag{4.11}$$

式中：ΔP——有功功率损失(kW)；

I_c——负荷电流(A)；

R_{WL}——导线电阻(Ω)，$R_{WL}=R_0L$，R_0——线路单位长度的电阻(Ω/km)。

在电源频率一定的情况下，导线电阻 R_{WL} 的阻值与导线温度的变化相关。通常在相关的技术手册中给出的是 20 ℃时导线单位长度电阻值，但实际运行的电力线路周围的环境温度是变化的。当负载电流通过导线电阻时，导线电阻发热又使导线温度升高。所以导线中的实际电阻值与环境、温度和负荷电流的变化相关。为简化计算，一般把导线分为三个分量考虑：

① 20 ℃时的导线电阻值为 R_{20} 为：

$$R_{20}=RL \tag{4.12}$$

式中：R——电线电阻率(Ω/km)；

L——导线长度(km)。

② 温度附加电阻 R_t 为：

$$R_t=a(t_p-20)R_{20} \tag{4.13}$$

式中：a——导线温度系数，铜、铝导线 $a=0.004$；

t_p——平均环境温度(℃)。

③ 负载电流附加电阻 R_1 为：

$$R_1=R_{20} \tag{4.14}$$

④ 线路实际电阻 R_{WL} 为：

$$R_{WL}=R_{20}+R_t+R_1 \tag{4.15}$$

(2) 三相电力线路的无功功率计算公式为：

$$\Delta Q_{WL}=\Delta Q_A+\Delta Q_B+\Delta Q_C=3I_c^2X_{WL}\times 10^{-3} \tag{4.16}$$

式中：ΔQ——无功功率损失(kvar)；

I_c——负荷电流(A)；

X_{WL}——导线电抗(Ω)，$X_{WL}=X_0L$，X_0——线路单位长度的电阻(Ω/km)。

2) 管理线损的分析和统计

(1) 通过理论计算可以确定配电网络总的损耗电量和理论线损率，再与电网实测负荷资料和对网络各个元件损失电量的计算作对比分析，从而发现线损管理中的薄弱环节，决定降损措施。

(2) 通过测算分析所得网络固定损耗和可变损耗所占比重，可以对线路结构是否合理做出评价。若线路损耗所占比重过大，可以考虑是否是导线截面过细需要更换为粗导线，或者进行升压和分流改造。若配电变压器铁损所占比重过大，可以考虑设备配套是否合理，有针对性地采取提高设备负载率、拉切空载变压器、进行无功补偿等措施。

(3) 通过分析网络各元件损耗电量所占比例，可以了解线损的分布状况及薄弱环节，从而为确定降损的主要技术措施提供依据。

(4) 比较实际线损与理论线损，分析管理线损所占比例，可以发现管理损耗的漏洞，如计量不准，电能的错抄、估抄、漏抄，窃电等。

(5) 通过与前次理论计算分析比较，可以校验降损措施效果，并指导电网线损率指标计划的编制工作。

3) 加强线损管理的意义

随着电力工业市场化改革步伐的加快，供电公司的线损率直接与其经济利益相关。市场经济的发展要求供电企业以经济效益为中心，加快配电网改造，进一步降低和控制线损率。研究农村电网的线损率并积极降低，不仅直接影响农村电力事业的发展，而且对农村发展、农业生产、农民生活有着重要意义。

4.4.6　降损节能措施

1）配电线路的优化

（1）采用架空绝缘配电线路

架空绝缘配电线路是指采用绝缘导线架设的配电线路，它的主要优点有：① 提高线路安全供电的可靠性。采用绝缘导线的线路可以防止由于外物引起的相间短路，减少合杆线路作业时的停电次数和维修工作量，线损的配电利用率得以提高。② 简化线路杆塔结构，甚至可以沿墙敷设，节约了线路材料。③ 节约线路电能损失，降低电压损失，尤其是架空成束绝缘导线，因为其线间距离极小，线路电抗仅为普通裸导线线路电抗的 1/3。④ 减少导线腐蚀，延长线路使用寿命。

（2）使用单心可分裂组合型防老化绝缘电线

单心可分裂组合型防老化绝缘电线是指由 4 根单心导线经聚氯乙烯绝缘层相互连接在一起成为一体的绝缘电线，它是一种新型的低压分裂导线。

（3）推广耐热铝合金线

耐热铝合金线是指在高温（最高可达 150 ℃）情况下，能够传输电力的铝合金线，简称耐热线。它的最大特点是载流量大，能在高于+70 ℃时传输电力。

2）简化电压等级和升压改造

电网升压改造是在用电负荷增长造成线路输送容量不够或者能耗大幅度增加，以及简化电压等级、淘汰非标准电压所采取的技术措施。

我国绝大部分农网结构是以 35 kV 网架为主，主要采用 220/110/35/10 kV 电压制式。这种电网结构存在重复降压、相邻级电压没有拉开的弊端，导致分支多、线损率高、经济效益差，已经不能适应我国农村经济发展和负荷增长的现实需求。对重复降压的、非标准电压的或者负荷过重的要进行电压改造（表 4.2）。

表 4.2　电压升压后功率损耗降低百分比

电网升压前的额定电压 U_{N1}(kV)	电网升压后的额定电压 U_{N2}(kV)	电网升压后降低功率损耗的百分率 Δp(%)
220	330	55.6
110	220	75
35	110	89.9
10	35	91.8

当输送负荷不变时升压改造后降低功率损耗的百分率为：

$$\Delta p\% = \left(1 - \frac{U_{N1}^2}{U_{N2}^2}\right) \times 100\% \tag{4.17}$$

降损节电量为：

$$\Delta(\Delta A)=\Delta A\left(1-\frac{U_{N1}^2}{U_{N2}^2}\right) \tag{4.18}$$

式中：U_{N1}——电网升压前的额定电压(kV)；

U_{N2}——电网升压后的额定电压(kV)；

ΔA——电网升压前的损失电量(kW·h)；

$\Delta(\Delta A)$——电网升压后的损失电量(kW·h)。

3) 合理调整电力网的运行电压

(1) 优化电网运行电压

电网元件的空载损耗、负载损耗和电晕损耗都受到电网运行电压的影响。在负荷不变的前提下，电压提高，与电压成反比的负载损耗则会减小。在额定电压附近，当变压器的分接头位置不变时，电压提高，变压器的空载损耗将增大。而电晕损耗不仅和运行电压有关，还和气象以及电网电压等级等因素相关。

35～220 kV输电网，负载损耗在总损耗中所占的比例为80%左右，因此适当提高电网的电压水平可以降低线损。6～10 kV配电网中，变压器的空载损耗在总损耗中所占的比例为40%～80%，尤其是配电线路深夜运行和农电线路非排灌季节时。由于负荷低，因而运行电压较高，造成空载损耗在总损耗中所占的比例更大，因此应该根据用户对电压偏移的要求，适当降低电压运行。对于低压电网，其空载损耗很少，宜提高运行电压。在电网运行中，大量采用有载调压设备可以在不同的负荷情况下合理地调整电网的运行电压。

(2) 配电网运行电压与电能损耗的关系

如果用电负荷的变化幅度大，不仅需要较大的发供电设备，而且在供电量相同的情况下也会增加线损。因此，做好负荷调整工作是降损节能的重要环节之一。应当注意搞好整个电网和每条线路、每台变压器的调整负荷工作。三相电流不平衡，不仅会影响变压器的安全运行，也会使得线损增加，因此，应该定期进行三相负荷的测定和调整工作。

就电网而言，多数线路和多数季节是处于轻负荷运行状态，固定损耗所占比重较大。这些线路可以通过适当降低运行电压的办法降低固定损耗，以达到降损的目的。

① 电容器补偿装置的调压降损。电容器投入运行引起静态电压升高为：

$$\Delta U=\frac{Q_e X}{U} \tag{4.19}$$

式中：Q_e——投运的电容器容量(kvar)；

X——上一级线路的感抗(Ω)。

电容器投入运行后引起的可变损耗降低幅度为：

$$\Delta P_{\mathrm{kb}}\%=\left(1-\frac{\cos^2\varphi_1}{\cos^2\varphi_2}\right)\times 100\% \tag{4.20}$$

式中：$\cos\varphi_1$——投前功率因数；

$\cos\varphi_2$——投后功率因数。

② 变压器分接头调压降损。电压调整后，电网可变损耗下降幅度为：

$$\Delta P_{\mathrm{kb}}\%=\left(1-\frac{1}{(1+a\%)}\right)\times 100\% \tag{4.21}$$

式中：$a\%$——电压调整幅度，升为“+”，降为“−”。

电压调整后，电网固定损耗下降幅度为：

$$\Delta P_{\mathrm{gd}}\%=[1-(1+a\%)^2]\times 100\% \tag{4.22}$$

电网综合降损幅度为：

$$\Delta P\%=\Delta P_{\mathrm{kb}}\%\beta+\Delta P_{\mathrm{gd}}\%(1-\beta) \tag{4.23}$$

式中：β——可变损耗占总损耗的比例。

(3) 电网运行电压的调整

合理调整电力网的运行电压是指在保证电压质量的基础上通过调整发电机端电压、调整变压器分接头、母线上投切电容器、调相机调压等手段适度调整。

① 基本原理

由损耗公式知：

$$\Delta P=\frac{S^2}{U_N^2}R=I^2R \tag{4.24}$$

由于电力网输、变、配电设备的有功损耗与运行电压成平方反比关系，所以合理调整运行电压可以达到降损节电效果。

调整电压百分比 α：

$$\alpha=\frac{U_{\mathrm{a}}-U}{U}\times 100\% \tag{4.25}$$

式中：U_{a}——调整后运行电压(kV)；

U——调整前运行电压(kV)。

负载损耗与空载损耗的比值 C：

$$C=\frac{\Delta A_k}{\Delta A_0} \tag{4.26}$$

式中：ΔA_k——调整前负载损耗电量(kW·h)；

ΔA_0——调整前空载损耗电量(kW·h)。

② 判断调压条件

供电电压提高(或下降)，网络中的可变损耗减少(或增加)，固定损耗增加(或减少)，而总的损耗随着运行电压的升高(或降低)是减少还是增加，要看网络中的固定损耗在总损耗中所占的比重。假设某网络可变损耗为 $P_{k\sum}$，固定损耗为 $P_{o\sum}$，则当电压变化为 $a\%$时，其总损耗不变的临界状态为：

$$\left[1-\frac{1}{(1+a\%)^2}\right]P_{k\sum}=\left[(1+a\%)^2-1\right]P_{o\sum} \tag{4.27}$$

其可变损耗与固定损耗的比值 C 为：

$$C=\frac{P_{k\sum}}{P_{o\sum}}=\frac{(1+a\%)^2-1}{1-\dfrac{1}{(1+a\%)^2}}=(1+a\%)^2 \tag{4.28}$$

由公式(4.28)可以看出：C 值的大小决定了是提高运行电压有降损效果还是降低运行电压有降损效果。

当电网的负载损耗与空载损耗的比值 C 大于表 4.3 中的值时，提高运行电压有节电效果。

表 4.3　提高运行电压有降损效果的 C 值

提高电压百分比(%)	1	2	3	4	5	6	7	8	9	10
可变损耗与固定损耗的比值 C	1.02	1.04	1.061	1.082	1.10	1.12	1.15	1.17	1.19	1.21

当电网的负载损耗与空载损耗的比值 C 小于表 4.4 中的值时，降低运行电压有节电效果。

表 4.4　降低运行电压有降损效果的 C 值

提高电压百分比(%)	−1	−2	−3	−4	−5	−6	−7	−8	−9	−10
可变损耗与固定损耗的比值 C	0.98	0.96	0.94	0.92	0.90	0.88	0.86	0.85	0.83	0.81

调压后的降损电量计算式为：

$$\Delta(\Delta A)=\Delta A_k\left(1-\frac{1}{(1+\alpha\%)^2}\right)-\Delta A_0\alpha\%(2+\alpha\%) \tag{4.29}$$

③ 调整电压的方法

电力网中元件的空载损耗会受到电力网运行电压的影响。通常在 35 kV 及以上供电网络中,每提高运行电压1%,可降损1.2%左右。

提高电网电压水平主要是要做好全网的无功平衡工作,其中包括提高发电机端口电压,提高用户功率因数,采用无功补偿装置(可利用串联电容器调压、并联电容器调压、并联电抗器调压、利用调相机调压),在无功平衡的前提下调整变压器的分接头。

4) 合理选择线路导线截面

由于所选导线截面的大小直接影响到线路的投资和年运行费用,因此从经济方面考虑,导线应选择一个比较合理的截面。其选择原则从两方面考虑:① 选择截面越大,电能损耗就越小,但线路投资、有色金属消耗量及维修管理费用就越高。② 选择截面越小,线路投资、有色金属消耗量及维修管理费用越低,但电能损耗大(见表4.5)。

从全面的经济效益考虑,使线路的年运行费用接近最小的导线截面,称为经济截面,用符号 S_{ec} 表示。按经济电流密度计算截面的公式为:

$$S_{ec}=\frac{I_c}{j_{ec}} \tag{4.30}$$

式中:I_c——线路的计算电流(A);

j_{ec}——经济电流密度(A/mm^2)。

表4.5　我国规定的经济电流密度 j_{ec}(A/mm^2)

导线材料	年最大负荷利用小时		
	3 000 h以下	3 000～5 000 h	5 000 h以上
铝线、钢芯铝线	1.65	1.15	0.90
铜线	3.00	2.25	1.75
铝芯电缆	1.92	1.73	1.54
铜芯电缆	2.50	2.25	2.00

对于35 kV及以上的高压供电线路及电压在35 kV以下但是距离长、电流大的线路,其导线截面主要按照经济电流密度来选择,按其他条件检验。

$$\Delta U\%=\frac{R_0}{10U_N^2}\sum_{i=1}^{n}p_iL_i+\frac{X_0}{10U_N^2}\sum_{i=1}^{n}q_iL_i=\Delta U_a\%+\Delta U_r\%\leqslant\Delta U_{al}\% \tag{4.31}$$

式中:$\Delta U_{al}\%$——线路的允许电压损失。

由于线路有阻抗,所以在负荷电流通过线路时有一定的电压损失。电压损失越大,则用电设备端子上的电压偏移就越大,当电压偏移超过允许值时,将严重影响电气设备的正常运行。

5) 配电线路换大的导线截面

在输送负荷不变的前提下，更换大的导线截面，减少线路电阻，可以达到降损节能的目的(见表 4.6)。

换线后降低功率损耗的百分比为：

$$\Delta P\% = \left(1 - \frac{R_2}{R_1}\right) \times 100\% \tag{4.32}$$

式中：R_1——换线前导线的电阻(Ω)；

R_2——换线后导线的电阻(Ω)。

表 4.6 换粗导线截面降低功率损耗百分率(ΔP%)

导线更换前(R_1)		导线更换后(R_2)		降低损耗百分率 Δp(%)
型号	电阻(Ω/km)	型号	电阻(Ω/km)	
LGJ-25	1.38	LGJ-35	0.85	38.4
LGJ-35	0.85	LGJ-50	0.65	23.5
LGJ-50	0.65	LGJ-70	0.46	29.2
LGJ-70	0.46	LGJ-95	0.33	28.3
LGJ-95	0.33	LGJ-120	0.27	18.2
LGJ-120	0.27	LGJ-150	0.21	22.2
LGJ-150	0.21	LGJ-185	0.17	19.0
LGJ-185	0.17	LGJ-240	0.132	22.4
LGJ-240	0.132	LGJ-300	0.107	18.8
LGJ-300	0.107	LGJ-400	0.08	25.2

6) 线路的经济运行

配电网经济运行是指在已有的电网布局和结构下，一方面组织好用电负荷，尽量调整合理，在期线路和设备运行时间内，所输送的负荷尽可能合理；另一方面，通过一些方法，按照季节来调节电网运行电压，也尽量使其合理。要充分运用“调压”和“调荷”这两个方法，使电网尽量处在经济合理运行状态。

(1) 导线按经济电流运行

经济电流密度是依据年运行费用较低、投资和有色金属消耗量节约等制定的，导线按经济电流运行后损耗降低的百分比 $\Delta P\%$ 为：

$$\Delta P\% = \left(1 - \frac{I_2^2}{I_1^2}\right) \times 100\% \tag{4.33}$$

式中：I_1——导线的持续允许电流(A)；

I_2——导线的经济电流(A)。

表 4.7 各种导线按经济电流运行降低损耗百分率

导线型号	I_1(A)	I_2(A)	Δp(%)
LGJ-240	610	276	79.52
LGJ-185	515	213	82.89
LGJ-150	445	173	84.88
LGJ-120	380	138	86.81
LGJ-95	335	109	89.41
LGJ-70	275	81	91.32
LGJ-50	220	58	93.04
LGJ-35	170	40	94.46

从表 4.7 可以知道,导线按经济电流运行时电能损耗降低幅度与导线的截面成反比,降低幅度越大,导线越细。

(2) 增加并列线路运行

增加并列线路指由同一电源到同一受电点间增加一条或者多条线路并列运行。

增加等截面、等距离的线路并列运行后的降损节能效果:

$$\Delta(\Delta A)=\Delta A\left(1-\frac{1}{N}\right) \tag{4.34}$$

式中:ΔA——原来一回线运行时的损耗电量(kW);

N——并列运行线路回数。

增加一条不等截面、等距离的线路并列运行后的降损节电效果:

$$\Delta(\Delta A)=\Delta A\left(1-\frac{R_2}{R_1+R_2}\right) \tag{4.35}$$

式中:R_1——改造前线路的导线电阻(Ω);

R_2——改造后线路的导线电阻(Ω);

ΔA——改造前的损耗电量(kW·h);

$\Delta(\Delta A)$——改造后的损耗电量(kW·h)。

增大导线截面或改变线路迂回供电后的降损节电效果:

$$\Delta(\Delta A)=\Delta A\left(1-\frac{R_2}{R_1}\right) \tag{4.36}$$

4.5 无功补偿节能

4.5.1 无功功率和无功补偿

交流电在通过纯电阻的时候电能都转成了热能，而在通过纯容性或者纯感性负载的时候并不做功，即没有消耗电能。实际上，负载不可能为纯容性负载或者纯感性负载，一般都是混合性负载，这样，电流在通过它们的时候就有部分电能不做功，也就是无功功率。电力网中无功负荷主要来自于电动机、配电变压器和线路，它们属于感性电抗。变压器和电动机在运行时，需要消耗大量的无功功率，此时的功率因数低于1，如果这些无功电流不能就地平衡，就需要变电所提供，这将消耗大量的电能，为了提高电能的利用率就需要进行无功补偿。

无功补偿是指在电网中装设并联电容器、同步调相机等容性设备，这些设备可提供感性负荷所消耗的部分无功功率，减少无功功率在电网中的流动，从而降低输电线路因输送无功功率造成的电能损耗，提高系统的功率因数，改善电网的运行条件。

农网中大多数的客户是综合配电变压器客户，基本没有安装无功补偿装置，造成无功补偿容量不足。农用电网的特点是用电季节性强，电力负荷分散，峰谷悬殊。农网中线路杂乱陈旧、导线截面偏小，在一些地区仍然使用老式耗能配电变压器，有载调压设备或有载变压器数量少，不利于电压的调节，造成损耗大和电压质量差，使得无功补偿装置很难发挥作用。因为变压器在配置容量时是按照农忙季节的容量进行配备的，所以配电变压器较长时间处于低负荷运行状态，消耗了大量的无功功率。这些都造成农网的无功补偿不合理、缺额大。

4.5.2 常见的无功补偿装置

总的来说“无功补偿装置”就是一个无功电源。一般电业局规定低压功率因数为0.85以上，高压为0.9以上。为了降低无功功率损耗，就需要采用无功补偿装置。电力系统中现有的无功补偿设备有无功静止式补偿装置和无功动态补偿装置两类。无功静止式补偿装置包括并联电容器和并联电抗器，无功动态补偿装置包括同步补偿机（调相机）和静止型无功动态补偿装置。

1）同步调相机

同步调相机实际上是一种不带机械负载的同步电动机。在过励磁运行状态下，向电力系统供给无功功率；在欠励磁运行状态下，从电力系统吸取无功功率。其主要缺点是投资大，运行维护复杂。

2）并联电容器

并联电容器是电网中用得最多的一种无功功率补偿设备，目前国内外电力系统中90%的无功补偿设备是并联电容器。并联电容器主要作用是就近给负荷供给无功功率，在提高用电功率因数、改善电压质量、降低线路损耗等方面具有运行简便、经济可靠等优点。

（1）电容器是最经济的设备。它的安装调试简单，并且一次性投资和运行费用都比较低。

（2）电容器的效率高、损耗低。现代电容器的功率损耗只占其本身容量的0.02%左右。而调相机本身和其附属设备都还需用一定的变电站用电，损耗接近2%～30%，明显高于电容器的损耗。

（3）电容器是静止设备，运行维护简单，没有噪声。调相机为旋转电机，运行维护复杂。

（4）电容器的应用范围广泛，既可以集中安装在中心变电站，也可以分散安装在配电系统。而调相机只可以固定安装在中心变电站，应用范围有限。

（5）电力电容器成套补偿是指将电力电容器及其控制、保护电气按一定接线连接起来的成套装置，具有造价低、投资少、安装方便、运行维护简单、损耗小等优点。

3）并联电抗器

并联电抗器属于感性无功补偿设备，它可以吸收系统中过剩的无功功率，防止电网运行电压过高。一般装设并联电抗器吸收线路的充电功率，避免超高压线路空载或轻负荷运行时，线路的充电功率导致线路电压升高。并联电抗器也可以用来限制由于突然甩负荷或接地故障引起的过电压，避免高压危及系统的绝缘。

4）静止补偿器

静止补偿器是指没有运动部件的无功补偿装置。静止补偿器与调相器、电容器、电抗器的补偿作用不同。电力系统静态无功电力的补偿，采用的是调相器、电容器、电抗器，而静止补偿器主要是针对电力系统中动态冲击负荷的补偿。安装静止补偿器装置后，可使供电质量显著改善，使电压波动较小，使之完全在允许范围内，降低线损，减少电费支出。

4.5.3 无功补偿配置

无功补偿配置是从补偿安装地点及补偿方式的确定、补偿容量的配置两个方面来进行的。

1）补偿安装地点及补偿方式的确定

补偿的安装地点及补偿方式可分为集中补偿和分散补偿。

集中补偿是在变电所集中装设较大容量的补偿电容器，用来补偿主变压器本身的无功损耗，减少变电所以上供电系统的无功功率，从而实现降低供电网络的无功损耗的目的，但不能降低配电网络的无功损耗。一般是指安装在地区变电所或高压供电用户降压变电所母线上的高压电容器组，也包括集中安装在电力用户总配电低压母线上的电容器组。集中补偿的优点是容易实现电容器自动投切，利用率高，维护方便，能够减少配电网络、用户变压器及专供线路的无功负荷和电能损耗。

分散补偿是指在配电网络中分散的负荷区，如对配电变压器低压侧、配电线路和用户的用电设备等进行的无功补偿，中、低压配电主要是分散补偿。因为用户需要的无功功率通过变电所以下的配电线路向负荷端输送，所以，为了有效降低线损，必须做到无功功率在哪里缺少就在哪里补偿。

2）补偿容量的配置

(1) 变电所集中装设的补偿容量依据主变容量的20％～40％来选择。

(2) 配电线路上的分散补偿容量依据"三分之二"法则来选择，即在均匀分布负荷的配电线路上安装电容器的最佳容量是该线路平均负荷的2/3；安装最佳地点是自送端起的线路长度的2/3处。

(3) 电动机就地补偿不宜超过电动机空载时的无功消耗，配电变压器低压侧电容器补偿需要避免轻负荷时向10 kV配电网倒送无功功率。

电容器的安装方式分为固定安装和自动投切。固定安装的电容器按照负荷低谷值来选择补偿容量，防止轻负荷时向系统倒送无功功率，因此，在负荷峰值时，补偿量就不足。自动投切可以依据用户的负荷状况和电网的实时运行参数进行并联电容器组的自动控制，达到合理补偿、减少电能损耗的目的。

4.5.4 无功补偿方式和补偿原则

1）无功补偿方式

无功补偿可以改善电压质量，提高功率因数，是电网采用的节能措施之一。配电网中常用的无功补偿方式有：

(1) 就地补偿。对于大型电动机或者大功率用电设备宜装设就地补偿装置。就地补偿是最简单、最经济、最见效的补偿方式，它把电容器直接接在用电设备上，中间只加熔断器保护。电容器跟着用电设备一起投入与切除，可以实现最方便的无功自动补偿，切除时用电设备的线圈是电容器的放电线圈。

(2) 分散补偿。当各用户终端距主变压器较远时，适合在供电末端安装分散补偿装置。分散补偿结合用户端的低压补偿可以降低线损，同时可以提升末端电压。

(3) 集中补偿。变电站内的无功补偿主要是补偿主变压器对无功容量的需求，结合供电区内的无功电流及配电线路和用户的无功水平确定无功补偿容量。35 kV变电站一般按主变容量的10％～15％来确定；110 kV变电站可按主变容量的15%～20%来确定。

2）无功优化和无功补偿原则

无功优化和无功补偿时，首先要确定合适的补偿点。无功负荷补偿点的确定原则有：① 根据网络结构特点，选择几个中枢点以实现对其他节点电压的控制。② 根据无功就地平衡原则，选择无功负荷较大的节点。③ 无功分层平衡，即避免不同电压等级的无功相互流动，以提高系统运行的经济性。④ 网络中无功补偿度不应低于部颁标准0.7的规定。

从电力网无功功率消耗的基本状况可以看出，各级网络和输配电设备都需要消耗一定的无功功率，特别是低压配电网。为了最大限度地减少无功功率的传输损耗，提高输配电设备的效率，无功补偿设备的配置应按照“分级补偿，就地平衡”的原则合理布局，基本要求为：

(1) 集中补偿与分散补偿相结合，以分散为主。这就要求在负荷集中的地方进行补偿，既要在变电站进行大容量集中补偿，又要在配电变压器、配电线路和用电设备处进行分散补偿，目的是做到无功功率就地平衡，减少其长距离输送形成的功率损耗。

(2) 高压补偿与低压补偿相结合，以低压补偿为主。这是和分散补偿相辅相成的。

(3) 降损与调压相结合，以降损为主，兼顾调压。对于负荷分散、线路长、分支多、功率因数低的线路补偿可以显著提高线路的供电能力。

(4) 输电网补偿与配电网补偿相结合，以配电网补偿为主。

(5) 供电部门的无功补偿与用户补偿相结合，以就地平衡为主。因为无功功率大约有30%消耗在配电变压器中，其余的消耗在线路和用户的用电设备中，若这两者不能完好地配合，将会造成轻载或空载时过补偿、满负荷时欠补偿，得不到理想的效果。在配电网络中，用户消耗的无功功率约占50%～60%，因此，为了减少无功功率在配电网络中的输送，应尽可能地实现无功功率就地补偿、就地平衡，所以必须由电力部门和用户共同进行补偿。

4.5.5 无功补偿容量的确定

依据无功补偿的原则和无功电流在电力系统中的去向，有几种主要的补偿方式及其容量。

1）变电站高压集中补偿

变电站高压集中补偿是在变电站10(6) kV母线上集中装设高压并联电容器组，用来补偿主变压器的空载无功损耗和线路漏补的无功功率。

2）随线补偿

随线补偿是将电容器分散安装在高压配电线路上的支线熔断器以后，以便于电容器的检修，用来补偿线路上的无功消耗。每组电容器的补偿容量不宜超过 200 kvar，这样方便电容器的放电，也可以提升线路末端电压，改善电压质量。其补偿容量是无功负荷的三分之二。

3）随器补偿

随器补偿是将低压电容器安装在变压器的低压侧，用来补偿配电变压器的空载无功功率和漏磁无功功率，它具有接线简单、维护方便等优点。一般电力网配电变压器的负载率较低，在轻载或空载的情况下，无功负荷主要体现在变压器的空载励磁无功功率上。因此，配电变压器无功补偿容量一般不超过其空载无功功率，否则，在配电变压器接近空载时可能造成过补偿。其容量为配电变压器容量的 5%～7%。

4）随电动机补偿

随电动机补偿是将低压电容器组直接并联在电动机上，通过控制、保护装置与电动机同时投切，用来补偿电动机的无功消耗，以补偿励磁无功为主。它具有投资少、安装容易、维护简单和事故率低等优点。据相关统计，县级电力网中大约有 60%的无功功率消耗在电动机上，因此，做好电动机的无功补偿工作，使得无功功率就地平衡，既能减少配电线路的功率损耗，又能提高电动机的无功功率输出。一般按照 $Q_C \leqslant 3U_e I_0$ 确定补偿容量（对 7.5 kW 以上电动机进行无功补偿时）。对于排灌所带机械负荷较大的电动机，可适当增大无功补偿容量，可以比电动机的空载无功功率大，但是要小于额定无功负荷。

4.5.6 无功补偿容量的计算方法

1）集中补偿容量的计算

由于负荷分散、负荷率低、输电线路较长、峰谷差大，所以以农业为主的 35 kV 变电站，虽然年均负载率较低，但是负荷起伏变化比较大，功率输送距离很远，因此，需要补偿主变压器的无功损耗，并满足供电区的高无功负荷。依据 $Q_C=(0.2\sim0.3)S_N$ 确定农网 35 kV 变电所的无功集中补偿容量。由于变电站初建时期，负荷一般较小，故补偿工作可以分期进行。等到负荷增加后，再将补偿容量逐渐增加到主变压器的 20%～30%。同时可以将集中补偿的电容器组分为两组，在负荷高峰时期全部投入运行，在负荷低谷时期全部切除或切除一组。

对用电容量大的用户采取集中补偿方式，补偿容量可以参照用电高峰有功功率的平均值，依据 $Q_C=P_C(\tan\varphi_1-\tan\varphi_2)$ 来确定，将负荷功率因数补偿到所需。

2）分散补偿容量的确定

10 kV 线路采取的是高压分散补偿容量，按线路上配变总励磁无功功率确定补偿容量进行补偿。为了减少配电变压器空载时的过补偿现象及在线路非全相运行时产生的铁磁谐振现象，补偿容量依据运行经验公式确定：

$$Q_C = (0.95 \sim 0.98) \times \frac{I_0\%}{100} \sum_{i=1}^{m} S_{Ni} \tag{4.37}$$

式中：$I_0\%$——线路上所有配变空载电流百分数的加权平均值；

S_{Ni}——单台变压器的容量(kV·A)。

3）按配电变压器容量确定补偿容量

在配电变压器低压侧安装电容器时，应考虑轻负荷时向10 kV配电网倒送无功功率，以取得最大的节能效果，可根据配电变压器容量 $Q_C=(0.10\sim0.15)S_N$ 确定。

4.5.7 无功补偿的意义

随着农村用电负荷的迅速增长，无功需求也不断加大。合理地进行无功补偿不仅可以解决无功不足的现象，还可以减少农网线路的有功功率损耗。在农网布局和结构不变的情况下，传送一定的有功功率，功率损耗和无功功率的平方成正比。为了使电网的无功功率保持平衡，减少无功功率就可以减少有功功率损耗。如果电源设备容量不变，通过无功补偿可以使功率因数提高，增加线路传输功率，提高电源设备的利用效率。在保证农网有功负荷不变的条件下，增加无功补偿后，输送同样的有功功率，可以减少视在功率，节省设备投资。客户加装补偿电容器后，可提高功率因数，使电压损失率下降，改善电网电压质量。

4.6 农网变电所节能案例设计

在农村电网节能技术的研究的基础上，以泰州市某镇电网为对象进行相应的案例设计。

4.6.1 负荷计算与无功补偿

泰州市某镇电网中，1号线上有三个村和两个厂，每个厂每年用电大约350万度。2号线上有四个村和一个厂，厂每年用电大约100万度。3号线上有三个村和三个厂，每个厂每年用电大约100万度。4号线为某电镀厂专线，每年用电大约800万度。5号线为某钢铁厂专线，每年用电大约870万度。6号线为镇用电专线，每年用电大约600万度。每个村约有800户普通农户家庭，每户每天用电大约0.07度(见图4.2)。

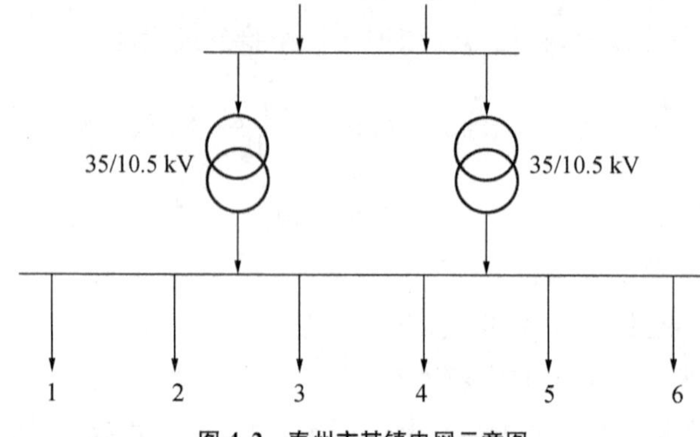

图 4.2 泰州市某镇电网示意图

1) 普通设计

(1) 未考虑线损

本次设计中，有功负荷 P_c 通过估算可以计算得出，其他负荷计算通过公式 $Q_c=P_c\tan\varphi$、$S_c=\sqrt{P_c^2+Q_c^2}$、$I_c=\dfrac{S_c}{\sqrt{3}U_N}$ 计算得出。

(2) 考虑线损

当负荷电流通过线路时，在线路电阻上会产生功率损耗，计算公式为 $\Delta P=3I^2R$，而电阻 R 是与导线的长度有关的。已知 1 号架空线路的长度为 7 km，2 号架空线路的长度为 11 km，3 号架空线路的长度为 13 km，4 号架空线路的长度为 9 km，5 号架空线路的长度为 8 km，6 号架空线路的长度为 12 km。案例总负荷计算如表 4.8 所示。

表 4.8 案例总负荷计算表

序号	名称		计算负荷			
			P_c(kW)	Q_c(kvar)	S_c(kV·A)	I_c(A)
No.1	1 号线		1 192.302	953.838	1 526.89	88.15
No.2	2 号线		416.907	333.522	533.90	30.82
No.3	3 号线		629.343	503.478	805.95	46.53
No.4	4 号线		1 125.918	900.738	1 441.88	83.25
No.5	5 号线		1 224.432	979.546	1 568.04	90.53
No.6	6 号线		844.434	675.549	1 081.40	62.43
No.7	总负荷计算	共计	5 433.336	4 346.671		
		乘以 $K_{\Sigma p}(K_{\Sigma q}=0.95)$	5 161.67	4 129.34	6 610.17	381.64
		无功功率补偿		−2 400		
		10 kV 侧总计	5 161.67	1 729.34	5 443.66	314.29
		变压器损耗	81.65	326.62		
		35 kV 侧总计	5 243.32	2 055.96	5 632	92.90

此次设计要求从变压器 10 kV 侧到用电设备受电端的 10 kV 架空线路的电压损失不超过用电设备额定电压的 5%。如果线路电压损失超过了允许值,应适当增大导线截面,使之小于允许的电压损失。

1 号架空线的截面选择:

$$\Delta U_r\% = \frac{X_0}{10U_N^2} q_1 L_1 = \frac{0.38}{10\times10^2}\times953.838\times7 = 2.54$$

$$\Delta U_{a\%} = \Delta U_{a1}\% - \Delta U_r\% = 5 - 2.54 = 2.46$$

$$S = \frac{p_1 L_1}{10\gamma U_N^2\ \Delta U_{a\%}} = \frac{1\ 192.302\times7}{10\times0.032\times10^2\times2.46} = 106.02\ \text{mm}^2$$

选择 LGJ - 120,查 LGJ 型钢芯铝绞线的电阻和电抗表得 $X_0 = 0.379\ \Omega/\text{km}$,$R_0 = 0.27\ \Omega/\text{km}$。

① 校验实际的电压损失为:

$$\Delta U\% = \frac{R_0}{10U_N^2} p_1 L_1 + \frac{X_0}{10U_N^2} q_1 L_1$$

$$= \frac{0.27}{10\times10^2}\times1\ 192.302\times7 + \frac{0.379}{10\times10^2}\times953.838\times7 = 4.78 < 5$$

故所选导线 LGJ - 120 满足电压损失的要求。

② 校验发热情况

查 LGJ 型裸铝绞线的载流量表可知,LGJ - 120 在室外温度为 25 ℃时的允许载流量为 $I_{a1} = 380$ A。

$I_c = 88.15 < I_{a1} = 380$ A,显然发热情况也满足要求。

③ 校验机械强度

查架空裸导线的最小截面表可知,高压架空裸钢芯铝绞线的最小允许截面为 35 mm²,所选导线的截面为 150 mm²,满足机械强度的要求。

其他架空线截面选择与 1 号架空线的相同,2～6 号架空线的截面选择如表 4.9 所示。

表 4.9 2～6 号架空线的截面选择

名称	$\Delta U_r\%$	$\Delta U_a\%$	S(mm²)	架空线型号
2 号架空线	1.39	3.61	39.70	LGJ - 50
3 号架空线	2.49	2.51	101.86	LGJ - 120
4 号架空线	3.08	1.92	164.93	LGJ - 185
5 号架空线	2.98	2.02	151.54	LGJ - 185
6 号架空线	3.08	1.92	164.93	LGJ - 185

其他架空线截面校验与 1 号架空线的相同，2～6 号架空线的截面校验如表 4.10 所示。

表 4.10　2～6 号架空线的截面校验

名称	项目	数据	选择要求	项目	数据	结论
2 号架空线 LGJ－50	$\Delta U\%$	4.07	≤	$\Delta U_{al}\%$	5	合格
	$I=I_c$	30.82	<	I_{al}	220	
	S	50	>	S_{al}	35	
3 号架空线 LGJ－120	$\Delta U\%$	4.69	≤	$\Delta U_{al}\%$	5	合格
	$I=I_c$	46.53	<	I_{al}	380	
	S	120	>	S_{al}	35	
4 号架空线 LGJ－185	$\Delta U\%$	4.68	≤	$\Delta U_{al}\%$	5	合格
	$I=I_c$	83.25	<	I_{al}	515	
	S	185	>	S_{al}	35	
5 号架空线 LGJ－185	$\Delta U\%$	4.53	≤	$\Delta U_{al}\%$	5	合格
	$I=I_c$	90.53	<	I_{al}	515	
	S	185	>	S_{al}	35	
6 号架空线 LGJ－185	$\Delta U\%$	4.68	≤	$\Delta U_{al}\%$	5	合格
	$I=I_c$	62.43	<	I_{al}	515	
	S	185	>	S_{al}	35	

可以通过查相关资料获取每条架空线单位长度的电阻值(R_0)与单位电抗值(X_0)(见表 4.11)。

表 4.11　1～6 号架空线单位长度的电阻值(R_0)与电抗值(X_0)

名称	1 号架空线	2 号架空线	3 号架空线	4 号架空线	5 号架空线	6 号架空线
单位长度电阻值(Ω/km)	0.27	0.65	0.27	0.17	0.17	0.17
电位长度电抗值(Ω/km)	0.379	0.408	0.379	0.365	0.365	0.365

每条架空线的有功功率损耗可按公式 $\Delta P_{WL}=3I_c^2R\times10^{-3}$ 计算得出，无功功率损耗可按公式 $\Delta Q_{WL}=3I_c^2X\times10^{-3}$ 计算得出，数据计算结果如表 4.12 所示。

表 4.12　1～6 号架空线的有功损耗和无功损耗

名称	1 号架空线	2 号架空线	3 号架空线	4 号架空线	5 号架空线	6 号架空线
有功损耗 P(kW)	44.06	20.37	22.80	31.81	33.44	23.85
无功损耗 Q(kvar)	61.84	12.79	32.24	68.30	71.79	51.21

从表 4.12 中可以看出，在本次设计负荷计算中不可以忽略线损。

考虑1～6号架空线的线损，案例总负荷计算如表4.13所示。

表4.13 考虑线损后案例总负荷计算表

序号	名称		计算负荷			
			P_c(kW)	Q_c(kvar)	S_c(kV·A)	I_c(A)
No. 1	1号线		1 236.362	1 015.678	1 600.06	92.38
No. 2	2号线		437.277	346.312	557.80	32.20
No. 3	3号线		652.143	535.718	843.97	48.73
No. 4	4号线		1 157.728	969.038	1 509.76	87.17
No. 5	5号线		1 257.872	1 051.336	1 639.37	94.65
No. 6	6号线		868.284	726.759	1 132.30	65.37
No. 7	总负荷计算	共计	5 609.666	4 644.841		
		乘以 $K_{\Sigma p}=K_{\Sigma q}=0.95$	5 329.18	4 412.60	6 918.90	399.46
		无功功率补偿		−3 000		
		10 kV侧总计	5 329.18	1 412.60	5 513.22	318.30
		变压器损耗	82.70	330.79		
		35 kV侧总计	5 411.88	1 743.39	5 685.76	93.79

从表4.13的负荷计算中可以看出，1号线和5号线的计算负荷 I_c 比较大，都在90 A以上，功率因数 $\cos\varphi$ 均为0.77左右。

2）节能设计

1号线和5号线采用无功就地补偿的方式，以此提高功率因数，降低计算负荷 I_c，减少线路损失（见表4.14）。

表4.14 1号线和5号线就地补偿后计算负荷

名称	计算补偿容量 $Q_{c.c}$(kvar)	补偿电容器型号	实际补偿容量 $Q_{c.c}$(kvar)	补偿后计算负荷			
				P_c(kW)	Q_c(kvar)	S_c(kV·A)	I_c(A)
1号线	545.68	BWF10.5−200−1W	600	1 236.362	415.678	1 304.37	75.31
5号线	579.69	BWF10.5−200−1W	600	1257.872	451.336	1336.39	77.16

从表4.13和表4.14可以看出，1号线的计算负荷 I_c 降低了17.07 A，5号线的计算负荷 I_c 降低了20.49 A，体现为1号线和5号线的线路损耗分别减少0.08 kW和0.07 kW。

从表4.13和表4.15可以看出，在对1号线和5号线进行无功就地补偿后，不仅 1 号线路和 5 号线路的计算负荷 I_c 降低，而且变压器的有功损耗和无功损耗也分别降低 2.7 kW 和 6.79 kvar，10 kV 侧和 35 kV 侧的计算电流也有了一定程度的降低，分别为 6.52 A 和 2.39 A，这意味着线路功率损失的降低。

表 4.15 无功就地补偿后案例总的负荷计算表

序号	名称		计算负荷			
			P_c(kW)	Q_c(kvar)	S_c(kV·A)	I_c(A)
No.1	1 号线		1 236.362	415.678	1 304.37	75.31
No.2	2 号线		437.277	346.312	557.80	32.20
No.3	3 号线		652.143	535.718	843.97	48.73
No.4	4 号线		1 157.728	969.038	1 509.76	87.17
No.5	5 号线		1 257.872	451.336	1 336.39	77.16
No.6	6 号线		868.284	726.759	1 132.30	65.37
No.7	总负荷计算	共计	5 609.666	3 444.841		
		乘以 $K_{\Sigma p}=K_{\Sigma q}=0.95$	5 329.18	3 272.60	6 253.80	361.06
		无功功率补偿		−2 400		
		10 kV 侧总计	5 329.18	872.60	5 400.15	311.78
		变压器损耗	81.00	324.00		
		35 kV 侧总计	5 410.18	1 196.60	5 540.93	91.40

3）线路节能经济效益分析

(1) 普通设计

1 号线线路损耗：$\Delta P_{WL1}=3I_{c1}^2R_{WL}\times10^{-3}=3\times92.38^2\times0.27\times7\times10^{-3}=48.39\ \text{kW}$

2 号线线路损耗：$\Delta P_{WL2}=3I_{c2}^2R_{WL}\times10^{-3}=3\times32.20^2\times0.65\times11\times10^{-3}=22.24\ \text{kW}$

3 号线线路损耗：$\Delta P_{WL3}=3I_{c3}^2R_{WL}\times10^{-3}=3\times48.73^2\times0.27\times13\times10^{-3}=25.00\ \text{kW}$

4 号线线路损耗：$\Delta P_{WL4}=3I_{c4}^2R_{WL}\times10^{-3}=3\times87.17^2\times0.17\times9\times10^{-3}=34.88\ \text{kW}$

5 号线线路损耗：$\Delta P_{WL5}=3I_{c5}^2R_{WL}\times10^{-3}=3\times94.65^2\times0.17\times8\times10^{-3}=36.55\ \text{kW}$

6 号线线路损耗：$\Delta P_{WL6}=3I_{c6}^2R_{WL}\times10^{-3}=3\times65.37^2\times0.17\times12\times10^{-3}=26.15\ \text{kW}$

1～6 号线线路损耗：$\Delta P_{WL1\sim6}=\Delta P_{WL1}+\Delta P_{WL2}+\Delta P_{WL3}+\Delta P_{WL4}+\Delta P_{WL5}+$

$\Delta P_{WL6}=193.21$ kW

以村镇为计算单位，每年工作时间按 3 000 h 计算，则全年的耗电量为：

$$\Delta W_{WL1\sim6}=\Delta P_{WL1\sim6}\times3\ 000=193.21\times3\ 000=579\ 630\ \text{kW}\cdot\text{h}$$

选取电费为 0.56 元/kW · h，每年损失的费用为：

$$M=\Delta W_{WL1\sim6}\times0.56=579\ 630\times0.56=324\ 592.8\ \text{元}$$

（2）节能设计

1 号线线路损耗：$\Delta P_{WL1}=3I_{c1}^2R_{WL}\times10^{-3}=3\times75.31^2\times0.27\times7\times10^{-3}=21.44$ kW

2 号线线路损耗：$\Delta P_{WL2}=3I_{c2}^2R_{WL}\times10^{-3}=3\times32.20^2\times0.65\times11\times10^{-3}=22.24$ kW

3 号线线路损耗：$\Delta P_{WL3}=3I_{c3}^2R_{WL}\times10^{-3}=3\times48.73^2\times0.27\times13\times10^{-3}=25.00$ kW

4 号线线路损耗：$\Delta P_{WL4}=3I_{c4}^2R_{WL}\times10^{-3}=3\times87.17^2\times0.17\times9\times10^{-3}=34.88$ kW

5 号线线路损耗：$\Delta P_{WL5}=3I_{c5}^2R_{WL}\times10^{-3}=3\times77.16^2\times0.17\times8\times10^{-3}=24.29$ kW

6 号线线路损耗：$\Delta P_{WL6}=3I_{c6}^2R_{WL}\times10^{-3}=3\times65.37^2\times0.17\times12\times10^{-3}=26.15$ kW

1～6 号线线路损耗：$\Delta P_{WL1\sim6}=\Delta P_{WL1}+\Delta P_{WL2}+\Delta P_{WL3}+\Delta P_{WL4}+\Delta P_{WL5}+\Delta P_{WL6}=154$ kW

以村镇为计算单位，每年工作时间按 3 000 h 小时计算，则全年的耗电量为：

$$\Delta W_{WL1\sim6}=\Delta P_{WL1\sim6}\times3\ 000=154\times3\ 000=462\ 000\ \text{kW}\cdot\text{h}$$

选取电费为 0.56 元/kW · h，每年损失的费用为：

$$M=\Delta W_{WL1\sim6}\times0.56=462\ 000\times0.56=258\ 720\ \text{元}$$

从表 4.16 可以看出，节能设计中线路耗电量每年比普通设计减少 117 630 kW · h，即每年可节约费用 65 872.8 元。

表 4.16 线路普通设计与节能设计相关数据比较

名称	1 号线（kW）	2 号线（kW）	3 号线（kW）	4 号线（kW）	5 号线（kW）	6 号线（kW）	总计（kW）	全年耗电量（kW · h）	每年损失费用（元）
普通设计	48.39	22.24	25	34.88	36.55	26.15	193.21	579 630	324 592.8
节能设计	21.44	22.24	25	34.88	24.29	26.15	154	462 000	258 720
相差	26.95	0	0	0	12.26	0	39.21	117 630	65 872.8

4) 无功补偿经济效益分析

(1) 普通设计

普通设计采用的是在 10 kV 侧进行无功集中补偿,初期购置 2 套无功补偿装置,型号为 TBB 10 - 1500/1 500 AKW,每套价格为 500 000 元,可以算得此种方案初期一共投资 1 000 000 元。

(2) 节能设计

节能设计采用的是无功分散补偿与集中补偿方式相结合的方式。采取的是在 1 号线和 5 号线各自并联 3 个 BWF 10.5 - 200 - 1 W 型电容器,每个价格为 1 495 元,即初期投资共 8 970 元。在 10 kV 侧采用的 2 套无功补偿装置型号为 TBB 10 - 1200/1200AKW,每套价格 450 000 元,即初期投资 900 000 元。可以算得此种方案初期一共投资了 908 970 元。

从表 4.17 中可以看出,节能设计比普通设计初期总投资节约了 91 030 元。

表 4.17 无功补偿普通设计与节能设计相关数据比较

名称	补偿方式	补偿装置	初期总投资(元)
普通设计	集中补偿	2 套 TBB10 - 1 500/1 500 AKW	1 000 000
节能设计	分散补偿与集中补偿相结合	2 套 TBB10 - 1200/1 200 AKW 和 6 个 BWF10.5 - 200 - 1 W 型电容器	908 970

4.6.2 变压器的选择

由于本次设计变压器的安装位置已经确定,因此在此只考虑变压器型号的选择、变压器台数与容量的确定。

1) 变压器台数与容量的确定

在选择变压器台数时应满足用电负荷对可靠性的要求。在一、二级负荷的变电所中,选择两台主变压器,当然,主变压器也可多于两台,但是必须在技术、经济比较合理的前提下。在季节性负荷与昼夜用电负荷变化较大的采用经济运行方式的变电所,技术经济合理时可选择两台主变压器。给三级负荷供电时一般选择一台变压器,若负荷相对较大,也可选用两台主变压器。

本次设计的对象是农村电网,依据上述理论和农村电网的用电特点,选择两台主变压器,提高供电的可靠性。

选用两台主变压器时,其中任意一台主变压器容量 S_N 应同时满足:

(1) 任一台主变压器单独运行时应满足总计算负荷 60%~70%的要求,即 $S_N=(0.6\sim0.7)\times5\ 540.93=3\ 324.558\sim3\ 878.65\ \text{kV}\cdot\text{A}$;

(2) 任一台主变压器单独运行时应满足全部一、二级负荷 $S_N\geqslant S_{c(\text{I}+\text{II})}$ 的

需要。

因此可选两台容量均为 4 000 kV · A 的变压器。

2）变压器型号的选择

S 11 - M. R 型油浸变压器更适合用于具有化学腐蚀性气体、蒸汽或具有导电及可燃粉尘、纤维等会严重影响变压器安全运行的场所。DZ 10 系列、D 11 单相柱上配电变压器的额定容量不符合此次设计所需要选择的容量，它们适合小负荷用户和 10/0.4 kV 配电网提供新型的分散负荷供电方式。非晶合金变压器铁心变压器的额定容量不符合此次设计所需，且价格一般为 S 9 系列变压器的 1.3 倍。故本次设计选用的是节能型变压器，具体型号是 SZ 11 - 4000/35 有载调压变压器。

3）变压器经济效益分析

将现在使用比较广泛的 S 9 系列的变压器和 SZ 11 系列的变压器进行比较分析。查相关资料获得变压器 S 9 - 4000/35 和变压器 SZ 11 - 4000/35 的相关技术数据如表 4.18 所示。

表 4.18　变压器 S_9 - 4000/35 和变压器 SZ11 - 4000/35 的相关技术数据

型号	空载损耗(kW)	负载损耗(kW)	空载电流(%)	短路阻抗(%)
S_9 - 4000/35	4.55	28.8	1	7
SZ11 - 4000/35	3.3	29	0.9	7

变压器投资和收益的经济评价公式：

$$N_0 = H(V_c + V_k\beta^2)Y \tag{4.1}$$

式中：N_0——从第二年开始每年的收益(元)；

H——每年变压器运行的小时数(通常选取 8 760 h)(h)；

V_c——空载损耗降低值(kW)；

V_k——负载损耗降低值(kW)；

β——负载率(通常取值为 0.9)；

Y——每千瓦电价[通常选取 0.56 元/(kW · h)]，[元/(kW · h)]。

将变压器 S 9 - 4000/35 和变压器 SZ 11 - 4000/35 的损耗进行比较：

$$V_c = 4.55 - 3.3 = 1.25 \text{ kW}$$

$$V_k = 28.8 - 29 = -0.2 \text{ kW}$$

SZ 11 - 4000/35 变压器投运 1 年后较 S 9 - 4000/35 变压器的降耗效益为：

$$N_0 = 8\,760 \times (1.25 - 0.2 \times 0.9^2) \times 0.56 = 5\,337.29 \text{ 元}$$

可以看出 SZ 11 - 4000/35 变压器在投运 1 年后较 S 9 - 4000/35 变压器降损

受益 5 337.29 元。单台 S 9－4000/35 变压器价格约为 45 万，而单台 SZ11－4000/35 变压器的价格约为 S 9－4000/35 变压器的 1.2 倍，即 54 万元。由此可以算出两台 SZ 11－4000/35 变压器在投入 17 年后可收回增加的变压器初始购置费用的投资。由于变压器的运行时间基本在 20 年左右。以此作为标准，两台变压器可以降损受益 32 023.74 元。

4.6.3 短路电流的计算

短路发生的主要原因是电力系统中的电气设备载流导体的绝缘损坏，运行人员不遵守操作规程发生误操作以及鸟兽跨越在裸露导体上等。

为了减轻短路的严重后果，防止故障扩大，需要计算出短路电流，以便正确地选择和校验各种电气设备、计算和整定短路保护的继电保护装置及选择限制短路电流的电气设备等。

本次设计中，进线断路器的出口容量 $S_{oc}=1\ 500$ MV·A，每条 10 kV 架空线所选用的均为钢芯铝绞线，将各条线路的单位长度电抗值归纳如表 4.19 所示。

表 4.19 各条线路的单位长度电抗值

名称	电源进线	1 号线	2 号线	3 号线	4 号线	5 号线	6 号线
线路长度(km)	5	7	11	13	9	8	12
单位长度电抗值 X_0(Ω/km)	0.4	0.379	0.408	0.379	0.365	0.365	0.365

1) 系统为最小运行方式时

系统为最小运行方式时，一台变压器单独运行，$S_{oc}=1\ 500$ MV·A。

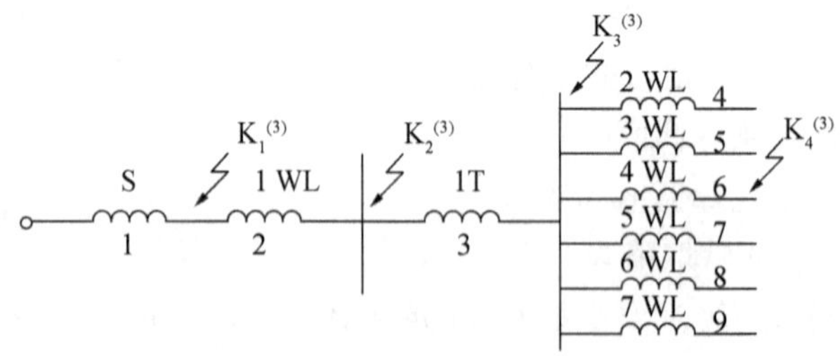

图 4.3 短路电流计算等效电路图(最小运行方式)

本次设计取基准容量 $S_d=100$ MV·A，基准电压 $U_d=U_{av}$，2 个电压等级的基准电压分别为 $U_{d1}=37$ kV，$U_{d2}=10.5$ kV，则各元件的标幺值为：

系统 S

$$X_1^*=\frac{S_d}{S_{oc}}=\frac{100}{1\ 500}=0.07$$

线路 1 WL

$$X_2^* = X_0 l_0 \frac{S_d}{U_{d1}^2} = 0.4 \times 5 \times \frac{100}{37^2} = 0.146$$

变压器 1 T

$$X_3^* = \frac{U_K\%}{100} \frac{S_d}{S_N} = \frac{7}{100} \times \frac{100}{5} = 1.4$$

1 号线

$$X_4^* = X_0 l_1 \frac{S_d}{U_{d2}^2} = 0.379 \times 7 \times \frac{100}{10.5^2} = 2.41$$

2 号线

$$X_5^* = X_0 l_2 \frac{S_d}{U_{d2}^2} = 0.408 \times 11 \times \frac{100}{10.5^2} = 4.07$$

3 号线

$$X_6^* = X_0 l_3 \frac{S_d}{U_{d2}^2} = 0.379 \times 13 \times \frac{100}{10.5^2} = 4.47$$

4 号线

$$X_7^* = X_0 l_4 \frac{S_d}{U_{d2}^2} = 0.365 \times 9 \times \frac{100}{10.5^2} = 2.98$$

5 号线

$$X_8^* = X_0 l_5 \frac{S_d}{U_{d2}^2} = 0.365 \times 8 \times \frac{100}{10.5^2} = 2.65$$

6 号线

$$X_9^* = X_0 l_6 \frac{S_d}{U_{d2}^2} = 0.365 \times 12 \times \frac{100}{10.5^2} = 3.92$$

(1) K_1 点三相短路电流时短路电流和容量的计算

① 计算短路回路总阻抗标幺值

$$X_{K1}^* = X_1^* = 0.07$$

② 计算 K_1 点所在电压级的基准电流

$$I_{d1} = \frac{S_d}{\sqrt{3}U_{d1}} = \frac{100}{\sqrt{3} \times 37} = 1.56 \text{ kA}$$

③ 计算 K_1 点短路电流

$$I_{K1}^{*}=\frac{1}{X_{K1}^{*}}=\frac{1}{0.07}=14.29$$

$$I_{K1}=I_{d1}I_{K1}^{*}=1.56\times 14.29=22.29\ \text{kA}$$

$$i_{sh.K1}=2.55I_{K1}=2.55\times 22.29=56.84\ \text{kA}$$

$$S_{K1}=\frac{S_d}{X_{K1}^{*}}=100\times 14.29=1\,429\ \text{MV}\cdot\text{A}$$

(2) K_2 点三相短路电流时短路电流和容量的计算

① 计算短路回路总阻抗标幺值

$$X_{K2}^{*}=X_{K1}^{*}+X_2^{*}=0.07+0.146=0.216$$

② 计算 K_2 点所在电压级的基准电流

$$I_{d1}=\frac{S_d}{\sqrt{3}U_{d1}}=\frac{100}{\sqrt{3}\times 37}=1.56\ \text{kA}$$

③ 计算 K_2 点短路电流

$$I_{K2}^{*}=\frac{1}{X_{K2}^{*}}=\frac{1}{0.216}=4.63$$

$$I_{K2}=I_{d1}I_{K2}^{*}=1.56\times 4.63=7.22\ \text{kA}$$

$$i_{sh.K2}=2.55I_{K2}=2.55\times 7.22=18.41\ \text{kA}$$

$$S_{K2}=\frac{S_d}{X_{K2}^{*}}=100\times 4.63=463\ \text{MV}\cdot\text{A}$$

(3) K_3 点三相短路电流时短路电流和容量的计算

① 计算短路回路总阻抗标幺值

$$X_{K3}^{*}=X_{K2}^{*}+X_3^{*}=0.216+1.4=1.616$$

② 计算 K_3 点所在电压级的基准电流

$$I_{d2}=\frac{S_d}{\sqrt{3}U_{d2}}=\frac{100}{\sqrt{3}\times 10.5}=5.5\ \text{kA}$$

③ 计算 K_3 点短路电流

$$I_{K3}^{*}=\frac{1}{X_{K3}^{*}}=\frac{1}{1.616}=0.619$$

$$I_{K3}=I_{d2}I_{K3}^{*}=5.5\times 0.619=3.40\ \text{kA}$$

$$i_{sh.K3}=2.55I_{K3}=2.55\times 3.4=8.67\ \text{kA}$$

$$S_{K3}=\frac{S_d}{X_{K3}^*}=100\times 0.619=61.9\ \text{MV}\cdot\text{A}$$

(4) K_4 点三相短路电流时短路电流和容量的计算

① 计算短路回路总阻抗标幺值

$$X_{K4}^*=X_{K4}^*+X_6^*=1.616+4.47=6.086$$

② 计算 K_4 点所在电压级的基准电流

$$I_{d2}=\frac{S_d}{\sqrt{3}U_{d2}}=\frac{100}{\sqrt{3}\times 10.5}=5.5\ \text{kA}$$

③ 计算 K_4 点短路电流

$$I_{K4}^*=\frac{1}{X_{K4}^*}=\frac{1}{6.086}=0.16$$

$$I_{K4}=I_{d2}I_{K4}^*=5.5\times 0.16=0.88\ \text{kA}$$

$$i_{sh.K4}=2.55I_{K4}=2.55\times 0.88=2.24\ \text{kA}$$

$$S_{K4}=\frac{S_d}{X_{K4}^*}=100\times 0.16=16\ \text{MV}\cdot\text{A}$$

2) 系统为最大运行方式时(见图 4.4)

系统为最大运行方式时,两台变压器并联运行,$S_{oc}=1\ 500\ \text{MV}\cdot\text{A}$。

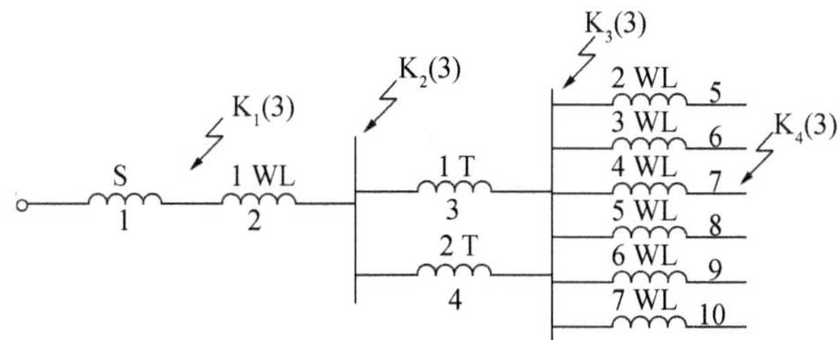

图 4.4　短路电流计算等效电路图(最大运行方式)

本次设计取基准容量 $S_d=100\ \text{MV}\cdot\text{A}$,基准电压 $U_d=U_{av}$,2 个电压等级的基准电压分别为 $U_{d1}=37\ \text{kV}$,$U_{d2}=10.5\ \text{kV}$,则各元件的标幺值为:

系统 S

$$X_1^*=\frac{S_d}{S_{oc}}=\frac{100}{1\ 500}=0.07$$

线路 1 WL

$$X_2^* = X_0 l_0 \frac{S_d}{U_{d1}^2} = 0.4 \times 5 \times \frac{100}{37^2} = 0.146$$

变压器 1 T 和 2 T

$$X_3^* = X_4^* = \frac{U_K\%}{100}\frac{S_d}{S_N} = \frac{7}{100} \times \frac{100}{5} = 1.4$$

1 号线

$$X_5^* = X_0 l_1 \frac{S_d}{U_{d2}^2} = 0.379 \times 7 \times \frac{100}{10.5^2} = 2.41$$

2 号线

$$X_6^* = X_0 l_2 \frac{S_d}{U_{d2}^2} = 0.408 \times 11 \times \frac{100}{10.5^2} = 4.07$$

3 号线

$$X_7^* = X_0 l_3 \frac{S_d}{U_{d2}^2} = 0.379 \times 13 \times \frac{100}{10.5^2} = 4.47$$

4 号线

$$X_8^* = X_0 l_4 \frac{S_d}{U_{d2}^2} = 0.365 \times 9 \times \frac{100}{10.5^2} = 2.98$$

5 号线

$$X_9^* = X_0 l_5 \frac{S_d}{U_{d2}^2} = 0.365 \times 10 \times \frac{100}{10.5^2} = 2.65$$

6 号线

$$X_{10}^* = X_0 l_6 \frac{S_d}{U_{d2}^2} = 0.365 \times 12 \times \frac{100}{10.5^2} = 3.92$$

(1) K_1 点三相短路电流时短路电流和容量的计算

① 计算短路回路总阻抗标幺值

$$X_{K1}^* = X_1^* = 0.07$$

② 计算 K_1 点所在电压级的基准电流

$$I_{d1} = \frac{S_d}{\sqrt{3}U_{d1}} = \frac{100}{\sqrt{3} \times 37} = 1.56 \text{ kA}$$

③ 计算 K_1 点短路电流

$$I_{K1}^{*}=\frac{1}{X_{K1}^{*}}=\frac{1}{0.07}=14.29$$

$$I_{K1}=I_{d1}I_{K1}^{*}=1.56\times 14.29=22.29\ \text{kA}$$

$$i_{sh.K1}=2.55I_{K1}=2.55\times 22.29=56.84\ \text{kA}$$

$$S_{K1}=\frac{S_d}{X_{K1}^{*}}=100\times 14.29=1\ 429\ \text{MV}\cdot\text{A}$$

(2) K_2 点三相短路电流时短路电流和容量的计算

① 计算短路回路总阻抗标幺值

$$X_{K2}^{*}=X_{k1}^{*}+X_{2}^{*}=0.07+0.146=0.216$$

② 计算 K_2 点所在电压级的基准电流

$$I_{d1}=\frac{S_d}{\sqrt{3}U_{d1}}=\frac{100}{\sqrt{3}\times 37}=1.56\ \text{kA}$$

③ 计算 K_2 点短路电流

$$I_{K2}^{*}=\frac{1}{X_{K2}^{*}}=\frac{1}{0.216}=4.63$$

$$I_{K2}=I_{d1}I_{K2}^{*}=1.56\times 4.63=7.22\ \text{kA}$$

$$i_{sh.K2}=2.55I_{K2}=2.55\times 7.22=18.41\ \text{kA}$$

$$S_{K2}=\frac{S_d}{X_{K2}^{*}}=100\times 4.63=463\ \text{MV}\cdot\text{A}$$

(3) K_3 点三相短路电流时短路电流和容量的计算

① 计算短路回路总阻抗标幺值

$$X_{K3}^{*}=X_{K2}^{*}+X_{3}^{*}//X_{4}^{*}=0.216+0.7=0.916$$

② 计算 K_3 点所在电压级的基准电流

$$I_{d2}=\frac{S_d}{\sqrt{3}U_{d2}}=\frac{100}{\sqrt{3}\times 10.5}=5.5\ \text{kA}$$

③ 计算 K_3 点短路电流

$$I_{K3}^{*}=\frac{1}{X_{K3}^{*}}=\frac{1}{0.916}=1.09$$

$$I_{K3}=I_{d2}I_{K3}^{*}=5.5\times 1.09=6\ \text{kA}$$

$$i_{sh.K3}=2.55I_{K3}=2.55\times 6=15.3\ \text{kA}$$

$$S_{K3}=\frac{S_d}{X_{K3}^{*}}=100\times 1.09=109\ \text{MV}\cdot\text{A}$$

(4) K_4 点三相短路电流时短路电流和容量的计算

① 计算短路回路总阻抗标幺值

$$X_{K4}^{*}=X_{K4}^{*}+X_{6}^{*}=0.916+4.47=5.386$$

② 计算 K_4 点所在电压级的基准电流

$$I_{d2}=\frac{S_d}{\sqrt{3}U_{d2}}=\frac{100}{\sqrt{3}\times 10.5}=5.5\ \text{kA}$$

③ 计算 K_4 点短路电流

$$I_{K4}^{*}=\frac{1}{X_{K4}^{*}}=\frac{1}{5.386}=0.19$$

$$I_{K4}=I_{d2}I_{K4}^{*}=5.5\times 0.19=1.05\ \text{kA}$$

$$i_{sh.K4}=2.55I_{K4}=2.55\times 1.05=2.68\ \text{kA}$$

$$S_{K4}=\frac{S_d}{X_{K4}^{*}}=100\times 0.19=19\ \text{MV}\cdot\text{A}$$

计算结果整理如表 4.20 所示。

表 4.20 三相短路时短路电流的计算表

运行方式	项目	K_1	K_2	K_3	K_4
最小 运行方式	基准电流(kA)	1.56	1.56	5.5	5.5
	三相短路电流(kA)	22.29	7.22	3.40	0.88
	冲击短路电流(kA)	56.84	18.41	8.67	2.24
	三相短路容量(MV·A)	1429	463	61.9	16
最大 运行方式	基准电流(kA)	1.56	1.56	5.5	5.5
	三相短路电流(kA)	22.29	7.22	6	1.05
	冲击短路电流(kA)	56.84	18.41	15.3	2.68
	三相短路容量(MV·A)	1429	463	109	19

4.6.4 电气设备的选择

电气设备是在一定的电压、电流、频率和工作环境条件下工作的，其选择得当与否将影响到整个系统能否安全可靠地运行。因此在选择电气设备时，除了考虑电气设备正常工作时的安全可靠性外，还要考虑电气设备所处的位置、环境温度、海拔高度，以及防尘、防火、防腐、防爆等要求，满足在短路故障时不至于损坏的条件。

1) 高压断路器的选择

高压断路器不仅可以在正常工作时切断或闭合高压电路中的空载电流和负荷

电流，还可在系统发生故障时，在继电器保护装置的作用下，切断过负荷电流和短路电流，具有相当完善的灭弧装置和足够的断流能力。

(1) 35 kV 侧断路器的选择

因为是户内型变电所，故选择户内真空断路器。根据变压器一次侧的额定电流选择断路器的额定电流。

$$I_{1N}=\frac{S_N}{\sqrt{3}\times 35}=\frac{4\ 000}{\sqrt{3}\times 35}=65.98\ \text{A}$$

查常用高压断路器的技术数据表，选择 ZN12 - 40.5/1250 型真空断路器，其相关技术参数及装设地点的电气条件和计算选择结果如表 4.21 所示。

表 4.21 ZN12 - 40.5/1250 断路器选择校验表

序号	ZN12 - 40.5/1250		选择要求	装设地点电气条件		结论
	项目	数据		项目	数据	
1	U_N	35 kV	≥	$U_{W,N}$	35 kV	合格
2	I_N	1 250A	≥	I_c	65.98 A	合格
3	I_{oc}	25 kA	≥	$I_k^{(3)}$	7.22 kA	合格
4	i_{max}	63 kA	≥	$i_{sh}^{(3)}$	18.41 kA	合格
5	$I_t^2\times t$	$25^2\times 4=2\ 500\ \text{kA}^2\cdot\text{s}$	≥	$I_\infty^2\times t_{ima}$	$7.22^2\times(1.1+0.1)=62.55\ \text{kA}^2\cdot\text{s}$	合格

(2) 10 kV 侧断路器的选择

因为是户内型变电所，故选择户内真空断路器。根据变压器二次侧的额定电流选择断路器的额定电流。

$$I_{1N}=\frac{S_N}{\sqrt{3}\times 10.5}=\frac{4\ 000}{\sqrt{3}\times 10.5}=219.94\ \text{A}$$

查常用高压断路器的技术数据表，选择 ZN40 - 12/630 型真空断路器，其相关技术参数及装设地点的电气条件和计算选择结果如表 4.22 所示。

表 4.22 ZN40 - 12/630 断路器选择校验表

序号	ZN40 - 12/630		选择要求	装设地点电气条件		结论
	项目	数据		项目	数据	
1	U_N	10 kV	≥	$U_{W,N}$	10 kV	合格
2	I_N	630 A	≥	I_c	219.94 A	合格
3	I_{oc}	16 kA	≥	$I_k^{(3)}$	6 kA	合格
4	i_{max}	50 kA	≥	$i_{sh}^{(3)}$	15.3 kA	合格
5	$I_t^2\times t$	$16^2\times 4=1\ 024\ \text{kA}^2\cdot\text{s}$	≥	$I_\infty^2\times t_{ima}$	$5.94^2\times(1.1+0.1)=42.34\ \text{kA}^2\cdot\text{s}$	合格

2) 高压隔离开关的选择

高压隔离开关需要与高压断路器配套使用，其主要功能是保证高压电器及装置在检修工作时的安全，起隔离高压电源的作用。不能用于切断、投入负荷电流和开断短路电流，仅可用于不产生强大电弧的某些切换操作，具有微弱的灭弧功能。

(1) 35 kV 侧隔离开关的选择

本次设计 35 kV 侧隔离开关所选择的型号是 GN 27－35T/600(见表 4.23)。

表 4.23　GN 27－35T/600 隔离开关选择校验表

序号	GN 27－35T/600		选择要求	装设地点电气条件		结论
	项目	数据		项目	数据	
1	U_N	35 kV	≥	$U_{W,N}$	35 kV	合格
2	I_N	600 A	≥	I_c	65.98 A	合格
3	i_{max}	64 kA	≥	$i_{sh}^{(3)}$	18.41 kA	合格
5	$I_t^2 \times t$	$25^2 \times 5 = 3\ 125\ kA^2 \cdot s$	≥	$I_\infty^2 \times t_{ima}$	$7.22^2 \times (1.1 + 0.1) = 62.55\ kA^2 \cdot s$	合格

(2) 10 kV 侧隔离开关的选择

本次设计 10 kV 侧隔离开关所选择的型号是 GN 8－10T/600(见表 4.24)。

表 4.24　GN 8－10T/600 隔离开关选择校验表

序号	GN 8－10T/600		选择要求	装设地点电气条件		结论
	项目	数据		项目	数据	
1	U_N	10 kV	≥	$U_{W,N}$	10 kV	合格
2	I_N	600 A	≥	I_c	219.94 A	合格
3	i_{max}	52 kA	≥	$i_{sh}^{(3)}$	15.3 kA	合格
4	$I_t^2 \times t$	$20^2 \times 5 = 2\ 000\ kA^2 \cdot s$	≥	$I_\infty^2 \times t_{ima}$	$5.94^2 \times (1.1 + 0.1) = 42.34\ kA^2 \cdot s$	合格

3) 高压熔断器的选择

高压熔断器的主要功能是对电路及其设备进行短路和过负荷保护。

(1) 35 kV 侧熔断器的选择

本次设计 35 kV 侧熔断器所选择的型号是 RN 2－35/75A(见表 4.25)。

表 4.25　RN 2－35/75A 熔断器选择校验表

序号	RN 2－35/75A		选择要求	装设地点电气条件		结论
	项目	数据		项目	数据	
1	U_N	35 kV	≥	$U_{W,N}$	35 kV	合格
2	I_N	75 A	≥	I_c	65.98 A	合格
3	S_{oc}	1 000 MV · A	≥	$S_{k2}^{(3)}$	437.69 MV · A	合格

(2) 10 kV 侧熔断器的选择

本次设计 10 kV 侧熔断器所选择的型号是 XR NT－12(见表 4.26)。

表 4.26 XR NT－12 熔断器选择校验表

序号	XR NT－12		选择要求	装设地点电气条件		结论
	项目	数据		项目	数据	
1	U_N	12 kV	≥	$U_{W,N}$	10 kV	合格
2	I_N	250 A	≥	I_c	219.94 A	合格
3	S_{oc}	50 A	≥	$I_{k3}^{(3)}$	6 A	合格

4) 互感器的选择

电流互感器的选择应满足变电所中电气设备继电保护、自动装置、测量仪表及电能计量的要求。

电压互感器正常工作条件时,按一次回路电压、二次电压、二次负荷、准确度等级选择。

(1) 电流互感器的选择

① 35 kV 侧电流互感器的选择

本次设计 35 kV 侧选择的是变比为 400/5 A 的 LQ J－35(见表 4.27)。

表 4.27 LQ J－35 电流互感器选择校验表

序号	LQ J－35		选择要求	装设地点电气条件		结论
	项目	数据		项目	数据	
1	U_N	35 kV	≥	$U_{W,N}$	35 kV	合格
2	I_N	3 981.81 A	≥	$i_{sh}^{(3)}$	18.41 A	合格
3	$I^2\times t$	$(65\times0.4)^2\times1=676\ kA^2\cdot s$	≥	$I_\infty^2\times t_{ima}$	$7.22^2\times(1.1+0.1)=62.55\ kA^2\cdot s$	合格

② 10 kV 侧电流互感器的选择

本次设计 10 kV 侧选择的是变比为 400/5 A 的 LQ J－10(见表 4.28)。

表 4.28 LQ J－10 电流互感器选择校验表

序号	LQ J－10		选择要求	装设地点电气条件		结论
	项目	数据		项目	数据	
1	U_N	10 kV	≥	$U_{W,N}$	10 kV	合格
2	I_N	90.50 A	≥	$i_{sh}^{(3)}$	15.3 kA	合格
3	$I^2\times t$	$(75\times0.4)^2\times1=900\ kA^2\cdot s$	≥	$I_\infty^2\times t_{ima}$	$5.94^2\times(1.1+0.1)=42.34\ kA^2\cdot s$	合格

(2) 电压互感器的选择

电压互感器的额定一次电压应与安装地点电网的额定电压相适应,其额定二次电压一般为 100 V。本次设计在总降压变电所 35 kV 和 10 kV 母线配置 3 只单相三绕组电压互感器，其中一组二次绕组接成 Y_0，测量 3 个线电压和 3 个相电压；另一组绕组接成开口三角形，测量零序电压，并接电压继电器。当线路正常工作时，开口三角形两端的零序电压接近零；当线路上发生单相接地故障时，开口三角形两端的零序电压接近 100 V，使电压继电器动作，发出信号。

35 kV 侧和 10 kV 母线共有 4 路出线，每路出线装设三相有功电度表、三相无功电度表及功率表各一只，每个电压线圈消耗的功率分别为 5.2 V·A 和 1.5 V·A；母线设 4 只电压表，其中 3 只分别接于各相，做绝缘监视用，另一只电压表用于测量各线电压，每只电压表消耗的功率均为 15.7 V·A 和 4.5 V·A。

除 3 只电压表分别接于相电压外，其余设备的电压线圈均接于 *AB* 线或 *BC* 线电压间，应将其折算成相负荷，其中 B 相的负荷最大。

若不考虑电压线圈的功率因数，接于线电压的负荷折算成的 B 相负荷为：

$$S_{b\varphi}=\frac{1}{\sqrt{3}}[S_{ab}\cos(\varphi_{ab}+30°)+S_{bc}\cos(\varphi_{bc}-30°)]$$

$$=\frac{1}{\sqrt{3}}[S_{ab}\cos(0°+30°)+S_{bc}\cos(-120°-30°)]=\frac{1}{2}S_{ab}+\frac{1}{2}S_{bc}$$

35 kV 侧按要求选择 JD Z－35 型电压互感器，0.5 级二次绕组（单相）额定负荷为 100 V·A。

B 相的负荷为：

$$S_b=S_v+S_{b\varphi}+\frac{S_{kv}}{3}=S_v+\frac{1}{2}S_{ab}+\frac{1}{2}S_{bc}+\frac{S_{kv}}{3}$$

$$=S_v+\frac{1}{2}[(S_w+S_{wh}+S_{varh})\times4+S_v]+\frac{1}{2}(S_w+S_{wh}+S_{varh})\times4+\frac{S_{kv}}{3}$$

$$=15.7+\frac{1}{2}\times[(5.2+5.2+5.2)\times4+15.7]+\frac{1}{2}\times(5.2+5.2+5.2)\times4$$

$$=85.95\ \text{V}\cdot\text{A}<S_{2N}=100\ \text{V}\cdot\text{A}$$

二次负荷满足准确度要求。

10 kV 侧按要求选择 JD ZJ－10 型电压互感器，0.5 级二次绕组（单相）额定负荷为 50 V·A。

B 相的负荷为：

$$S_b=S_v+S_{b\varphi}+\frac{S_{kv}}{3}=S_v+\frac{1}{2}S_{ab}+\frac{1}{2}S_{bc}+\frac{S_{kv}}{3}$$

$$=S_v+\frac{1}{2}[(S_w+S_{wh}+S_{varh})\times4+S_v]+\frac{1}{2}(S_w+S_{wh}+S_{varh})\times4+\frac{S_{kv}}{3}$$

$$=4.5+\frac{1}{2}\times[(1.5+1.5+1.5)\times4+4.5]+\frac{1}{2}\times(1.5+1.5+1.5)\times4$$

$$=25.42\ \text{V}\cdot\text{A}<S_{2N}=50\ \text{V}\cdot\text{A}$$

二次负荷满足准确度要求。

5）避雷器的选择

避雷器的作用是通过并联放电间隙或非线性电阻，对入侵流动波进行削幅，降低被保护设备所受过电压值。避雷器既可用来保护大气过电压，也可用来防护操作过电压。

查避雷器技术数据表，选择 FS－35 避雷器，技术数据如表 4.29 所示。

表 4.29　FZ－35 避雷器的技术数据

型号	额定电压（kV）	灭弧电压有效值（kV）	工频放电电压有效值（kV）	预放电 1.5～20 μs 的及放电电压幅值不大于（kV）	5 kA 冲击下电流下的残压幅值不大于（kV）
FZ－35	35	41	84～104	134	134

查避雷器技术数据表，选择 FS－10 避雷器，技术数据如表 4.30 所示。

表 4.30　FS－10 避雷器的技术数据

型号	额定电压（kV）	灭弧电压有效值（kV）	工频放电电压有效值（kV）	预放电 1.5～20 μs 的及放电电压幅值不大于（kV）	5 kA 冲击下电流下的残压幅值不大于（kV）
FS－10	10	12.7	26～31	50	50

6）母线的选择

按经济截面选择 LMY 硬铝母线，农村电网的年最大负荷最大利用小时一般在 3 000 h 以下，铝母线的经济电流密度为 1.65 A/mm^2，

（1）10 kV 侧母线的选择

因为 $I_c=I_{c1}=311.78$ A，则

$$S_{ec}=\frac{I_c}{j_{ec}}=\frac{311.78}{1.65}=188.96\ \text{mm}^2$$

因此选择 LMY－50×5。

① 母线动稳定校验

三相短路电动力为：

$$F_c^{(3)}=\sqrt{3}K_f i_{sh}^{(3)2}\frac{l}{a}\times10^{-7}=\frac{1.732\times1\times(15.3\times10^3)^2\times1.1}{0.3}\times10^{-7}=148.66\ \text{N}$$

弯曲例矩按大于 2 档计算，即

$$M=\frac{F_c^{(3)}l}{10}=\frac{148.66\times1.1}{10}=16.35\ \text{N}\cdot\text{m}$$

$$W=\frac{b^2h}{10}=\frac{0.05^2\times0.005}{10}=2.08\times10^{-6}\text{N}\cdot\text{m}$$

$$\sigma_c=\frac{M}{W}=\frac{16.35}{2.08\times10^{-6}}=7.86\ \text{MPa}<\sigma_{al}=70\ \text{MPa}$$

母线满足动稳定要求。

② 母线热稳定校验

$$S_{\min}=I_\infty^{(3)}\frac{\sqrt{t_{ima}}}{C}=3.35\times10^3\times\frac{\sqrt{1.2}}{87}=42.2\ \text{mm}^2$$

母线实际截面为：

$$S=50\times5=250\ \text{mm}^2>S_{\min}=42.2\ \text{mm}^2$$

母线满足热稳定要求。

(2) 35 kV 侧母线的选择

35 kV 侧母线的选择方法与 10 kV 侧母线的选择方法一样，计算选出 35 kV 侧母线的型号为 LMY－20×3。

4.6.5 电力线路和变压器的继电保护

1) 电力线路的继电保护

电力线路装设带有时限的过电流保护和瞬时电流速断保护，保护动作于断路器跳闸，作为相间短路的保护(见图 4.5)。

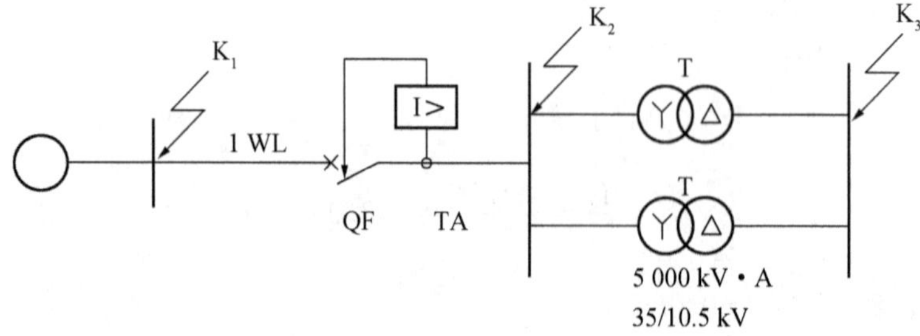

图 4.5 电力线路继电保护图

(1) 定时限过电流保护

① 整定动作电流

$$I_{op.KA}=\frac{K_{rel}K_w}{K_{re}K_i}I_{L.\max}=\frac{1.2\times1.0}{0.85\times(400/5)}\times2\times91.40=3.23\ \text{A}$$

选择 DL－11/6 电流继电器，线圈并联，整定动作电流为 4 A，即 $I_{op.KA}=4$ A。过电流保护一次侧动作电流为：

$$I_{op1}=\frac{K_i}{K_w}I_{op.KA}=\frac{80}{1.0}\times4=320\ \text{A}$$

② 整定动作时间

假设电源出口断路器过电流保护的动作时限为 1.2 s。线路 1 WL 定时限过电流保护的动作时限应较电源出口断路器过电流保护的动作时限小一个时限差级 Δt。

$$t_2=t_1-\Delta t=1.2-0.5=0.7\ \text{s}$$

③ 校验保护灵敏度

$$K_S=\frac{I_{K.min}^{(2)}}{I_{op1}}=\frac{0.87\times7.22}{0.32}=19.6>1.5$$

保护整定满足灵敏度要求。

(2) 电流速断保护

① 动作电流整定

$$I_{op.KA}=\frac{K_{rel}K_w}{K_{re}K_i}I_{K.max}^{(3)}=\frac{1.3\times1.0}{80}\times7\ 220=117.33\ \text{A}$$

选择 DL－34 电流继电器，线圈并联，整定动作电流为 118 A，即 $I_{op.KA}=118$ A。

速断保护一次侧动作电流为：

$$I_{op1}=\frac{K_i}{K_w}I_{op.KA}=\frac{80}{1.0}\times118=9\ 440\ \text{A}$$

② 灵敏度校验

以线路 1 WL 首段的最小两相短路电流校验，即

$$K_S=\frac{I_{K.min}^{(2)}}{I_{op1}}=\frac{0.87\times22.29\times10^3}{9\ 440}=2.05>1.5$$

电流速断保护整定满足要求。

2) 变压器的继电保护

用两台变压器时，要考虑过负荷可能，变压器装设定时限过电流保护、电流速断保护和过负荷保护，保护采用两相两继电器接线(见图 4.6)。

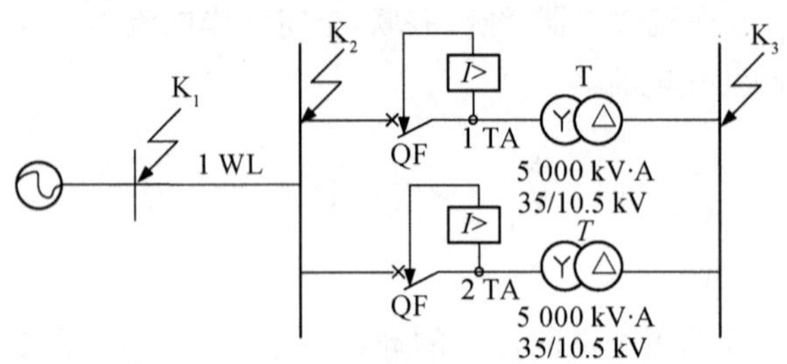

图 4.6　变压器续电保护图

(1) 定时限过电流保护

① 动作电流整定

$$I_{op.KA(oc)}=\frac{K_{rel}K_w}{K_{re}K_i}(1.5\sim2)I_{1N}=\frac{1.2\times1.0}{0.85\times(400/5)}\times2\times\frac{4\ 000}{\sqrt{3}\times35}=2.3\ A$$

选择 DL－11/6 电流继电器，线圈并联，整定动作电流为 3 A，即 $I_{op.KA(oc)}=3$ A。保护一次侧动作电流为：

$$I_{op1}=\frac{K_i}{K_w}I_{op.KA(oc)}=\frac{80}{1.0}\times3=240\ A$$

② 动作时间整定

假设变电所 10 kV 侧过电流保护的动作时限为 1 s。

$$t_1=t_2+\Delta t=1.0+0.5=1.5\ s$$

③ 灵敏度校验

$$K_S=\frac{I_{K3.min}^{(2)\prime}}{I_{op1}}=\frac{\frac{1}{\sqrt{3}}\times\frac{\sqrt{3}}{2}\times3\ 400\times\frac{10.5}{37}}{0.24}=2.01>1.5$$

保护整定满足灵敏度要求。

(2) 电流速断保护

① 动作电流整定

$$I_{op.KA}=\frac{K_{rel}K_w}{K_{re}K_i}I_{K3.max}^{(3)\prime}=\frac{1.3\times1.0}{80}\times6\ 000\times\frac{10.5}{37}=27.67\ A$$

选择 DL－11/50 电流继电器，线圈并联，动作电流整定为 28 A，即 $I_{op.KA}=28$ A。保护一次侧动作电流为：

$$I_{op1}=\frac{K_i}{K_w}I_{op.KA(oc)}=\frac{80}{1.0}\times28=2\ 240\ A$$

② 灵敏度校验

$$K_S=\frac{I_{K2.\min}^{(2)}}{I_{opl}}=\frac{0.87\times 7\ 220}{9\ 440}=2.80>2.0$$

变压器电流保护灵敏度满足要求。

4.6.6　案例经济效益分析

1) 普通设计经济效益分析(见表 4.31)

表 4.31　普通设计经济效益分析

名称	设备	初期购置费用(元)	年电费损失(元)	年维修费按照总成本的 2%计算(元)	总计(元)
线路	1 号线(LGJ－120)	66 402	27.10	1 328.04	67 757.14
	2 号线(LGJ－50)	45 375	12.45	907.5	46 294.95
	3 号线(LGJ－120)	123 318	14	2 466.36	125 798.36
	4 号线(LGJ－185)	147 231	19.532 8	2 944.62	150 195.15
	5 号线(LGJ－185)	130 872	20.47	2 617.44	133 509.91
	6 号线(LGJ－185)	196 308	16.64	3 926.16	200 250.8
变压器	2 台 S9－4000/35	900 000	273 516.633 6	18 000	1 191 516.634
无功补偿装置	2 套 TBB10－1500/1 500 AKW	1 000 000	0	20 000	1 020 000
总计(元)		2 609 506	273 626.826 4	52 190.12	2 935 322.946

从表 4.31 中可以看出普通设计时,案例的线路、变压器、无功补偿装置初期的投资费用以及年电费损失、年维修费,一年内所有费用总计 2 935 322.946 元。

2) 节能设计经济效益分析(见表 4.32)

表 4.32　节能设计经济效益分析

名称	设备	初期购置费用(元)	年电费损失(元)	年维修费按照总成本的 2%计算(元)	总计(元)
线路	1 号线(LGJ－120)	66 402	12.00	1 328.04	67 742.04
	2 号线(LGJ－50)	45 375	12.45	907.5	46 294.95
	3 号线(LGJ－120)	123 318	14	2 466.36	125 798.36
	4 号线(LGJ－185)	147 231	19.532 8	2 944.62	150 195.15
	5 号线(LGJ－185)	130 872	13.60	2 617.44	133 503.04
	6 号线(LGJ－185)	196 308	16.64	3 926.16	200 250.8

续表

名称	设备	初期购置费用（元）	年电费损失（元）	年维修费按照总成本的2%计算(元)	总计（元）
变压器	2台S9-4000/35	1 080 000	262 842.048	21 600	1 364 442.048
无功补偿装置	6个BWF10.5-200-1 W型电容器	8 970	0	179.4	9 149.4
	2套 TBB10-1200/1 200 AKW	900 000		18 000	918 000
总计(元)		2 698 476	252 930.270 8	53 969.52	3 015 375.791

从表4.32中可以看出节能设计时，案例的线路、变压器、无功补偿装置初期的投资费用以及年电费损失、年维修费，一年内所有费用总计3 015 375.791元。

3）两种设计经济效益比较分析(见表4.33)

表4.33　两种设计经济效益比较分析

名称	初期购置设备费用总和(元)	年电费损失总和（元）	年维修费总和（元）	总计（元）
普通设计	2 609 506	273 626.826 4	52 190.12	2 935 322.946
节能设计	2 698 476	252 930.270 8	53 969.52	3 015 375.791
普通设计与节能设计费用之差(元)	−88 970	20 696.555 6	−1 779.4	−70 052.844 4

从表4.33中可以看出，在购置设备费用总和上，节能设计比普通设计多88 970元；在年电费损失总和上，节能设计比普通设计每年少20 696.555 6元；在年维修费用上，节能设计比普通设计每年多1 779.4元。根据普通设计与节能设计费用之差判断出节能设计在第1年处于亏损状态，比普通设计多70 052.844 4元。

从表4.34中可以看出，节能设计方案中设备投运5年后较普通设计可以节约7 133.781元，并且设备使用的时间越长，节能的优势越明显，如10年后节能设计方案较普通设计方案可以节约100 201.556元。

表4.34　不同时间段内两种设计经济效益比较分析

时间段	名称	初期购置设备费用总和(元)	年电费损失总和（元）	年维修费总和（元）	总计（元）
2.5年后	普通设计	2 609 506	684 067.066	131 225.3	3 424 798.366
	节能设计	2 698 476	632 325.675 5	134 923.8	3 465 725.476
	普通设计与节能设计费用之差(元)	−88 970	51 741.390 5	−3 698.5	−40 928.109 5

续表

时间段	名称	初期购置设备费用总和(元)	年电费损失总和(元)	年维修费总和(元)	总计(元)
5 年后	普通设计	2 609 506	1 368 134.132	262 450.6	4 240 090.732
	节能设计	2 698 476	1 264 651.351	269 847.6	4 232 974.951
	普通设计与节能设计费用之差(元)	−88 970	103 482.781	−7 379	7 133.781
10 年后	普通设计	2 609 506	2 736 268.264	521 901.2	5 867 675.464
	节能设计	2 698 476	2 529 302.708	539 695.2	5 767 473.908
	普通设计与节能设计费用之差(元)	−88 970	206 965.556	−17 794	100 201.556

参考文献

[1] 唐志平,等.供配电技术[M].第 2 版.北京:电子工业出版社,2008.6:17-170

[2] 刘介才.工厂供电设计指导[M].北京:机械工业出版社,2008

[3] 中国航空工业规划设计研究院,等.工业与民用配电设计手册[M].第 3 版.北京:中国电力出版社,2005

[4] 王占东.农村电网综合降损节能技术方案的研究[D].北京:华北电力大学,2009.01:20-21

[5] 贺继艳.农网降损节能效益评估系统的研究与实现[D].北京:华北电力大学,2010.4.1

[6] 杨蕴铖.在农村电网中使用单相变压器供电的研究[D].广西大学,2007.12.28

[7] 王娜.农村电网状态评估方法研究与系统设计[D].沈阳农业大学,2005.11.30

[8] 严艳林,柳少芳.农村电网的现状及其改革建议[J].长沙工程职业技术学院学报,2007.9,24(3):55-56

[9] 时丕军,等.农网降损措施浅析[J].科技信息,2008,12:616-617

[10] 钟月梅,单晓红,王亚忠.新农网改造与农网节能降损的探讨[J].大众科技,2011(5):125-126

[11] 王金宇.综合节能技术在新农村典型供电模式中的应用[J].农村电气化.2009,11:36-38

[12] 殷爱国,刘小莲,万小华.农村电网降损节能依我之见[J].科协论坛(下半月),2010(2):18-20

[13] 常安民,胡兴旺.浅析农电网络的降损节能[J].太原大学学报.2010.6,(11):139-142

[14] 张丽,尹长征.农村电网节能降损的管理和措施[J].中国电力教育.2008.8:116-118

[15] 蔡玉桃.农电降损节能措施的探讨[J],山西电力.2007.6,3(139):63-65

[16] 杨慈田.浅谈农村电网的降损节能[J],经济技术,2000,7(151):41-42

[17] 谢娟.农村电网配电设施的选择[J],四川建材.2011.37(1):174-176

[18] 王志凤,王作军,姚伟.有载调容变压器在农村电网中的应用[J].供用电,2009,26(5):50-52

[19] 王强，刘超俊，陈军. 农网改造中变压器选型方案的新模式[J]. 中国农村水利水电，2006(11)：126-130

[20] 孔祥宝. 谈变压器改造在农村电网中的意义[J]. 黑龙江科技信息，2014，7：42

[21] 周志敏，等. 供配电网节电实用技术问答[M]. 第1版. 北京：电子工业出版社，2009. 8：15-115

[22] 赵尚军. 农网降损节能任重道远[J]. 农村电气化，2008(12)：49-50

[23] 于荣成. 农村电网线损分析及降损措施[J]. 广东科技，2009(8)：264-265

[24] 许风云. 农村配电网线损分析及节能措施[J]. 民营科技，2011(11)：185

[25] 陈彤彤. 农村电网线损计算分析与降损措施研究[D]. 济南：山东大学，2006. 09. 15：8-11

[26] 曹淑娟，王春波，王福忠. "分散无功补偿"在农网中的应用及节能分析[J]. 河南理工大学学报，2005. 10，24(5)：378-381

[27] 谭常奎，孙亚秋. 农村电网无功补偿节能降损及效益分析[J]. 机电信息，2010(36)：174-175

[28] 李本劼. 农村配电网无功优化补偿方法研究[J]，节能技术，2009. 9，27(157)：423-426

[29] 朱林根. 现代建筑电气设备选型技术手册[M]. 北京：中国建筑工业出版社，1999

[30] 侯哲伟. 探讨农村低压电网的降损节能措施[J]. 中国电力教育，2008，6：213-214

[31] 周井军. 更换高耗能变压器效益论证分析[J]. 农村实用科技信息，2012，8：74

[32] Matti Lehtonen，Probabilistic. Metheds for assessing harmonic power losses in electricity distribution networks. IEEE Trans Power Syst，1991，16(5)

[33] L. Ramesh，S. P. Chowdhury，et al. Voltage stability analysis and real power loss reduction in distributed distribution system. IEEE Trans. Power Syst，2008，6(11)

[34] M. E. Baran，F. F. Wu. Optimal sizing of capacitors placed on a radial distribution system. IEEE Trans. Power Del，1989，4(1)

5 农村电网无功补偿技术研究及设计

随着农村地区用电负荷的发展及其负荷性质的变化，农村电网中的无功缺乏越来越严重，造成有功损耗在网损中所占比重也越来越大。在大多数农村地区，由于资金不足等原因，对电网无功平衡问题考虑较少，以致于农村公用变的功率因数很低，对农网的冲击和谐波污染呈逐渐上升的趋势。缺乏无功功率调节，造成母线电压随着运行方式地改变而产生很大的变化，引起多种电压质量问题，主要包括功率因数低、三相不平衡、谐波含量高、功率冲击、电压波动和电压闪变。电网运行电压质量降低造成的后果是相当严重的，其主要表现为：① 配网中的负荷大多数以异步电动机为主，所以当输出功率一定时，其定子电流、功率因数和效率随着输入电压的变化而发生变化，由欧姆定律可得，电压降低，定子电流、转子电流增大，造成电动机温度上升，效率和功率因数下降，严重时将导致电动机烧坏。电压降低还会使电器设备无法正常工作。② 电压升高时，将会造成电气设备绝缘损坏和烧毁，对于电动机和变压器等有铁心的电气设备而言，铁心中的磁通密度增大，快速饱和，使电气设备发热甚至烧坏。③ 电压过低或者过高时，将会造成系统中无功功率无序流动，使网络损耗增加。

5.1 概述

5.1.1 无功补偿的基本概念

如图 5.1 所示，电网的输出功率一般含有两部分：一是有功功率；二是无功功率。直接消耗电能，将电能转换为机械能、热能等的电功率，称为有功功率，用符号 P 表示。不消耗电能，只是将电能转换为另一种形式的能，这种能是电气设备做功的必备条件，而且，这种能在电网中与电能进行周期性的转换，称为无功功率，用符号 Q 表示。

电流在电感元件中做功时，电流超前电压 90°；电流在电容元件中做功时，电流滞后电压 90°。在同一电路当中，电感电流与电容电流的方向相反，互差 180°。在电磁元件中，有比例地安装电容元件，使两者的电流相互抵消，使电流矢量与电压矢量之间的夹角缩小，以提高电能做功的能力，这就是无功补偿的基本原理。

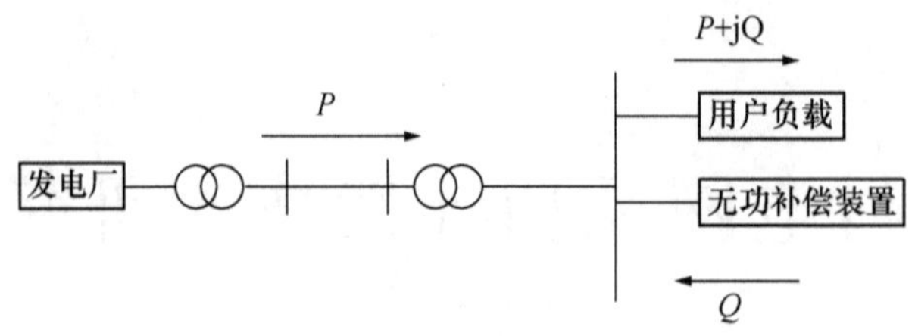

图 5.1　无功补偿示意图

在电路中，通过消耗电能从而达到预定的功能的元器件特性是电阻性；通过储存和释放磁场能量从而达到一定功能的元件特性是电感性；通过存储和释放电能而达到一定功能的元件特性是电容性，这是三大基础元件特性。

在电阻电路中，任意时刻电阻的电压值和电流值相互决定，电压方向和电流方向也相互决定。电阻吸收的瞬时电功率 $p=ui$ 在任何时候均为正值，表示电阻在任意时刻均是消耗电能而绝不能发出电能，其所吸收的电能被全部转换为非电形式能量和各种损耗，在正弦交流电路中，电阻吸收瞬时功率的平均值表示有功功率 $P=UI$。

在纯电感正弦交流电路中，电压 U 与自然电动势 e_1 反相，$u=-e_1$。电流 I 比自然电动势 e_1 超前 90°。当电感线圈通过电流时，电流 I 产生交变磁通 Φ，其周围就建立起磁场。在具体的电感电路中，磁场作为一种能量，其值与电流的平方成反比。在电路中不形成非能量转换，因为存储和释放磁场能量而存在的电流，即充磁去磁电流就是感性无功电流，形成无功功率 $Q_L=UI$，表示电源与电感线圈之间能量交换的规模。

在纯电容正弦交流电路中，电流滞后电压 90°。在具体的电容电路中，电场作为一种能量，其值与电压的平方成反比。电压与电流同相时瞬时功率取正值，反相时取负值。P 为正值表示电容吸收电源能量并且转换为电场能量，P 为负值表示电场能量转换为电能回馈给电源。在电路中不形成非电能量转换，因为储存和释放电场能量而存在的电流，即充电放电电流就是容性无功电流，形成容性无功功率 $Q_c=UI$，表示电源与电容之间能量交换的规模。

5.1.2　功率因数的基本概念

功率因数是电网经济运行中一个十分重要的指标，能够表达电网中电压的质量和负荷侧电能使用的质量。功率因数的高低能够影响变压器有功功率的输送能力、变压器和线路的损耗以及电压损失，是配电线路设计、运行以及维护时必须高度重视的问题。

电网中的视在功率 S、有功功率 P、无功功率 Q 三者之间的关系可以用一个直角三角形来表示，以有功功率和无功功率作为直角边，以视在功率为斜边，如图 5.2 所示，有功功率与视在功率的夹角称为功率因数角；有功功率与视在功率的比值称为功率因数。

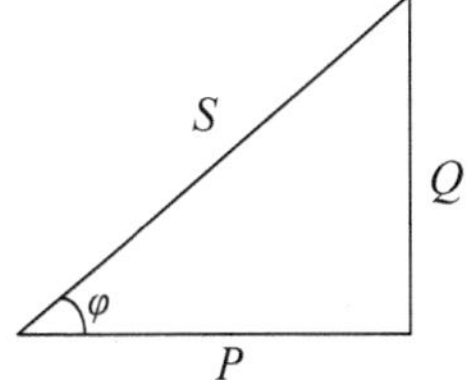

图 5.2　有功功率、无功功率与视在功率之间的关系

$\cos\varphi$ 表示电力负荷的性质：

$$\cos\varphi=\frac{P}{S} \tag{5.1}$$

由图 5.2 可知，有功功率、无功功率、视在功率之间的关系为：

$$S=\sqrt{P^2+Q^2} \tag{5.2}$$

功率因数分为自然功率因数、瞬时功率因数、加权平均功率因数和经济功率因数。

(1) 自然功率因数指用电设备没有安装无功补偿设备时的功率因数，也就是用电设备本身具有的功率因数。自然功率因数的高低，主要取决于用电设备的负荷性质，比如说电阻性负荷（白炽灯、电阻炉）的功率因数较高，接近 1.0，而电感性负荷（电动机、电焊机）的功率因数就较低，都小于 1.0。

(2) 瞬时功率因数指在某一瞬时时刻功率因数表读出的功率因数。瞬时功率因数随用电设备的类型、负荷的大小和电压的高低而改变。

(3) 加权平均功率因数指在一定时间内功率因数的平均值，其计算公式为：

$$\cos\varphi=\frac{W_a}{\sqrt{W_a^2+W_r^2}} \tag{5.3}$$

式中：W_a——有功电量（kW • h）；

W_r——无功电量（kvar • h）。

(4) 经济功率因数指用户的节能效益以及电能质量最佳、支付电费最少时的用电功率因数。用户安装一定容量的无功补偿装置从而提高了用电的功率因数，减少了通过电网的无功功率，也减少了有功功率和无功功率的损耗。用电的功率因数提高到何值时最为经济，需要计算比较、全面衡量后再确定。整个电网要合理地补偿无功功率，应该考虑两个方面的问题：一是为了保证系统正常运行的电压水平，无功电源与无功负荷必须保持平稳并且有一定的裕量；二是按照运行费用最小的原则，决定用户的经济功率因数。

5.1.3　补偿后的功率因数

1）补偿后的负荷计算

若补偿装置装设在变压器一次侧，则补偿后的计算负荷为：

$$P'_c = P_c \tag{5.4}$$

$$Q'_c = Q_c - Q_{c.c} \tag{5.5}$$

式中：$Q_{c.c}$——电容补偿器的补偿容量。

若补偿装置装设在变压器二次侧，则还需要考虑变压器的损耗，即：

$$P'_c = P_c + \Delta P'_T \tag{5.6}$$

$$Q'_c = Q_c + \Delta Q'_T - Q_{c.c} \tag{5.7}$$

式中：$\Delta P'_T$、$\Delta Q'_T$——考虑了补偿容量 $Q_{c.c}$后的变压器的有功功率、无功功率损耗。

补偿后的视在计算负荷为：

$$S'_c = \sqrt{P'^2_c + Q'^2_c} \tag{5.8}$$

2）补偿后的功率因数计算

(1) 固定补偿

一般计算其平均功率因数为：

$$\begin{aligned}\cos\varphi &= \frac{P'_{av}}{S'_{av}} \\ &= K_{al}\frac{P'_c}{\sqrt{(K_{al}P'_c)^2 + [K_{rl}(Q_c + \Delta Q'_T) - Q_{cc}]^2}}\end{aligned} \tag{5.9}$$

式中：P'_{av}——补偿后的平均有功负荷(kW)，$P'_{av} = K_{al}P'_c$；

S'_{av}——补偿后的平均视在负荷(kV·A)；

P'_c——补偿后的有功计算负荷(kW)；

K_{al}——有功负荷系数，常取 0.75；

K_{rl}——无功负荷系数，常取 0.8。

(2) 自动补偿

一般计算其最大负荷时的功率因数为：

$$\cos\varphi = \frac{P'_c}{S'_c} = \frac{P'_c}{\sqrt{P'^2_c + Q'^2_c}} \tag{5.10}$$

由此可见，在变电站低压侧装设了无功补偿装置后，低压侧总的视在功率减小，变电站变压器的容量也减小，功率因数提高。

5.2　农网无功补偿配置现状

当前，农网的无功功率严重缺乏，无功补偿的配置十分不合理，补偿设备的作用也没有办法充分地发挥出来。因此，在无功补偿中应该坚持"全面规划、合理布局、分级补偿、就地平衡"的原则，开展全面无功优化，尽可能地实现电网分层、分区、分线就地平衡的目标，让无功功率达到平衡。分层就地平衡是对所管辖电网按电压的不同等级进行的，无功补偿使不同电压等级的电网之间的无功潮流减少。分区就地平衡是对所管辖电网按供电区域划分若干个行政管理区域进行的，无功补偿使不同行政管理区域的电网之间的无功潮流减少。分线就地平衡是对所管辖电网中各个电压等级主设备的各个元件进行的，无功补偿使不同电压等级主设备之间的无功潮流减少。

在输配电电压等级中，35 kV、110 kV、220 kV 为高压，6 kV、10 kV、20 kV 为中压，低压一般指用户侧。

5.2.1　高压电网无功补偿

依靠负荷计算合理地确定补偿容量，在负荷最大时主变压器高压侧的功率因数不应低于 0.95，在负荷最低时低压侧的功率因数不应低于 0.9。

35～110 kV 变电站的无功补偿以补偿变压器的无功损耗为主，并且适当兼顾负荷侧无功补偿的不足部分。无功补偿装置的总容量为主变压器容量的 10%～30%，以补偿电容器为例，若主变压器的容量为 4 000 kV · A，则补偿电容器的总容量为 400～1 200 kV · A。110 kV 变电站的单台主变压器的容量在40 MV · A 以上，每台主变压器应该配置不少于两组的无功补偿装置，对于110 kV变电站无功补偿装置而言，其单组容量不宜大于 6 MV · A；对于 35 kV 变电站无功补偿装置而言，其单组容量不宜大于 3 MV · A。单组容量的选择还应该考虑变电站负荷较小时无功补偿的需要。

高压配电网的无功补偿主要是在变电站进行集中补偿，主要应用模式如下：

1）动态自动无功补偿

在枢纽变电站安装性能高的动态无功补偿装置，这样可以提高电网的电压稳定能力，使变电站内的无功潮流能够实现最佳控制。对于各级地方性的降压变电站，其无功补偿设备和调压设备一般是并联电容器和有载调压变压器。通过对这些电容器组的投切和有载开关的调节，能够实现无功就地平衡和保证电压质量的目的。这些调整工作可以人工完成，也可以通过自动控制装置（VQC）完成。由于无功和电压调整随时都可能需要进行，所以自动控制更为适合。此外，自动控制比人工控制的效果更佳。对于无人值班或者值班人数少的变电站，自动控制是非常必要的。动态无功补偿方式如图 5.3 所示。

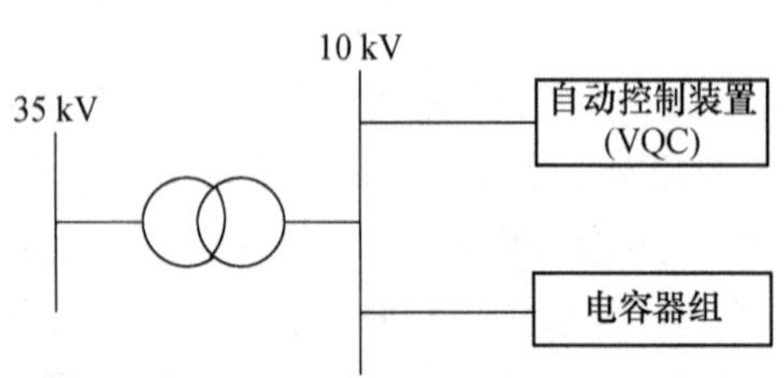

图 5.3　动态无功补偿方式

动态自动补偿装置的优点有：可靠性很高、便于安装、占地面积较小、响应速度快。① 能够保证动作的安全可靠。在动作过程中，由于某些原因，设备可能会出现异常，自动控制装置在动作过程中能够监视设备的工作状态，设备出现异常时，及时地报警或紧急停止。② 可以实现变电站的无功就地平衡。电容器的投切开关以及有载调压开关的频率可以大幅度降低，能够延长有载调压开关、电容器投切开关的使用寿命。③ 具有高效的控制方案。一个较好的控制方案，能实现以最少的动作次数，获得最高的电压合格率。④ 安装十分简单，便于维护，环境适应能力极强。自动控制的工作温度范围很广，适合我国农网的自然环境条件。

2）电容器固定补偿

负荷变化相对稳定的变电站适合安装固定电容器组实现无功补偿；对那些未进行无功补偿的变电站，也可以安装固定电容器组实现变压器空载损耗的补偿。投切电容器组一般使用高压开关柜，位于高压开关室，电容器组、进线架、电抗器、电压互感器等都装设在专门的场所，通过母线以及高压电缆将整套装置连接起来。虽然固定电容器组成本低、使用寿命长、接线较为简单、便于维护，但是它不能够随实际负荷的变化而调整补偿容量，当出现波动较大的无功负荷时，很容易出现过补偿或者欠补偿。其补偿的容量不宜过高，一般不超过主变压器容量的 30%。

3）自动分组无功补偿

跟据电网无功的现状，对于负荷波动较大的变电站，适合安装自动投切的无功补偿装置，使无功功率尽可能地实现分区、分线、分压平衡，降低高压电网的损耗。自动分组投切的无功补偿装置可以根据无功负荷的变化，自动地投切电容器组，让功率因数和电压保持在规定范围之内，不会出现严重过补偿和欠补偿。可以实现电容器组自动循环投切，能够延长设备的使用寿命。可以与有载调压变压器相结合，实现电压无功综合自动控制，具有过电压保护功能。需要注意的是虽然补偿的级数（补偿电容器分组数量）越多，补偿精度也将越高，但是装置的成本也将增大，体积也随之增大。

4）无功补偿＋滤波

谐波污染严重的变电站、工矿企业和对谐波要求严格的场合可以配置自动控制装置＋无源滤波单元，如图 5.4 所示。

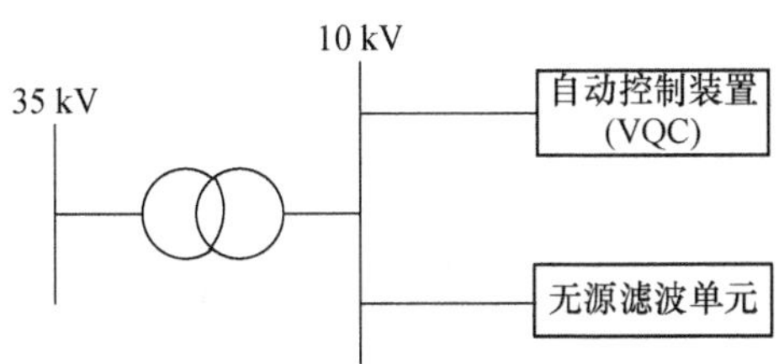

图 5.4　无功补偿＋滤波补偿方式

这种补偿方式有以下特点：在无源滤波单元中，电容能够完成无功补偿，无须另外安装固定的电容器组；在变电站集中补偿，可以向附近的配电线路输送无功功率，与此同时可以兼顾谐波治理；可以减少成本、占地面积以及维护的工作量。

5.2.2　中低压电网无功补偿

6～10 kV 配电变压器在补偿后，变压器高压侧的功率因数不宜低于 0.95，其二次侧功率因数不宜低于 0.9。

中低压电网的无功功率补偿主要是指 10 kV 配电线路补偿以及配电变压器的低压侧集中补偿。线路补偿主要是补偿线路上感性电抗所消耗的无功以及配电变压器励磁无功的损耗。配电变压器的低压侧集中补偿一般是在配电变压器的低压侧安装补偿装置，以实现低压电网的无功就地平衡。主要模式如下：

1）配电变压器低压侧分组补偿

对于线路较短、负荷较轻的 10 kV 馈线（进线、出线）不必进行补偿，可以只在配电变压器的低压侧进行分组无功补偿。因为对配电变压器进行逐台补偿，不仅会增加补偿容量，也会增大补偿装置的总投资。这种补偿方式主要补偿配电变压器消耗的无功功率，实现低压区的无功就地平衡，补偿后可以有效地减少配电变压器的损耗。

2）中压线路补偿

对于线路较长、负荷较重并且较为集中的中压馈线可以只进行线路补偿，不必对每台配电变压器进行无功补偿。如果采用并联电容器组的固定补偿方式，补偿电容器的容量可以取补偿点后所有配电变压器的空载损耗之和。这种补偿模式虽然不能减少传输用户功率引起的配电变压器损耗，但是与逐台配电变压器装设无功补偿装置相比，总投资少，维护工作量小。

5.2.3 低压用户侧无功补偿

低压配电网中主要的感性负荷是异步电动机。异步电动机所消耗的无功功率大约占整个 380/220 V 低压配电网消耗的无功功率的 60%～70%，因此异步电动机功率因数的提高，可以很有效地降低低压配电网的电能消耗。所以，低压电网大部分采用电动机就地补偿。对于用户终端较大功率的电动机而言，进行就地无功补偿(一般在电动机控制箱内)，不仅可以补偿电动机的无功功率，减少电压的损失，还能改善电网电压的质量。补偿电容器直接就地安装在补偿设备旁边。这种补偿方式有如下特点：当大中型电动机比重较大、利用的小时数又较高时，就地补偿能够就近补偿主要用电设备所消耗的无功功率，减少厂区内部线路以及电压的损耗，改善电网的电压质量，改善用电设备的启动和运行条件，降低损耗，节能效果非常明显；可以降低变压器的电能损耗，但是不能补偿变压器本身的无功损耗；对电动机进行逐台补偿，虽然补偿装置的总投资很大，但是可有效地释放系统能量，提高线路的供电能力。

5.2.4 农网无功补偿发展趋势

长期以来，交流系统无功补偿方式除了早期少量的同步调相机、饱和电抗器等外，还有现在普遍使用的固定电容器和农网中使用较少的静止无功补偿器(SVC)。SVC 无论是晶闸管控制电抗器(TCR)或晶闸管投切电容器(TSC)，都是对储能元件(电容和电抗)的控制方法。虽然这些控制方式可使电容、电抗的性能从静态转变为动态，在无功功率补偿方面取得了较好的效果，但是它主要针对缓慢变化的无功功率的补偿，并且都离不开大容量的储能元件(大电感和大电容)。因为储能元件的时滞影响，SVC 依然存在着对电网的恒阻抗性以及不可连续可控性等缺点，不可能实现瞬时控制无功功率。由于晶闸管在导通期间处于失控状态，使 SVC 每步补偿的时间间隔至少约为工频的半个周期。若被补偿的负荷为波动急剧的干扰性负荷，一般使用的 SVC 因固有的时间延迟使响应不够迅速。除此之外，传统的无功功率定义只局限于处理正弦周期变化的电量，对于功率急剧变化出现的瞬间或者随机变化的非周期现象不再适用。

随着农村工业生产的迅速发展，农网中的功率需求发生急剧变化，特别是冲击性负载逐渐增多，静止无功发生器将会被大范围使用。静止无功发生器(SVG)，是由自换相的电力半导体桥式交流器来发生无功功率以及吸收无功功率的无功动态补偿装置。SVG 先将系统的交流电能经过变流器转换成直流电能，并且保存在直流侧的储能元件内，与此同时直流侧电压电流经过变流器转换成交流电压、电流送到系统。

SVG 将自换相桥式电路通过电抗器并联到电网上，通过适当地调节桥式电路交流侧输出电压的幅值和相位，或者直接控制其交流侧电流，就可以使该电路吸收或者发出满足要求的无功功率，实现集动态补偿感性无功以及容性无功于一身。SVG 还能够动态补偿大范围快速变化的瞬时无功功率。因此 SVG 的输出性能十分的优越，可以实现三大功能：在稳态的状态下，维持系统电压不改变，或者按要求调压；在稳定的状态下，保持系统某处的无功功率最小，或者按经济等要求调节无功功率；在动态或暂态的状态下，按系统稳定性的要求，调节无功功率，从而提高稳定极限或抑制某种方式的振荡。

静止无功发生器的主电路一般由变流器构成。根据变流器直流侧运用电容或电感这两种不同的储能元件，其主要电路结构可以分为电压型和电流型桥式电路两种；根据电平数量进行分类，可以分为两桥臂、三桥臂和四桥臂电路。SVG 的主电路基本形式如图 5.5、图 5.6 所示。

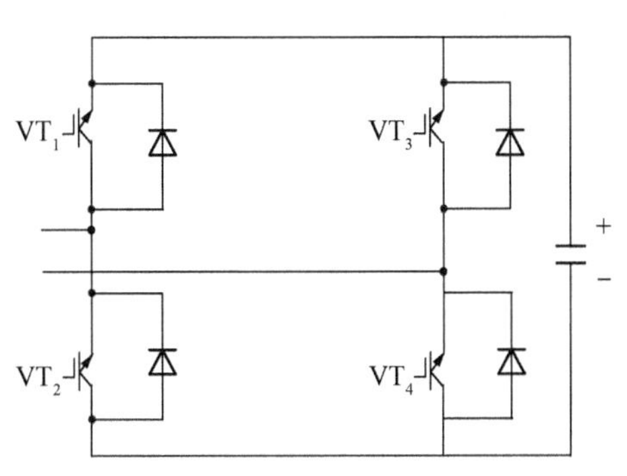

图 5.5 两桥臂电压型 SVG 主电路

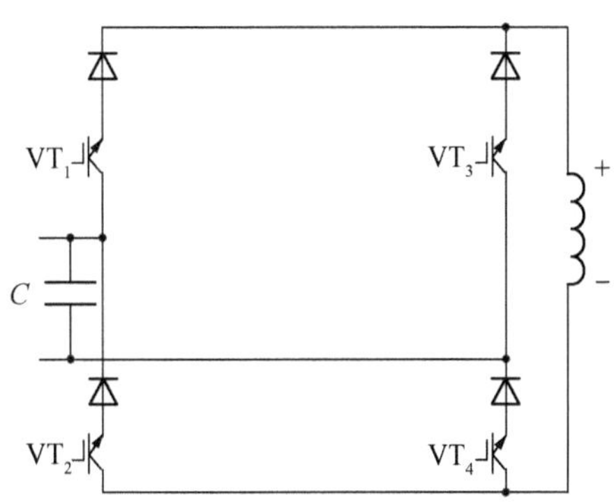

图 5.6 两桥臂电流型 SVG 主电路

图 5.5 和图 5.6 中所画的电力电子开关器件均为 IGBT，实用中电力电子开关器件可以在 GTO(晶闸管)、BJT、IGBT、电力 MOSFET 等器件中选择。SVG 装置彻底地摆脱了依靠电容器提供无功功率的传统模式，其主电路的直流侧仅仅需要较小容量的电容器来维持电压。

图 5.5 为电压型桥式 SVG，直流侧接有恒压大电容，其直流电压为 U_{dc}。电压型 SVG 主电路中，包括交流电路(通常采用 GTO 或者 IGBT)、整流电路(由 6 个二极管组成)和储能设备(直流电容 C)。图 5.6 为电流型的桥式 SVG，直流侧接有恒流大电感，其直流电流为 I_d，交流侧与电网相连接。由于 SVG 交流侧只能够输出无功功率，所以直流侧的电压源或者电流源实际上并不需要输出有功功率，可以使用充有电压 U_d 的电容器或者初始电流为 I_d 的电感来代替。

在交流侧，对电压型桥式电路而言，还需要再串联电感 L 后才能并入电网；对于电流型桥式电路而言，则需要并联上电容器 C。交流侧所接的电感 L 或电容器

C 的作用分别是阻止高次谐波进入电网和吸收换相时产生的过电压。电压型主电路和电流型主电路的特点如下。

电压型主电路的基本特点为:① 直流侧接有大电容,在正常工作的时候,其电压基本保持不变,可以作电压源。② 为保持直流侧的电压不改变,需要对直流侧电压进行控制。③ 交流侧输出电压为 PWM 波。④ 初期投资较小,工作效率比较高,开关的功率损耗小,因而目前使用较多。⑤ 可能会由于主电路开关器件的直通而发生短路故障。

电流型主电路的基本特点为:① 直流侧接有大电感,在正常工作的时候,其电流基本保持不变,可以看作电流源。② 为保持直流侧的电流不变,需要对直流侧电流进行控制。③ 交流侧输出电流为 PWM 波。④ 主电路保护更为容易,工作更为稳定。⑤ 不会由于主电路开关器件的直通而发生短路故障,但直流侧大电感上始终有电流流过,该电流将会在大电感的内阻上产生较大地损耗,所以目前使用较少。

5.3 农网 35 kV 配电线路无功补偿特点分析及配置

5.3.1 农网 35 kV 配电线路无功补偿特点

与农网其他数量级的无功补偿有所不同,农网 35 kV 配电线路的无功补偿属于高压配电线路的无功补偿,即高压电网的无功补偿。因为没有补偿设备的工作电压为 35 kV,所以只有先用降压变压器将配电线路的电压从 35 kV 降至 10 kV,然后再进行无功功率的补偿。

传统的农网无功补偿方式一般根据《国家电网公司农村电网电压质量和无功电力治理办法》"集中补偿与分散补偿相结合,以分散补偿为主;高压补偿与低压补偿相结合,以低压补偿为主;调压与降损相结合,以降损为主"。无功补偿容量的配置通常按照《国家电网公司电力系统无功补偿配置技术原则》中的规定,35 kV 变电站无功补偿的装置以补偿变压器的无功损耗为主,适当地兼顾负荷侧的无功补偿,补偿容量按主变压器容量的 10%～30%配置。

农网 35 kV 配电线路的无功补偿与城网 35 kV 配电线路的无功补偿有区别。城网的无功补偿技术相比之下先进一些,一般采用的是静止型无功补偿器(SVC),也有一些城市采用的是静止型无功发生器(SVG)。其他的无功补偿装置完成一次补偿最快也要 200 ms 的时间,但 SVG 在 5～20 ms 的时间就可以完成一次补偿。无功补偿需要瞬时完成,如果补偿的时间过长会造成该出现无功的时候没有出现,不该出现无功的时候反而出现的不良状况。

农网无功补偿优化是一个多变量多约束的混合非线性题目,需要综合地考虑农网全网的运行情况,以网络关口的功率因数、各节点的电压合格率等为约束条件,根据给定的目标值,进行农网全网的无功优化计算,确定系统的最佳补偿容量以及最优补偿点,调节有载调压变压器的分接头,投切静止补偿器和并联电容器,从而实现无功动态调节,达到电网安全、经济运行的目标。

广义上来讲,农网全网无功补偿的优化方法可以有"自上而下"和"自下而上"两种。"自上而下"是从高压到低压一层一层地进行无功优化计算,并根据无功优化的结果来实施无功补偿。这种补偿方式体现了以集中补偿为主的特点。换句话说,假如高压集中补偿能够解决大部分问题,就优先考虑实施集中补偿的方式,并且按照从高压集中补偿到低压分散补偿的方式进行。这种补偿方式拥有较好的技术经济性,可以减少补偿装置的投资。"自下而上"是根据无功优化的结果,从低压到高压的顺序实施无功补偿。这种补偿方式是把实现无功就地平衡作为主要的目标,而把补偿装置的投资问题放在次要地位考虑。

具体需要应因地制宜,全方面地考虑电网、负荷以及经济条件等综合因素,在进行农网全网无功优化计算的基础上,采用科学的无功优化补偿模式,根据无功优化的结果,来确定无功补偿的容量,使农村电网能够真正地实现优化补偿。

5.3.2　农网 35 kV 配电线路无功补偿配置分析

农网 35 kV 配电线路的无功补偿配置当前使用较多的为固定电容补偿器和动态自动无功补偿即静止型无功补偿器(SVC)。

1) 固定电容补偿器

固定电容补偿器有并联和串联两种方法,即星形和三角形两种连接方法。星形连接法适合分相补偿,即适合三相不平衡保护,而三角形连接方法只能用于共相补偿,所以,35 kV 配电线路使用的为星形连接方式。按照《并联电容器装置设计技术规程》的标准规定,电容器组接线采用星形连接,由于现在电容器组的电压等级为 66 kV 及其以下,属于中性点不接地的系统,所以,星形接线又有单星形和双星形两种,根据电压等级和电容组容量选用,35 kV 配电线路采用双星形接线,如图 5.7所示。

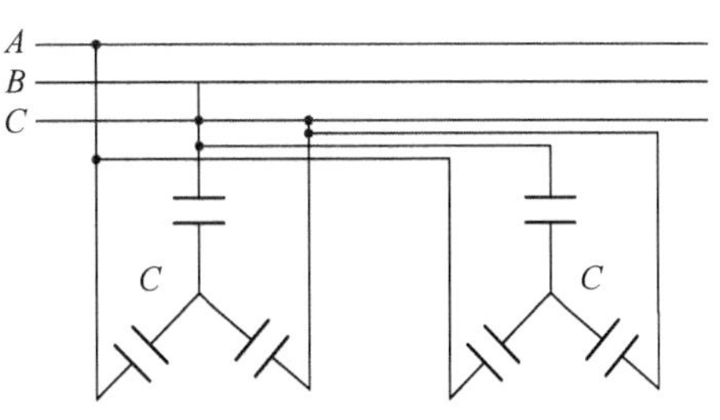

图 5.7　双星形电容组接线示意图

双星形电容器组除了基本配置以外,还需要增设保护用的电流互感器,保护要求变化越小越好,而从保证电气绝缘外的要求出发,变化不宜大于 20,如串联电抗器装在中性点侧，则要求串联电抗器数量加倍、容量减半，各相各臂分别通过串联电抗器连接，两个中性点经过电流互感器连接。

当电容器组中单台电容器发生元件击穿故障或者电容器缺台运行时，正常电容器过电压达到1.1倍，继电保护动作，停止整组电容器。保护的基本原理是利用电容器组内部相关的两部分之间的电容量之差，形成电流差或者电压差构成保护，称为不平衡保护，可以分为不平衡电流保护和不平衡电压保护。所有的电容器组都应装有不平衡保护，根据电容器组的接线方式，可以有不同的选择，这是电容器保护的重要原则，必须遵守。不平衡保护通常为电容器组短路故障以及危及电容器的异常状态提供主保护，作用是在故障扩展前使电容器组立即退出运行。

并联电容器组装置的设备选择涉及很多问题，比如电容器、过电压阻尼装置、串联电抗器、避雷器、并联电容器装置外的绝缘设计等等。

(1) 电容器

在确定电容器额定电压时，既要考虑串联电抗器后电容器电压的升高，也要考虑因为投入了电容器组，母线电压的升高。按6%及以下的电抗率考虑时，10 kV级电容器的额定电压选为$\frac{11}{\sqrt{3}}$ kV；按12%的电抗率考虑时，电容器的额定电压选为$\frac{12}{\sqrt{3}}$ kV。设计中存在的误区有：① 按电抗率12%考虑时，电容器的额定电压取$\frac{11}{\sqrt{3}}$ kV，这样将造成电容器长期处于过电压保护频繁动作。② 按6%的电抗率考虑时，电容器额定电压取$\frac{12}{\sqrt{3}}$ kV，按12%电抗率考虑时，电容器额定电压取$\frac{13}{\sqrt{3}}$ kV，电容器的运行电压低于额定电压，达不到额定输出。因此，电容器额定电压取过大的安全裕度会出现过大的容量亏损。电容器容量原则上只要能够满足电容器组的容量组合需要以及满足安全运行条件，单台的容量可以不作任何限制。但是，一个区域准备电容设备的时候，设备形式越少越好。与此同时，要考虑单台电容器的容量与电容器组的容量相适应。

(2) 过阻尼装置

过电压阻尼装置主要是由电阻器和真空气隙串联组成。当电容器组操作的时候，作用在串联电抗器的电压可以使真空气隙击穿放电，将与其串联的电阻器接入回路，电阻器消耗电磁振荡能量，阻尼回路的过渡过程可以抑制电容器组的过电压和过电流。

(3) 电抗器

电抗器仅仅在限制涌流时运用，电抗率宜取0.1%～1%，用于抑制谐波的时候，当并联电容器组装置接入电网处的背景谐波为 5 次及其以上时，宜取 4.5%～6%，当并联电容器组装置接入电网处的背景谐波为 3 次及其以上时，宜取 12%，也可以采用 4.5%～6%以及 12%两种电抗率。

所谓谐波，是指电网运行中存在的与工作频率不同的电磁波。我国电网使用频率为 50 Hz、波形按正弦波规律变化的三相对称的电源，谐波(主要是指高次谐波，比如 3 次、5 次、7 次等)的存在，会对电网工频的波形造成影响，使波形不再是正弦波，而是发生畸变的正弦波。谐波将使电能的质量变坏，从而使电气设备的损耗增加，加速绝缘介质地老化，降低设备的使用寿命，甚至因为长期过热而损坏，此外还会影响控制保护以及检测装置的精度以及可靠性，特别是当高次谐波发生谐振时，容易让电容器过负荷、过热、振动、发出异声，甚至是损坏，并且可能使电流继电器误动作、熔断器熔断，造成电容器组不能合闸。

电网中谐波主要有两个来源：① 当正弦基波电压施加在非线性设备上的时侯，设备吸收的电流与施加的电压波形不同，电流从而产生畸变。由于负荷与电网相连接，因此谐波注入电网中，这些设备就成了电力系统中的谐波源。② 电容器组的投入是谐波另一个来源其会对系统的谐波电压起到放大作用，使电压畸变扩大。

由表 5.1 可得，串联 12%电抗器的电容器回路对 3 次谐波以及 5 次谐波均呈电感性，而串联 6%电抗器的电容器回路对 5 次谐波呈电感性，对 3 次谐波呈电容性。换句话说，串联 6%电抗的电容器组会在抑制 5 次谐波的同时放大 3 次谐波。如果此时系统恰好拥有 3 次谐波的分量，谐波电流就会造成电容器组过电流，从而使电容器过热、振动、发出异声，严重时会造成熔断器熔断甚至烧损电容器。如果该容性回路与系统感抗出现不利的组合，还会引发谐振，造成严重的后果。

表 5.1　电容器组各元件对谐波的阻抗值

谐波	12%电抗器	6%电抗器	电容器
基波	12%	6%	100%
3 次谐波	36%	18%	33.3%
5 次谐波	60%	30%	20%

串联电抗器的额定电流不应该小于所连接的电容器组的额定电流，串联电抗器允许经过的电流值不应该小于电容器组的最大经过电流。

(4) 放电线圈

放电线圈适宜采用与电容器组直接并联的方式连接。实践中发现，如果采用密集型的电容器或单台小容量的电容器，并且电抗器设计在电源侧，放电线圈很容易设计成并联在电容器的两端。如果电容器采用单台小容量的电容器，电抗设计在中性点侧，放电线圈多数设计成并联在电容器与电抗器相串联的回路中，如图 5.8所示。当放电线圈二次电压接成开口三角形的时侯，图 5.8 中无中性线 I 时，开口三角形电压反映的是三相母线电压不平衡，不能用于电容器组的不平衡保护；有中性线的时侯，开口三角形电压反映三相电容的不平衡情况，可以用作电容器组的不平衡保护。

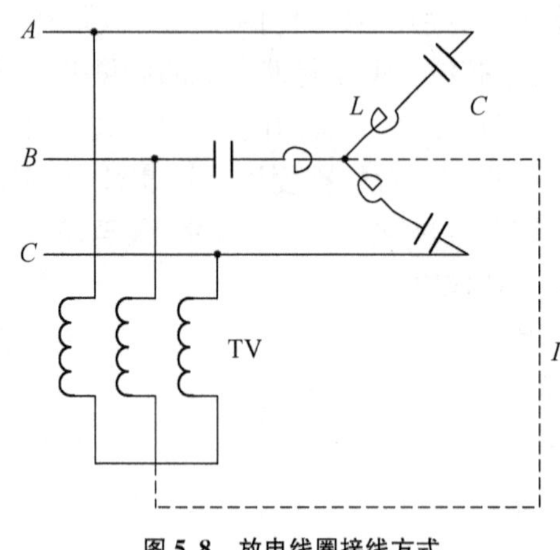

图 5.8　放电线圈接线方式

(5) 避雷器

电容器组容量较大，需要设计成双星形接线的时侯，在中性线上要设计电流互感器。为了让电流互感器不会因为短路电流和高频涌放电流地冲击而损坏，要求在电流互感器的一、二次侧同时装设低压避雷器或者只在一次侧装设低压避雷器。如果没有在一次侧或一、二次侧装设避雷器，当电容器组投切的时侯，由于涌流，可能会发生中性点电流互感器和附近多台电容器爆炸的事故。

(6) 绝缘设计

并联电容器装置的电器以及导体的选择，应满足在当地环境条件下过电压状态和短路故障的要求。在设计时，对并联电容器的设备选取，要保证其外的绝缘与同级电压的一致，放电线圈与串联电抗器之间中性线电缆采用 10 kV 的高压电缆，这样可以避免电容器组发生故障。

(7) 真空断路器

投切电容器使用的断路器大多数为真空断路器，真空断路器具有分合闸速度快的特点。随着灭弧性能以及过电压承受能力不断地提高，真空断路器开断电容时，已经能够很好的防止重燃。

电容器安装的时侯，如果装设了外熔断器，要注意当电容器外壳直接接地时，熔断器应装设在电源侧，否则，当电容器极对壳击穿时，外熔断器不再工作；多段串联的时侯，至少应该有一个串联段的熔断器装设于电容器的电源侧；无论外熔断器装设在哪一侧，都必须保证熔丝熔断后，有安全距离的存在。

(8) 电容器组布局

在布置电容器组的时候，要满足配电装置的布置要求，尽量使电容组距离重要的设备远一些，防止发生电容器爆炸造成起火事故时扩大影响范围。需要特别注意的是，电容器卧式安装的框架相互之间的距离，应该满足更换故障电容器时从架上向一侧取出电容器的最小需要距离。电容器卧式安装，能够降低装置的高度，有利于日常运行和维护。

2) 静止型无功补偿器

早期的静止型无功补偿装置是饱和电抗器(SR)型的，1967 年，英国 GCE 公司制成了世界上第一批饱和电抗器型静止型无功补偿装置。饱和电抗器与同步调相机相比，具有静止型的优点，响应速度快；但是由于其铁心需要磁化到饱和状态，造成的损耗和噪声都很大，而且存在非线性电路的一些特殊问题，又不可以分相调节补偿负荷的不平衡，所以未能占据静止型无功补偿装置的主导地位。电力电子技术的发展及其在电力系统中的应用，将使用晶闸管的静止型无功补偿装置推上了电力系统无功补偿控制的舞台。1977 年，美国 GE 公司首次在实际电力系统中演示运行了使用晶闸管的静止型无功补偿装置。1978 年，在美国电力研究院的支持下，西屋电气公司制造的使用晶闸管的静止型无功补偿装置投入实际运行。随后，世界各大电气公司都竞相推出各具特点的系列产品。由于使用晶闸管的静止型无功补偿装置具有良好的性能，所以近 10 年来，世界范围内其市场一直在迅速而稳定的增长，已占据了静止型无功补偿装置的主导地位。

这种补偿装置是将可控的电抗器和电力电容(固定或者分组投切)并联使用。电容器可发出容性无功功率，可控电抗器可以吸收感性无功功率。通过对电抗器进行调节，可以使整个装置平滑地发出无功功率，从而改变吸收无功功率，并且响应速度快。静止无功补偿器的电路图如图 5.9 所示。

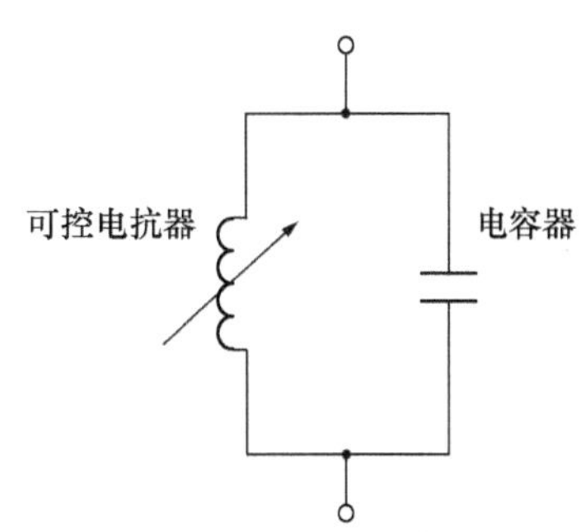

图 5.9 静止无功补偿器电路图

静止型无功补偿装置(SVC)这个词往往是指使用晶闸管的静止型无功补偿装置，包括晶闸管控制电抗器(TCR)、晶闸管投切电容器(TSC)、晶闸管投切电抗器(TSR)、晶闸管控制高阻变压器型(TCT)和饱和电抗器(SR)等，基本类型是 TCR 和 TSC。其他补偿器是这两种的发展，例如 TCR 中的电抗器换成高阻变压器就是 TCT；将 TSC 的电容器换成电抗器就是 TSR；SR 则是把普通的电抗器换成特制的磁饱和电抗器，可以采用机械式投切，也可以采用晶闸管控制或投切。需要注意的是,晶闸管投切电抗器或者电容器并不能实现真正意义上的无功功率连续动态补偿,而是需要一定条件,通常的方式有 TCR+TSC、TCR+FC、TCR+MSC 等。我们往往把这种包含 SVC 的无功功率补偿系统称为静止无功功率补偿系统(SVS)。

实际运用中,采用的方式为晶闸管控制电抗器和固定电容器配合使用,即 TCR+FC。

(1) 晶闸管控制电抗器的基本原理

SVC 的优越性是它能连续快速地调节补偿装置的无功功率输出。这种连续调节是依靠调节 TCR 中的晶闸管触发延迟角 α 实现的,因此 SVC 的核心是 TCR。TCR 为 SVC 中的重要一员,主要起可变电感的作用,实现感性无功功率的快速、平滑调节。TCR 三相多接成三角形。需要说明的是,为了能承受实际线路上的高电压和大电流,应该允许由若干个晶闸管串联后组成一个等效的晶闸管。这样的电路并入到电网中就相当于电感性负荷的交流调压器电路,即此时电路可视为交流调压器带纯电感负荷的情况。为确保每相上的两个晶闸管在正负半周内可靠、对称导通,避免直流分量,应该采用宽脉冲或触发列触发。改变晶闸管的控制角 α,流经电抗器的电流波形将发生变化,使电流波形的基波分量发生变化,这相当于改变了电抗器的感抗,使 TCR 等效于一个连续可变的电感器。

(2) 晶闸管控制电抗器的主要特性

① 谐波特性

TCR 装置采用相控原理,在动态调节基波无功功率的同时,也产生大量的谐波,并且谐波含量与控制角 α 相关。增大控制角 α 还有另外两个作用:① 减少了在晶闸管控制器和电抗器中的损耗;② 电流波形发生了畸变,也就说 TCR 产生了谐波电流。若两个晶闸管的控制角 α 相等,则产生全部奇次谐波。

② 响应时间

只要控制角小于 180°,TCR 任何一相的导通角都可以在电源频率下的连续两个半波之间任意变化,对于三相电路,动态响应时间约为 3.4 ms。这里所谓的响应时间仅指扰动开始到调节器作用的时间,并不是指整个调节过程完成的时间。后者要长得多,取决于控制策略的选择、系统阻抗的大小等因素。对于用于抑制电弧引起电压闪变的 SVC,其快速响应十分重要,是反映 SVC 性能好坏的重要指标。

③ 独立相控

TCR 三相可以独立进行控制,连续调节无功功率,可以作相平衡装置,故 TCR 型 SVC 可广泛用于三相不平衡负荷,以实施动态不平衡的补偿。

④ 功率损耗

实际运用中，SVC 的损耗是一个重要的考虑因素。TCR 型的容性部分损耗随电压地改变而改变，一般变化不大。动态感性部分的损耗随导通程度增大而增大，这部分损耗包括电抗器的电阻性损耗和晶闸管中导通、切换等损耗。对 10～50 Mvar的 TCR 型 SVC 而言，其损耗约为容量的 0.5%～0.7%。

(3) 晶闸管控制电抗器的主要接线形式

晶闸管控制电抗器(TCR)与降压变压器根据需要可以采用三角形或者星形连接。TCR 中的电抗器采用三角形连接最好，如图 5.10 所示，在对称运行时可以抵消 3 次谐波。

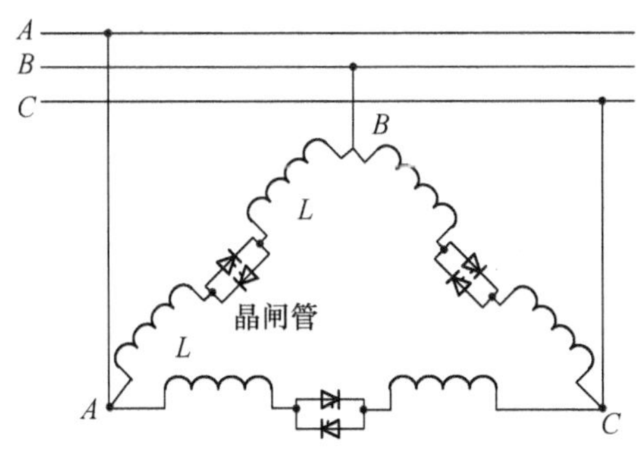

图 5.10　TCR 的三角形方式

(4) 晶闸管控制电抗器的谐波抑制措施

由于 TCR 的接入，当晶闸管的触发角大于 90°时，在补偿电路中会产生高次谐波，将对电网产生污染，因此要设法将其抑制。

① 将 TCR 接成三角形。将 TCR 接成三角形，消除某些谐波。在三相平衡负载的情况下，使两个晶闸管的控制角相等，这时由于电流断续而引起的谐波为奇次谐波，其中 3 次及其整倍次谐波电流将在闭合的三角形中流动，而不会出现在线电流中。

② 采用滤波器晶闸管控制电抗器的谐波。分成用专门的滤波器滤除或者用补偿电容器串联的电感构成谐波滤波器来消除，如图 5.11 所示。在实际工作中，专门的滤波器中的电容器有两重作用，一是与串联电抗器组成滤波器滤除谐波，二是补偿系统无功功率，相当于使用与补偿电容器相串联的电感来消除高次谐波。专门的滤波器可以设计成高通滤波器，也可以设计成谐波滤波器，但是通常设计成串联调谐电路来消除线路上的 5 次和 7 次谐波。当采用 TCR+FC 型 SVS 时，优先使用在电容器支路串联电感构成调谐滤波器的滤波方法，这样可以节约电容器以及简化接线。

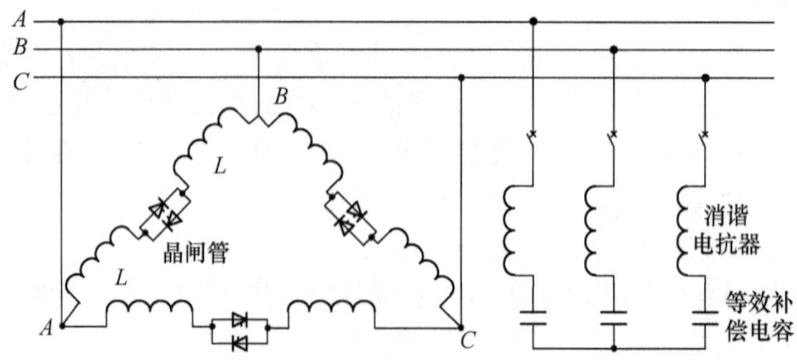

图 5.11　加装滤波器消除 TCR 的谐波

③ 采用分裂晶闸管控制电抗器。将 TCR 分裂成两部分，即使用两个相等电容的 6 脉冲晶闸管控制电抗器与降压变压器分别接成星形和三角形的两个二次绕组相连。

④ 将电抗器分成两部分。TCR 中，确保两个反并联晶闸管的导通角 θ 相等是非常重要的。导通角 θ 不相等，就会在电流中出现包括直流电流分量在内的偶次谐波。要求导通角 θ 相同就必须将导通角 θ 的最大值限制在 180°，若把电抗器分成两部分，如图 5.12 所示，则每一臂的导通角可增大到 360°，这样接线可以降低谐波电流的次数。

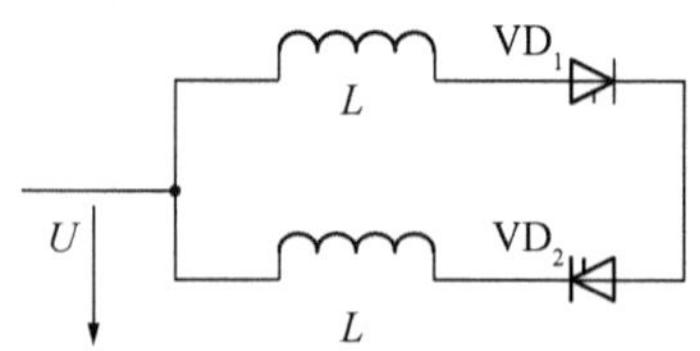

图 5.12　电抗器分成两部分与晶闸管连接

⑤ 使用电抗变压器。使用电源变压器，将电网和谐波进行隔离以减少谐波对其他用户的影响。在实际工程中，可以将降压变压器设计成具有很大漏抗的电抗变压器，用可控硅控制电抗器，这样就不需要单独接入一个变压器，也可以不装设断路器。电抗变压器的一次绕组直接与高压线路连接，二次绕组经过较小的电抗器与可控硅阀连接。如果在电抗变压器的第三次绕组选择适当的装置回路，例如加装滤波器，可以进一步降低无功功率补偿产生的谐波。

(5) 晶闸管控制电抗器与固定式电容器配合使用

单独的晶闸管控制电抗器只能吸收无功功率，而不能发出无功功率，为了解决此问题，可以将并联电容器与晶闸管控制电抗器配合使用，构成无功功率补偿器。其主要包括四个主要部分：补偿电容器、晶闸管及其控制系统、冷却系统等。

对于 TCR＋FC 型的 SVS 的调节系统，电网由电压互感器 TV、辅助变压器经 12 脉波整流再滤波得到相当平直的电压信号，系统的电流由电流互感器 TA 取得，由综合电压信号与电流信号即可得到 SVS 的无功功率信号，以无功功率信号与给定值比较得到差值，通过 PI 调节器，将信号线性化，使触发信号与晶闸管的输出电流成线性关系，最后通过触发通道放大后，触发晶闸管。

TCR 并联上电容器后，总的无功功率为 TCR 与并联电容器无功功率抵消后的净无功功率，因而可以将固定电容器的 TCR＋FC 型静止型无功功率补偿系统的总体无功电流偏置的补偿范围从感性范围延伸到容性范围，既可以吸收感性，也可以吸收容性无功功率。

并联电容器串联上小的调谐电抗器还可以兼做滤波器使用，以吸收 TCR 产生的谐波电流，但这种 TCR 型静止无功功率补偿系统需要电抗器的容量大于电容器额定容量。另外当补偿装置工作在吸收较小的无功电流时，其电抗器和电容器都已吸收了很大的无功电流，只是相互抵消了而已。对此类补偿器的改进是把固定电容器改为分组投切，以减少电容造成的影响，但电容组频繁地投切，将减少系统的寿命。

5.4　案例设计：章广 35 kV 变电站无功补偿设计

章广 35 kV 变电站对小区、学校以及医院供电，采用的补偿方式为最传统的电容补偿器。

5.4.1　负荷计算

负荷计算是针对供配电系统正常运行的计算，是正确选择供配电系统中导线、电缆、变压器等的基础，也是保障供配电系统安全可靠运行必不可少的环节。

农网 35 kV 章广变电站配电线路的实际运用中，工作人员每月会对数据进行采集，其低压侧一年合计的用电量如表 5.2 所示。

表 5.2　低压侧一年合计用电量

有功电量(度)	无功电量(度)
37,702,760	25,342,680

利用有功电量以及无功电量可以得出有功功率及无功功率，其中 T 为一年的小时数，即 $T=365\times24=8\ 760$ h。

$$P_c=\frac{W_a}{T} \tag{5.11}$$

$$Q_c=\frac{W_r}{T} \tag{5.12}$$

通过表 5.2 可以进行负荷计算：

低压侧

$$P_{c1}=\frac{37\ 702\ 760}{8\ 760}\approx4\ 304\ \text{kW} \tag{5.13}$$

$$Q_{c1}=\frac{25\ 342\ 680}{8\ 760}\approx2\ 893\ \text{kvar} \tag{5.14}$$

$$S_{c1}=\sqrt{P_{c1}^2+Q_{c1}^2}=\sqrt{4\ 304^2+2\ 893^2}\approx 5\ 186\ \text{kV}\cdot\text{A} \tag{5.15}$$

功率因数

$$\cos\varphi_{c1}=\frac{P_{c1}}{S_{c1}}=\frac{4\ 304}{5\ 186}\approx 0.83 \tag{5.16}$$

平均功率因数(假定 $K_{al}=0.75$,$K_{rl}=0.8$)

$$\begin{aligned}\cos\varphi_{av1}&=\frac{P_{av1}}{S_{av1}}=\frac{K_{al}P_c}{\sqrt{(K_{al}P_c)^2+(K_{rl}Q_c)^2}}\\&=\frac{0.75\times 4\ 304}{\sqrt{(0.75\times 4\ 304)^2+(0.8\times 2\ 893)^2}}\\&=\frac{3\ 228}{3\ 968}\\&\approx 0.814\end{aligned} \tag{5.17}$$

在计算高压侧负荷时,需要考虑变压器损耗,其分为有功功率损耗和无功功率损耗,有功功率损耗又由空载有功功率损耗和负载有功功率损耗组成,无功功率损耗又由空载无功功率损耗和负载无功功率损耗组成。在负荷计算时,因变压器尚未选出,其功率损耗可按式(5.18)、式(5.19)估算。

$$\Delta P_T=0.015S_c \tag{5.18}$$

$$\Delta Q_T=0.06S_c \tag{5.19}$$

变压器损耗

$$\Delta P_T=0.015S_{c1}=0.015\times 5\ 186=77.79\ \text{kW} \tag{5.20}$$

$$\Delta Q_T=0.06S_{c1}=0.06\times 5\ 186=311.16\ \text{kvar} \tag{5.21}$$

高压侧

$$P_{c2}=P_{c1}+\Delta P_T=4\ 304+77.79\approx 4\ 382\ \text{kW} \tag{5.22}$$

$$Q_{c2}=Q_{c1}+\Delta Q_T=2\ 893+311.16\approx 3\ 204\ \text{kvar} \tag{5.23}$$

$$S_{c2}=\sqrt{P_{c2}^2+Q_{c2}^2}=\sqrt{4\ 382^2+3\ 204^2}\approx 5\ 428\ \text{kV}\cdot\text{A} \tag{5.24}$$

5.4.2 无功补偿

农网 35 kV 配电线路的无功补偿普遍使用电容补偿器或静止无功补偿器,本次设计采用电容补偿器的方式。

要求高压侧的平均功率因数不低于 0.98，在低压侧进行无功补偿，假定低压侧平均功率因数补偿到 0.99。因为低压侧的母线仍然有 10 kV，故而采用的补偿方式为固定补偿，将低压侧的平均功率因数从 0.814 提高到 0.99。

电压从 35 kV 降压到 10 kV 时，变压器的容量为 8 000 kV · A，此时，电容器的容量应该满足 $S \geqslant 8\ 000 \times 30\% = 2\ 400$ kV · A，采用两组电容补偿器，每组的容量即为 1 200 kV · A；每组三只电容补偿器，即每只电容补偿器的容量为 400 kV · A。选取的电容补偿器的型号为 BWF 10 - 400 - 1，其中，B 代表并联电容补偿器，W 代表液体介质为十二烷基苯，F 代表纸薄膜复合，10 代表额定电压 10 kV，400 代表标称容量 400 kV · A，1 代表相数为单相。

$$\begin{aligned} Q_{c.c} &= P_{av}(\tan\varphi_{av1} - \tan\varphi_{av2}) \\ &= 4\ 304 \times 0.75 \times [\tan(\arccos 0.814) - \tan(\arccos 0.99)] \\ &= 4\ 304 \times 0.75 \times (0.714 - 0.142) \\ &= 1\ 846\ \text{kvar} \end{aligned} \tag{5.25}$$

取 BWF 6 - 400 - 1 型电容补偿器，则 $Q_N = 400$ kvar

$$N = \frac{Q_{c.c}}{Q_N} = \frac{1\ 846}{400} \approx 4.6，取\ N = 6 \tag{5.26}$$

实际使用时

$$Q_{c.c} = 400 \times 6 = 2\ 400\ \text{kvar} \tag{5.27}$$

固定补偿后，低压侧的负荷为：

$$P'_{c1} = P_{c1} = 4\ 304\ \text{kW} \tag{5.28}$$

$$Q'_{c1} = Q_{c1} - Q_{c.c} = 2\ 893 - 2\ 400 = 493\ \text{kvar} \tag{5.29}$$

$$S'_{c1} = \sqrt{P'^2_{c1} + Q'^2_{c1}} = \sqrt{4\ 304^2 + 493^2} = 4\ 332\ \text{kV} \cdot \text{A} \tag{5.30}$$

$$\begin{aligned} \cos\varphi'_{av1} &= \frac{P'_{av1}}{S'_{av1}} = \frac{K_{a1}P'_{c1}}{\sqrt{(K_{a1}P'_{c1})^2 + (K_{r1}Q'_{c1})^2}} \\ &= \frac{0.75 \times 4\ 304}{\sqrt{(0.75 \times 4\ 304)^2 + (0.8 \times 493)^2}} \\ &= \frac{3\ 228}{3\ 249} \approx 0.994 > 0.99 \end{aligned} \tag{5.31}$$

满足要求。

变压器损耗

$$\Delta P'_{\mathrm{T}}=0.015S'_{\mathrm{c1}}=0.015\times 4\ 332=64.98\ \mathrm{kW} \tag{5.32}$$

$$\Delta Q'_{\mathrm{T}}=0.06S'_{\mathrm{c1}}=0.06\times 4\ 332=259.92\ \mathrm{kvar} \tag{5.33}$$

高压侧

$$P'_{\mathrm{c2}}=P'_{\mathrm{c1}}+\Delta P'_{\mathrm{T}}=4\ 304+64.98\approx 4\ 397\ \mathrm{kW} \tag{5.34}$$

$$Q'_{\mathrm{c2}}=Q'_{\mathrm{c1}}+\Delta Q'_{\mathrm{T}}=493+259.92\approx 753\ \mathrm{kvar} \tag{5.35}$$

$$S'_{\mathrm{c2}}=\sqrt{P'^{2}_{\mathrm{c2}}+Q'^{2}_{\mathrm{c2}}}=\sqrt{4\ 397^{2}+753^{2}}=4\ 461\ \mathrm{kV\cdot A} \tag{5.36}$$

$$\begin{aligned}\cos\varphi'_{\mathrm{av2}}&=\frac{P'_{\mathrm{av2}}}{S'_{\mathrm{av2}}}=\frac{K_{\mathrm{al}}P'_{\mathrm{c2}}}{\sqrt{(K_{\mathrm{al}}P'_{\mathrm{c2}})^{2}+(K_{\mathrm{rl}}Q'_{\mathrm{c2}})^{2}}}\\&=\frac{0.75\times 4\ 397}{\sqrt{(0.75\times 4\ 397)^{2}+(0.8\times 753)^{2}}}\\&=\frac{3\ 297.75}{3\ 352.32}\approx 0.984>0.98\end{aligned} \tag{5.37}$$

满足要求。

在 CAD 中画出电容补偿部分的系统图，进线 1 回与进线 2 回的补偿系统图一样，图 5.13 为进线 1 回的补偿系统图。

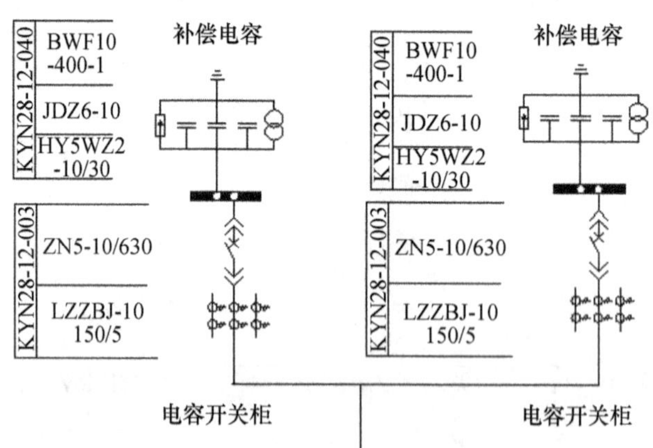

图 5.13　补偿系统图

实际使用中，电容补偿部分的元件均放在配电柜中，通过开关柜控制电容补偿柜。对于本次设计，需要两组电容补偿器，即通过两个开关柜控制两个电容补偿柜。在设计中，从实物大小以及安全距离的角度出发，电容补偿柜和放电柜分开设置，但两个柜的正视图是一样的，图 5.14 为 CAD 中电容补偿柜及放电柜的正视图。

以电容补偿柜为例，从上到下一共分为三个部分：最上面一般不使用；中间部分从上至下分别为一次系统图显示牌、观察屏、铭牌，其中观察屏呈透明状，可以从外部观察到内部的器件;最下方仍然为观察屏,以供最为全面的观察。电容补偿柜以及放电柜的长×宽×高为 800 cm×1 500 cm×2 300 cm。

1) 电容补偿柜设计

电容补偿柜中包含了套管、避雷器、补偿电容器等。图 5.15 为 CAD 中电容补偿柜的侧视图。

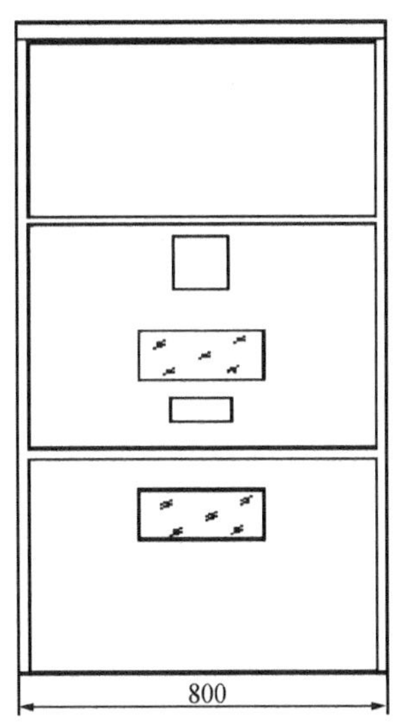

图 5.14 配电柜正视图

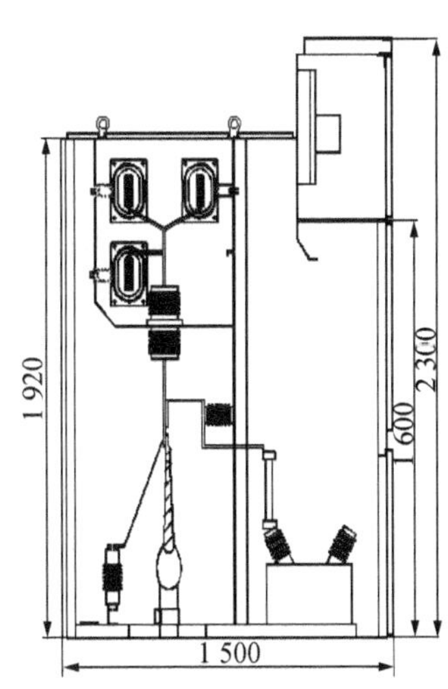

图 5.15 电容补偿柜侧视图

(1) 套管

套管为用于带电导体穿过或引入与其电位不同的墙壁或电气设备的金属外壳,是起绝缘和支持作用的一种绝缘装置,每相使用一个套管,故而有三个套管。套管在 CAD 中显示如图 5.16 所示。

(2) 支柱绝缘子

电气设备不能和柜直接相连,而需要一个支柱。支柱绝缘子不仅能在补偿柜中起到支持的作用,还能起到绝缘的作用。支柱绝缘子在 CAD 中如图 5.17 所示。

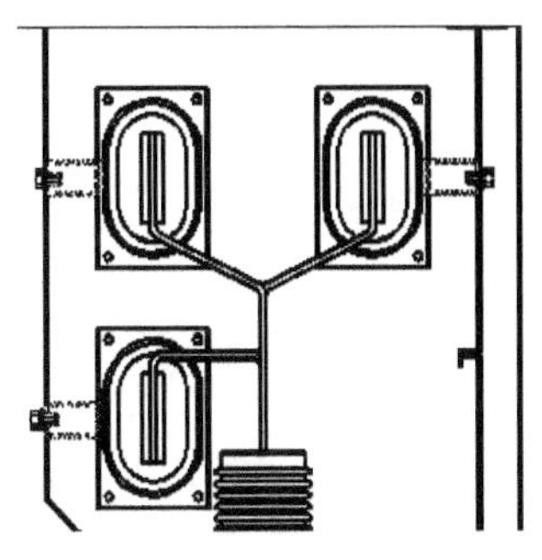

图 5.16 侧视图中的套管

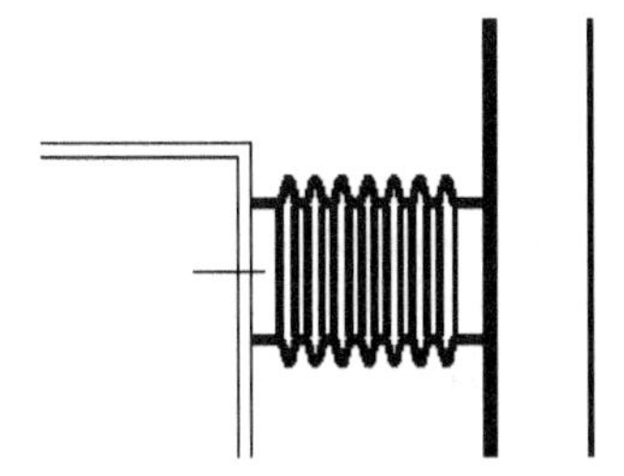

图 5.17 侧视图中的支柱绝缘子

(3) 避雷器与电缆

这里的避雷器仅仅对柜中的元件起到保护作用，避免受沿线路传来的雷电过电压或者由于操作引起的内部过电压的损害。电容补偿柜侧视图中的避雷器以及电缆在CAD中如图5.18所示，左边的为避雷器，右边的是电缆。电容补偿柜中的电缆通过此柜的套管再与放电柜的套管相连，实现两个配电柜的连接。

(4) 电容补偿器

电容补偿柜中的电容补偿器如图5.19所示，下方为补偿器，上方为引线，因为视觉的问题，只能看到一个，实际为三个并排存在。

2) 放电柜设计

放电柜的侧视图如图5.20所示，放电柜中，通过套管连接最下方的电压互感器，中间连接一个保险，起保护作用。

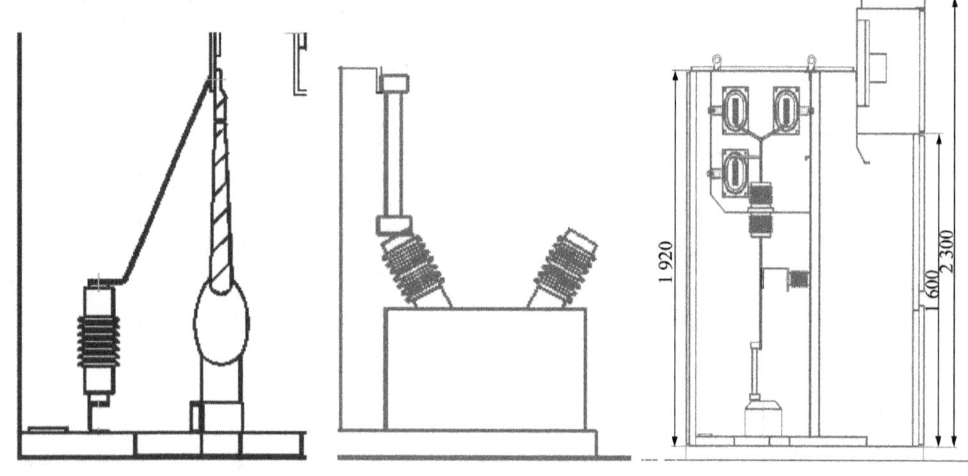

图5.18　侧视图中的避雷器与电缆　图5.19　侧视图中的电容补偿器　图5.20　放电柜侧视图

参考文献

[1] 唐志平. 供配电技术[M]. 北京：电子工业出版社，2005：14-123

[2] 陈拥军、姜宪. 农村电网规划与设计[M]. 北京：中国水利水电出版社，2010：157-175

[3] Mohan Mathur R，Rajiv K Varma. 基于晶闸管的柔性交流输电控制装置[M]. 徐政，译. 北京：机械工业出版社，2005：87-118

[4] 王正风. 无功功率与电力系统运行[M]. 北京：中国水利水电出版社，2011：1-32

[5] 工业与民用配电设计手册[M]. 北京：中国电力出版社，2005

[6] 上海市电机工程学会《电世界丛书》委员会.《电世界丛书》电工问答1500例[M]. 上海：上海科学技术出版社，2004：42-73

[7] 罗安. 电网谐波治理和无功补偿技术及装备. [M]. 北京：中国电力出版社，2006：103-145

[8] 刘介才. 工厂供电设计指导[M]. 北京：机械工业出版社，2008：23-48

[9]　姜齐荣,谢小荣,陈建业. 电力系统并联补偿[M]. 北京:机械工业出版社,2004:47 - 62

[10]　刘介才. 工厂供电简明设计手册 [M]. 北京:机械工业出版社,1998

[11]　王越明,王明,刘睿. 电气设备的选择与计算[M]. 北京:化学工业出版社,2004:87 - 142

[12]　周孝信,郭剑波. 电力系统可控串联电容补偿器[M]. 北京:科学出版社,2009:91 - 139

[13]　刘湰. 电气工程及其自动化毕业设计宝典[M]. 西安:西安电子科技大学出版社,2008:86 - 115

[14]　深圳比思电子有限公司. 专业电气绘图软件[M]. 北京:机械工业出版社,2007:37 - 98

[15]　贾时平,刘桂英. 静止无功功率补偿技术[M]. 北京:中国电力出版社,2006:52 - 83

[16]　电气制图电气图形符号应用手册 [M]. 北京:中国标准出版社,2006

[17]　余健明. 供电技术[M]. 北京:机械工业出版社,2008:62 - 93

[18]　狄富清,狄晓渊. 配电实用技术[M]. 北京:机械工业出版社,2010:34 - 73

[19]　夏国明. 供用电设备[M]. 北京:中国电力出版社,2010:132 - 157

[20]　张远正,徐智林张金远. 谐波治理与无功补偿技术问答[M]. 北京:化学工业出版社,2009:81 - 109

[21]　李庚银. 电力系统分析基础 [M]. 北京:机械工业出版社,2011:63 - 85

[22]　韩学山,张文. 电力系统工程基础 [M]. 北京:机械工业出版社,2008:77 - 91

[23]　大泽靖治 张建华译. 电力系统工程 [M]. 北京:科学出版社,2003:64 - 89

[24]　Bergen,A. R. . 电力系统分析 [M]. 北京:机械工业出版社,2005:49 - 61

[25]　陈家瑂,包晓晖. 供配电系统及其电气设备 [M]. 北京:中国水利水电出版社,2004:14 - 68

[26]　柳春生. 现代供配电系统实用与新技术问答[M]. 北京:机械工业出版社,2008:39 - 92

[27]　翟世隆,李全中,黄德仁. 供用电使用技术手册[M]. 北京:中国水利水电出版社,1997

[28]　许建安. 35—110kV 输电线路设计[M]. 北京:中国水利水电出版社,2003:29 - 93

[29]　王子午,徐泽植. 常用供配电设备选型手册第三分册:高压电器[M]. 北京:煤炭工业出版社,1997

[30]　《输配电设备手册》编辑委员会. 输配电设备手册[M]. 北京:机械工业出版社,2000

[31]　熊信银,张步涵. 电力系统工程基础 [M]. 武汉:华中科技大学出版社,2003:59 - 80

[32]　王兆安,杨君,刘进军. 谐波抑制和无功功率补偿[M]. 北京:机械工业出版社,1998:93 - 117

[33]　George,J. W 徐政译. 电力系统谐波—基本原理、分析方法和滤波器设计[M]. 北京:机械工业出版社,2003:44 - 59

[34]　郭志忠. 电力网络分析论[M]. 北京:科学出版社,2008:150 - 174

[35]　王明立. 配电线路[M]. 北京:中国电力出版社,1998:130 - 157

[36]　廖学琦. 农网线损计算分析与降损措施[M]. 北京:中国水利水电出版社,2003:51 - 79

[37]　阎士琦,阎石. 10kV 及以下电力电缆线路施工图集[M]. 北京:中国电力出版社,2003

[38]　白玉岷. 电缆的安装敷设及运行维护[M]. 北京:机械工业出版社,2011:49 - 85

[39]　李宗延. 电力电缆施工手册 [M]. 北京:中国电力出版社,2001

[40]　万千云. 电力系统运行实用技术问答[M]. 北京:中国电力出版社,2002:142 - 163

6 农村电网电气防火技术研究与设计

6.1 概述

现如今的农村电力系统中存在大量建于早期的变电站，受当时的技术经济条件的限制，这些变电站采用的都是传统的电力技术和设备。在经过二三十年的运行之后，变电站的电气设备严重老化，无法承担广大农户日益增长的用电需求。同时，旧的变电站常规保护、测量和监控的技术落后，运行检修过程中暗藏着极大的安全隐患，因此，急切需要对这些变电站进行改造升级。同时，小型变电站的防火问题一直没有得到很好的解决。所以，农村变电站电气防火的设计与改造成为农网建设中的重点。

6.1.1 农网电气火灾原因分析

农村发生电气火灾的原因主要有：① 村民的文化知识水平普遍不高，不了解用电的常识，私接乱拉电线，随意更换保险丝。② 电气线路安全隐患较多，架空线路架设不规范，农户室内电气线路设计不合理，配电系统存在安全隐患等。③ 家用电器的使用不规范，遇到问题不会请专业的维修电工解决。④ 电气防火设备尚未普及，如漏电断路器、漏电继电器等防火设备，安全可行，性能优良，虽然城市已经十分普及，但由于成本较高，且村民不了解这些设备的重要性，导致在农村不能全面的投入使用。

6.1.2 农网电气防火现状分析

(1) 国外现状：以美国的农村电网为例。与国内的农网相比，美国的农网更为先进。首先，从电网的结构设计来看，所选择的设备都留有一定的裕度，一般要求是负荷的30%～50%。其次，从电力线路的设计来看，美国的输配电线路中很少有单回路架设的，绝大多数都是多回同塔架设，设计巧妙。最后，从自动化水平来看，美国农村的变电站接线简单、设备简易，且自动化管理水平较高，农网的调度中心一般不设置模拟盘，完全是计算机在线控制。

(2) 国内现状：生活水平的增长使得大功率电器在农户家庭中越发常见，农户的用电的总功率得到大幅度的提升。由于农村受各项条件的限制，电气的设计和设备的安装一般无法严格遵从国家相关标准，绝大多数农户家中用电线路中的连接线、保险装置、开关设备等只要一部分出现问题均可能引发火灾，加上农户在该方面知识的严重匮乏，使得电气火灾发生频繁。电气火灾具有火势蔓延迅速、燃烧猛烈、易爆炸、烟雾弥漫且含有有毒有害气体等的特点，对于经济条件落后、安全知识匮乏的农村，电气防火的现状令人担忧。提升农村电网的建设水平，须要不断创新，进行技术改革，以建造一个安全、自动的配电网系统。因此，现如今农村电网的发展趋势是：实现自动化、信息化，提高电网的安全可靠性。

6.2 农网电气防火措施

分析农村配电网系统中的各个部分，可以总结出农村电气防火主要包括几个大的方面：① 电气线路的防火；② 照明灯具的防火；③ 配电系统的防火；④ 家用电器火灾的预防。

6.2.1 电气线路的防火

① 室外低压架空线路：架空线需与周围事物保持安全防火间距；架空线与广播线同一杆架设的时候，广播线应架设于下方；所有线路架设时都应遵从国家标准《额定电压 10 kV 架空绝缘电缆》(GB/T 14049 - 2008)。

② 室内配电线路的防火：需根据线路安装地周围环境特点，选择正确合适的配线方式。如干燥的场所选用瓷夹或者瓷珠配线；干燥且易于触及到的地方，应选用木槽板配线；潮湿的场所应选用瓷瓶配线；易燃易爆场所应选用金属管配线；经常移动的电器设备，应用橡胶软线或软电缆等。

③ 导线截面的选择：根据布线方式（穿管敷设或明设）、电力参数、温度环境等，正确选择合适的导线截面。

④ 选择正确的敷设方式：从外观的角度讲，农村住宅内线路较多，若明敷，则或会出现线路槽并排、交叉的现象，影响美感。从成本的角度讲，明敷的成本相比暗敷的成本高。因此，选择在楼板内或墙内用线管保护导线的暗敷方式。

⑤ 导线的连接：在连接导线时，应注意线端连接、绝缘处理以及余线处理等问题。

⑥ 维护管理：定期检查各线路的工作情况，及时发现解决问题；架空线路旁的树木要适时剪枝；临时架空用电线路，立杆必须牢固。

6.2.2　照明灯具的防火

① 根据照明灯具安装地的环境条件，选择正确的灯具类型。如干燥无任何危险性的场所，可采用敞开式照明灯具；潮湿的场所（如浴室），要选用防水灯具。

② 一些特别的场所的照明灯具应设有相关保护措施。

③ 灯具之间应保持必要的防火安全间距。

④ 照明灯应接开关，开关必须要装在火线上。

⑤ 禁止用纸遮挡照明灯具，严禁在电取暖器上覆盖可燃物。

⑥ 照明灯具的安装应远离可燃材料。

⑦ 镇流器安装时应注意散热通风，严禁将镇流器在可燃天花板、吊顶或者墙壁上直接固定，需用隔热的不燃材料进行隔离。

⑧ 灯具安装时，灯具上方需保证一定的空间，用于散热。

6.2.3　配电系统的防火

① 严格规范照明配电箱的安装。

② 当开关或插销接近可燃物体时，可采用隔热、散热的方法及时进行防火保护。住宅内插座应用暗装；正确选择插座的类型；保证插座安装环境安全；裸线头不能直接插入插座。

③ 电气线路在敷设时，需为今后增添家用电器留下一定裕量。

6.2.4　家用电器的火灾预防

调查中发现，农村滥用家用电器引发的火灾比较严重，如某农户早上出门之后没有切断电动车充电的电源，在傍晚时分，充电器爆炸引发火灾，损失惨重，故提出以下具体的防火措施：

① 避免超负荷用电。避免“带病”使用，需定期检查。

② 正确的放置和使用。

③ 定期除尘，电器表面尽量不覆盖布料等物品，避免电器散热不良。

④ 避免长期连接电源，避免超期服役。

⑤ 选用合格的插座。

⑥ 重视Ⅰ类电器的保护接地，如农户家中常见的洗衣机、空调、冰箱、电脑、电饭锅、微波炉等，电源引线采用三脚插头以实现保护接零或保护接地。

⑦ 正确扑救电气火灾。

除了以上主要的四个方面之外，所调查的农村雷暴日数量较大，所以农户在使用室外电线的过程中须加装防雷装置或者在打雷的时候将电器与室外天线断开，以避免雷电对农村居民房屋以及家用电器可能造成的危害。

6.3 农网变电站电气防火技术

6.3.1 变电站火灾原因的分析

变电站内的电力装置或电气设备较多,发生电气火灾的可能性较大,且一旦发生火灾,有很大的危险性,损失大,对周围用户的影响也很大。研究火灾成因,是变电站电气防火工作的首要任务。

变电站中可能发生火灾的区域有:

① 充油的电气设备,如油浸式变压器;

② 电缆沟的电缆;

③ 控制室内的继电保护装置。

造成电气火灾的原因,除了设备突然遭受雷击等外界因素外,大部分都是电气设备管理不当和电气设备自身的隐患引起的。

1) 短路

载流部分绝缘遭到破坏发生短路时,产生电弧或火花,除了引燃自身的绝缘材料之外,还会引燃附近的一些可燃材料,从而引发火灾。如电缆通过短路电流时散热不良引发火灾。

2) 过载

指电气设备或导线的功率、电流超过其额定值时,所产生的热量不能很快地散发到周围空间,使电器设备或者导线产生过热的现象。当导体和绝缘物局部过热达到一定温度时,就会引燃电器设备或导线的有机绝缘材料而导致火灾。同时过载导体发热会使导线的绝缘层加速老化,绝缘程度降低,在发生过电压时,绝缘层被击穿也会引发火灾。如变压器长久处于过负荷状态,产生高温,热量无法完全散失。

3) 漏电

火线对地或者外壳短路都可能导致漏电现象,该现象比较常见且不容易被发现。同时线路绝缘性不好以及潮湿等原因也会导致漏电的发生,则当遇到明火时,会导致可燃物质燃烧,引发电气火灾。

4) 电气设备使用不规范

设备在运行过程中,如果存在违规操作或不合理的使用情况,都会使设备自身的温度升高,埋下火灾隐患。同时,不注重电气设备后期的维修工作,如不及时检查充油电气设备,使其油面过低、油质变坏,也会引发火灾。

通过上面的研究分析可以发现,变电站电气火灾主要来源于电气设备内部。

6.3.2 变电站电气防火的设计

变电站的电气防火设计主要是变电站消防灭火系统的设计,包括三个方面:火灾自动报警系统设计、灭火系统设计和防火封堵系统设计。

1) 火灾自动报警系统设计

火灾自动报警系统的主要功能有:发现火灾并报警,及时提示值班人员,同时启动相关联动控制系统,当值班人员确认火情之后,启动灭火系统。因此,该系统需要有能够装设于不同地点探测火灾的火灾探测器,还要一个能发出声光信号的报警器以及控制安全通道指示灯以及关闭风口等的联动控制系统。

(1) 火灾探测器的设计

火灾探测器:监视环境中是否有火灾发生,一旦检测到火灾,就将温度、烟雾等转换成电信号传输至报警器。火灾探测器的类型较多,最常见的有感烟探测器、感温探测器和感烟感温探测器。根据不同的场合选择不同的探测器。

感烟探测器:顾名思义就是探测到烟雾之后报警,在一些场合如办公室、会议室、设备房、配电间、走道和门厅等较为常见。

感温探测器:主要是利用感温元件接受被检测环境或电气设备的热量,并根据测量分析的结果,判定是否为火灾。适用此种探测器的环境主要有以下几个:

① 相对湿度经常大于95%的场所;

② 有大量粉尘的室内;

③ 无烟火灾害的场所;

④ 在正常情况下有烟和蒸汽滞留的场所;

⑤ 厨房、锅炉房、发电机房、烘干车间、吸烟室等;

⑥ 其他不宜安装感烟探测器的厅堂和公共场所。

感烟感温探测器:是一种典型的复合式探测器,其内部烟雾报警与温度报警是两个独立的系统,互不干扰。因此此种探测器抗干扰能力强,能抗灰尘附着、抗电磁干扰、抗腐蚀、抗外界光线干扰,环境适应能力强。

(2) 火灾报警器的设计

火灾报警器:是火灾报警系统的核心,主要功能是发出声光报警信号。

其设计核心是火灾报警控制器,它可以为多个火灾探测器提供稳定的电源,监视它们的工作状态,及时处理探测器传输过来的信号,然后传递至火灾报警器,以提示值班人员。控制器的电源是交流操作电源,输出为直流电源。因此,需要给控制器配备一定容量的蓄电池,当主电源发生故障时,蓄电池可持续为控制器供电。

控制器装设于中央控制室，与探测器、报警器和联动系统等装置的关系如图 6.1所示。

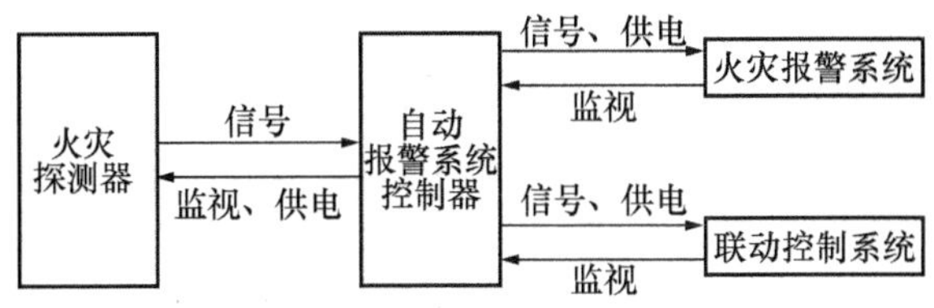

图 6.1　火灾自动报警系统

(3) 联动控制系统的设计

联动控制系统的控制范围比较广，需根据变电站的实际规模和灭火要求配备一定数量的联动控制系统。联动控制设备应具有良好的辅助功能，如关闭排风扇、开启安全通道指示、及时切断电源等。

2) 灭火系统设计

变电站内常用的灭火系统有：气体灭火系统、给水灭火系统和移动式灭火系统。

(1) 气体灭火系统

目前，变电站内的气体灭火系统主要用于油浸式变压器的灭火，最主要的装置是排油充氮灭火装置。具体工作流程如下：当系统接收到火灾信号后，快速关闭油枕断流阀，阻止油的流通，等油充分排干净之后，将适量的氮气从变压器底部注入，氮气和油充分混合之后降温冷却，降低周围环境的温度，及时阻止火灾。

(2) 给水灭火系统

给水灭火系统是由室内、室外消防栓系统和水喷雾灭火系统构成。该系统主要是通过喷头喷出大量水雾，达到降低温度的目的，同时将着火面与空气隔离，可以防止火情的进一步发展。该系统需要提供专门的水泵、水管、电源等。

(3) 移动式灭火系统

除了给变电站的主要电气设备设置固定的灭火系统之外，其他室内也应设置不同类型的灭火系统，最为方便的是移动式灭火系统。移动式灭火系统中最常见的就是装设移动式灭火器，如干粉灭火器和气体灭火器。干粉灭火器虽有可取之处，但也有缺点。变电站内的电气火灾基本都是由电气设备所引起的，若采用此种方法，会导致电气设备严重污染，给事故后设备的修复增加难度。而气体灭火器，尤其是 1211 气体灭火器，对油类火灾灭火性能较高，且可存放的时间较长，不需要经常的检查维护，使用方便，能较好的抑制初起的火灾。

3）防火封堵系统设计

防火封堵系统主要是阻止火势的蔓延，一般设置在与其他空间相互连通的地方，如电缆出入口。电缆分布较广，若到处设置固定灭火装置成本较高也不太现实，可以采用分隔及阻燃的方法。用防火材料将主控制室的电缆出入口的空隙全部堵住，可以有效的防止火灾蔓延到主建筑物，起到阻燃的作用。对于主控制室与电缆夹层之间的电缆，在楼板上下涂上防火涂料，可以起到很好的阻隔作用。

4）其他设计

除了以上主要的设计方案之外，还有一些防火设计如下：

① 遵从国家标准设立安全的防火间距，防止火势的延伸。如两台主变放置在两个房间内，且每台变压器距四周的墙壁大于 0.6 m，距门大于 0.8 m。

② 相邻两室之间都设置防火墙，以有效的防止火势的蔓延。

③ 对于主变压器，除了在主变室内装设 1211 气体灭火器以及装设固定气体灭火装置之外，还可以加强防火设计。如对于油浸式变压器，为了防止变压器发生喷油、漏油事故引发火灾，可在变压器的下面设置能容纳该变压器 100%油量的储油池，并安装可以快速排油至安全处所的设备。

④ 对变压器做定期检查，防止油面降低、油质变坏引发火灾。

⑤ 变电站及其内部构筑物的耐火等级必须符合现行国家标准。

6.4 案例设计：基于电气防火的农网 35 kV 变电站设计

根据对农网变电站电气防火技术的分析，以某农村（一新村）为例进行案例设计，为农网变电站的电气防火设计提供借鉴。

6.4.1 变电站一次系统的设计

1）负荷计算

由于一新村有农忙时节和农闲时节，且两段时间的用电量有所区别，因此选择分两段时间来计算。

（1）农闲时节

已知农闲时节一新村八条线（一新村 1 线～一新村 8 线）上 10/0.4 kV 变压器低压侧的数据如表 6.1 所示。

表 6.1　一新村线路数据表(农闲、低压侧)

线路名称 \ 数据	有功功率 P_c(kW)	无功功率 Q_c(kvar)
一新村 1 线	124.5	93.3
一新村 2 线	119.2	87
一新村 3 线	134.5	135.73
一新村 4 线	135.1	137
一新村 5 线	82.1	41.3
一新村 6 线	122.7	90
一新村 7 线	132.7	133.8
一新村 8 线	136.4	137.8

参照表 6.1,已知每条出线上的 10/0.4 kV 变压器低压侧的有功功率为 P_{c1}、无功功率为 Q_{c1},则:

变压器低压侧

$$S_{c1}=\sqrt{P_{c1}^2+Q_{c1}^2} \tag{6.1}$$

变压器损耗

$$\Delta P=0.015S_{c1}$$
$$\Delta Q=0.06S_{c1} \tag{6.2}$$

变压器高压侧

$$P_{c2}=P_{c1}+\Delta P$$
$$Q_{c2}=Q_{c1}+\Delta Q$$
$$S_{c2}=\sqrt{P_{c2}^2+Q_{c2}^2} \tag{6.3}$$

以一新村 1 线的负荷计算为例:

1 线变压器低压侧

$$S_{c11}=\sqrt{124.5^2+93.3^2}=155.58\ \text{kV}\cdot\text{A}$$

1 线变压器功率损耗

$$\Delta P_1=0.015\times155.58=2.33\ \text{kW}$$
$$\Delta Q_1=0.06\times155.58=9.3\ \text{kvar}$$

1 线变压器的高压侧

$$P_{c12}=124.5+2.33=126.83\ \text{kW}$$

$$Q_{c12}=93.3+9.3=102.63\ \text{kvar}$$

$$S_{c12}=\sqrt{126.83^2+102.63^2}=163.15\ \text{kV}\cdot\text{A}$$

其余 7 条线采用相同的方法计算，可得出每条线上 10/0.4 kV 变压器高压侧的数据如表 6.2 所示。

表 6.2　一新村线路数据表(农闲、高压侧)

线路名称＼数据	有功功率 P_c(kW)	无功功率 Q_c(kvar)	视在功率 S_c(kV · A)
一新村 1 线	126.83	102.63	163.15
一新村 2 线	121.41	95.85	154.69
一新村 3 线	137.37	147.2	201.34
一新村 4 线	138	148.54	202.75
一新村 5 线	83.48	46.81	95.71
一新村 6 线	124.98	99.13	159.52
一新村 7 线	135.53	145.11	198.56
一新村 8 线	139.31	149.43	204.3

(2) 农忙时节

已知农忙时节一新村 8 条线(一新村 1 线～一新村 8 线)上 10/0.4 kV 变压器低压侧的数据如表 6.3 所示。

表 6.3　一新村线路数据表(农忙、低压侧)

线路名称＼数据	有功功率 P_c(kW)	无功功率 Q_c(kvar)
一新村 1 线	127	95
一新村 2 线	126.5	93.7
一新村 3 线	138.7	140
一新村 4 线	139.2	141.5
一新村 5 线	87.3	46.2
一新村 6 线	125.8	93.9
一新村 7 线	136.9	138.2
一新村 8 线	139	141

采取的计算方法与农闲时节相同，则计算可得每条线上 10/0.4 kV 变压器高压侧的数据如表 6.4 所示。

表 6.4　一新村线路数据表(农忙、高压侧)

线路名称 \ 数据	有功功率 P_c(kW)	无功功率 Q_c(kvar)	视在功率 S_c(kV·A)
一新村 1 线	129.38	104.52	166.32
一新村 2 线	128.86	103.15	165.06
一新村 3 线	141.66	151.82	207.65
一新村 4 线	142.18	153.41	209.16
一新村 5 线	88.78	52.13	102.95
一新村 6 线	128.15	103.32	164.61
一新村 7 线	139.82	149.87	204.96
一新村 8 线	141.97	152.88	208.63

由于变电站到每条线上的 10/0.4 kV 变压器的距离较长，需计算架空线路损耗，则须先选定架空导线型号。

(3) 10 kV 架空线路的确定

早期，10 kV 的户外架空线路大多采用没有保护层、没有绝缘的裸导体。随着时代的进步，出于安全的角度，架空绝缘电缆渐渐代替了裸导线。常见的绝缘电缆的导体材料有铜、铝和铝合金。根据当地地理要求，铜芯电缆线一般不架空，更多用于地埋。与铝合金相比，铝导电性能更强，因此选择铝芯导体。对于绝缘的材料，选择常见的交联聚乙烯。综上，选用型号为 JKLYJ(铝芯交联聚乙烯)的绝缘架空电缆。

长距离输电的 10 kV 架空线路适合按经济电流密度选定截面，此种方法需要确定每条出线的计算电流以及该村的最大负荷利用小时。

① 确定线路的负荷电流：农忙时计算电流偏大。因此按农忙时的最大计算电流选择导线截面，可以满足该农村所有的 10 kV 线路的运行需求，则

$$I_N = \frac{S_c}{\sqrt{3}U_N} \tag{6.4}$$

可计算农忙时各线额定电流如表 6.5 所示。

表 6.5　10 kV 线路的计算电流(农忙)

数据 \ 线路	一新村 1 线	一新村 2 线	一新村 3 线	一新村 4 线	一新村 5 线	一新村 6 线	一新村 7 线	一新村 8 线
I_N(A)	9.6	9.53	11.99	12.08	5.94	9.5	11.83	12.05

根据表 6.5 数据可得，最大电流为 I_N=12.08 A。

② 最大负荷利用小时，农村分有农忙时节和农闲时节，最大负荷利用时间包括农忙时节和夏季，大概 5 个月，则最大负荷利用小时约为 $5\times30\times24=3\ 600$ h，则经济电流密度 $J=1.15$。

计算导线的经济截面 A：

$$A=\frac{I_c}{J}(\text{mm}^2) \tag{6.5}$$

(1) 选择经济截面

将 $I_c=12.08$ A，$J=1.15$ 代入公式(6.5)可得，导线的经济截面 $A=10.5\ \text{mm}^2\approx11\ \text{mm}^2$。

(2) 校验发热情况

查阅资料可知，JKLYJ - 10 - 25 的允许载流量为 $I_{aL}=118\ \text{A}>I_c=12.08$ A，满足条件。

(3) 校验机械强度

10 kV 架空导线铝导体的机械强度最小截面 $S_{min}=25\ \text{mm}^2\leqslant S=25\ \text{mm}^2$，因此，所选的导体截面也满足机械强度要求。

综上所述，所选择的 JKLYJ - 10 - 25 10 kV 架空线路满足要求。

(4) 线路损耗的计算

根据选择的导线型号 JKLYJ - 10 - 25 可知，$R_0=1.51\ \Omega/\text{km}$，$X_0=0.41\ \Omega/\text{km}$，则：

线路有功功率损耗：

$$\Delta P_{WL}=3I_c^2R_0L\times10^{-3}\ \text{kW} \tag{6.6}$$

线路无功功率损耗：

$$\Delta Q_{WL}=3I_c^2X_0L\times10^{-3}\ \text{kvar} \tag{6.7}$$

从公式可看出，想算出线路损耗，必须算出每条线上的计算电流 I_c 以及线路长度。在确定 10 kV 架空线路的型号时，算出了农忙时各线上的计算电流，则利用相同的计算方法可以算出农闲时各线上的计算电流如表 6.6 所示。

表 6.6　10 kV 线路的计算电流(农闲)

线路 数据	一新村1线	一新村2线	一新村3线	一新村4线	一新村5线	一新村6线	一新村7线	一新村8线
I_c(A)	9.42	8.93	11.62	11.71	5.53	9.21	11.46	11.8

由于农村负荷小、面积广，所以变电站位置不需要严格按照负荷中心来确定，主要是保证进出线的方便。结合一新村实际情况，可以大概测量出每条线的10 kV

线路长度如表 6.7 所示。

表 6.7　10 kV 架空线路长度

数据＼线路	一新村 1 线	一新村 2 线	一新村 3 线	一新村 4 线	一新村 5 线	一新村 6 线	一新村 7 线	一新村 8 线
L(km)	1.225	1.1	0.57	1.17	1.39	1.515	1.385	0.88

以农闲时的一新村 1 线为例。

线路的功率损耗为：

$$\Delta P_{WL}=3\times 9.42^2\times 1.51\times 1.225\times 10^{-3}=0.5\ \text{kW}$$

$$\Delta Q_{WL}=3\times 9.42^2\times 0.41\times 1.225\times 10^{-3}=0.13\ \text{kvar}$$

利用相同的计算方法，可分别算出农闲、农忙时的线路损耗如表 6.8 所示。

表 6.8　10 kV 架空线路损耗

线路名称＼数据	农闲		农忙	
	有功功率损耗 ΔP_{WL}(kW)	无功功率损耗 ΔQ_{WL}(kvar)	有功功率损耗 ΔP_{WL}(kW)	无功功率损耗 ΔQ_{WL}(kvar)
一新村 1 线	0.5	0.13	0.5	0.14
一新村 2 线	0.4	0.12	0.45	0.12
一新村 3 线	0.35	0.09	0.37	0.1
一新村 4 线	0.73	0.2	0.77	0.2
一新村 5 线	0.19	0.05	0.22	0.06
一新村 6 线	0.58	0.16	0.62	0.17
一新村 7 线	0.82	0.22	0.88	0.24
一新村 8 线	0.56	0.15	0.58	0.16

(5) 负荷计算

根据 10/0.4 kV 变压器高压侧的计算负荷和 10 kV 架空线路的线路损耗，可计算出 10 kV 出线侧的计算负荷如下：

$$P''_c=P_{c2}+\Delta P_{WL}$$

$$Q''_c=Q_{c2}+\Delta Q_{WL}$$

$$S''_c=\sqrt{(P''_c)^2+(Q''_c)^2} \tag{6.8}$$

以农闲时的一新村 1 线为例：

$$P''_c=126.83+0.5=127.33\ \text{kW}$$

$$Q''_c=102.63+0.13=102.76\ \text{kvar}$$

$$S''_c=\sqrt{127.33^2+102.76^2}=163.62\ \text{kV}\cdot\text{A}$$

利用相同的计算方法，可以分别算出农闲、农忙时 10 kV 出线侧的计算负荷如表 6.9 所示。

表 6.9　10 kV 出线侧计算负荷

数据 线路名称	农闲			农忙		
	有功功率 P_c(kW)	无功功率 Q_c(kvar)	视在功率 S_c(kV·A)	有功功率 P_c(kW)	无功功率 Q_c(kvar)	视在功率 S_c(kV·A)
一新村 1 线	127.33	102.76	163.63	129.88	104.66	166.8
一新村 2 线	121.81	95.97	155.07	129.31	103.27	165.49
一新村 3 线	137.72	147.29	201.65	142.03	151.92	207.97
一新村 4 线	138.73	148.74	203.4	142.95	153.61	209.84
一新村 5 线	83.67	46.86	95.9	89	52.19	103.17
一新村 6 线	125.56	99.29	160.07	128.77	103.49	165.2
一新村 7 线	136.35	145.33	199.28	140.7	150.11	205.74
一新村 8 线	139.87	149.58	204.79	142.55	153.04	210.61

根据表中数据和需要系数法可分别算出农忙、农闲时 35/10 kV 变压器低压侧的计算负荷。有功功率同时系数 $K_{\Sigma P}=0.9$，无功功率同时系数 $K_{\Sigma q}=0.95$。则：

35/10 kV 变压器低压侧：

$$P'_c=K_{\Sigma p}\sum_{i=1}^{n}P_{ci}$$
$$Q'_c=K_{\Sigma q}\sum_{i=1}^{n}Q_{ci}$$
$$S'_c=\sqrt{(P'_c)^2+(Q'_c)^2} \tag{6.9}$$

变压器损耗：

$$\Delta P=0.015S'_c$$
$$\Delta Q=0.06S'_c \tag{6.10}$$

35/10 kV 变压器高压侧：

$$P_c=P'_c+\Delta P$$
$$Q_c=Q'_c+\Delta Q$$
$$S_c=\sqrt{P_c^2+Q_c^2} \tag{6.11}$$

以农闲时的计算为例。

农闲时 35/10 kV 变压器低压侧：

P'_c=0.9×(127.33+121.81+137.72+138.73+83.67+125.56+136.35+139.87)
=909.94 kW

Q'_c=0.95×(102.76+95.97+147.29+148.74+46.86+99.29+145.33+149.58)
=889.03 kvar

$S'_c=\sqrt{909.94^2+889.03^2}$=1 272.15 kV·A

变压器损耗：

$$\Delta P=0.015\times 1\,272.15=19.08\ \text{kW}$$

$$\Delta Q=0.06\times 1\,272.15=76.33\ \text{kvar}$$

农闲时 35 kV 变压器高压侧：

$$P_c=909.94+19.08=929.02\ \text{kW}$$

$$Q_c=889.03+76.33=965.36\ \text{kvar}$$

$$S_c=\sqrt{929.02^2+965.36^2}=1\,339.77\ \text{kV}\cdot\text{A}$$

根据相同的计算方法可求得农忙时 35/10 kV 变压器高、低压侧的计算负荷，具体数据统计如表 6.10 所示。

表 6.10　35/10 kV 变压器高、低压侧计算负荷

数据 时间	主变低压侧			主变高压侧		
	有功功率 P_c(kW)	无功功率 Q_c(kvar)	视在功率 S_c(kV·A)	有功功率 P_c(kW)	无功功率 Q_c(kvar)	视在功率 S_c(kV·A)
农闲	909.94	889.03	1 272.15	929.02	965.36	1 339.77
农忙	940.67	923.68	1 318.35	960.45	1 002.78	1 388.54

2）功率因数补偿

选择在该变电站 10 kV 侧进行固定补偿，补偿容量按式(6.12)进行计算：

$$Q_{c.c}=P_{av}(\tan\varphi_{av1}-\tan\varphi_{av2})\tag{6.12}$$

式中：$Q_{c.c}$——补偿容量(kW)；

P_{av}——平均有功负荷(kW)；

$P_{av}=K_{aL}P_c K_{aL}$——有功负荷系数，一般取 $K_{aL}=0.75$；

φ_{av1}——补偿前的平均功率因数角；

φ_{av2}——补偿后的平均功率因数角。

以农闲时的功率因数补偿计算为例。

表 6.10 中，P'_c=909.94 kW，S'_c=1 272.15 kV·A，则 $\cos\varphi_{av1}=\dfrac{P'_c}{S'_c}=$

$\frac{909.94}{1\ 272.15}=0.72$；

因为在 10 kV 侧进行补偿，所以补偿后的 $\cos\varphi_{av2}$ 只需达到 0.9。

则

$$\tan\varphi_{av1}=\tan(\arccos 0.72)=0.96$$

$$\tan\varphi_{av2}=\tan(\arccos 0.9)=0.48$$

补偿容量：

$$Q_{c.c}=0.75\times909.94\times(0.96-0.43)=361.7\ \text{kvar}$$

并联电容器的型号选择比较常见的 BW F10.5 - 80 - 1W，则需要的个数为：

$$n=\frac{Q_{c.c}}{Q_{N.C}}=\frac{361.7}{80}=4.5$$

考虑到三相分配均衡，应选择装设 6 个并联电容器，每相 2 个，则实际补偿容量为 6×80=480 kvar。所以，补偿后的实际平均功率因数为：

$$\cos\varphi_{av}=\frac{P_{av}}{S_{av}}=\frac{P_{av}}{\sqrt{P_{av}^2+(P_{av}\tan\varphi_{av1}-Q_{c.c})}}$$

$$=\frac{0.75\times909.94}{\sqrt{(0.75\times909.94)^2+(0.75\times909.94\times0.96-480)^2}}=0.96>0.9$$

满足要求。

农忙时，根据相同的计算方法可得，装设 6 个并联电容器后，实际的平均功率因数 $\cos\varphi_{av}=0.95>0.9$，满足要求。

综上所述，装设 6 个型号 BWF 10.5 - 80 - 1W 的并联电容器，每相 2 个。

3）主接线方案的设计

在主接线方案的设计中，需要先确定主变的台数及容量，然后根据主变的确定设计具体的接线方案。

(1) 主变台数和容量的确定

① 主变台数的确定

根据《35 kV～110 kV 变电站设计规范》(GB 50059 - 2011)中的要求：在有一、二级负荷(该村有学校、村委会以及一些重要用户)的变电站中应该装设两台主变。因此，主变台数确定为两台。

② 主变容量的确定

由于农村有农闲时和农忙时，因此 2 个主变可以设置为农闲时投入 1 个变压器，农忙时投入 2 个变压器。

1＃主变容量的确定：农闲时投入的一台变压器设定为1＃主变，遵从国标，1＃主变需满足全部负荷要求。从表6.10可得，农闲时35 kV变压器高压侧S_C＝1 339.77 kV·A。在选择1＃主变的容量S_{T1}时，应达到S_C的60%～70%。因此S_{T1}＝(0.6～0.7)S_c＝803.86 kV·A～937.84 kV·A，可以确定容量为1 000 kV·A的变压器。农村变电站选择油浸式变压器，其主要类型有S7、S9及R型。S7系列的优点是小而轻、损耗少、运行费用低等。S9系列不仅传承了S7系列的优点，还降低了损耗。R型变压器虽与S9型变压器相比更胜一筹，但是由于技术还不稳定，所以选择S9型变压器。结合容量要求，可以确定1＃主变的型号为S9-1000-35。

2＃主变容量的确定：农闲时投入的1＃主变满足全部农闲要求，农忙时增加一台2＃主变，则2＃主变的容量需求满足农闲与农忙时的差值即可。同时，根据国家标准的规定，当1＃主变断开时，2＃主变应能持续给一、二级负荷供电。因此，2＃主变不仅需要满足农闲与农忙时的差值，还需满足全部一、二级负荷用电。

一、二级负荷在一新村6线和一新村8线，所选变压器满足农忙时这两条线的负荷要求即可。根据表6.9中的数据可得6线和8线10 kV出线侧的数据为：

一新村6线：P_c＝128.77 kW，Q_c＝103.49 kvar。

一新村8线：P_c＝142.55 kW，Q_c＝153.04 kvar。

同时系数$K_{\Sigma p}$＝0.9，$K_{\Sigma q}$＝0.95，则：

35/10 kV变压器低压侧：

$$P'_c=0.9\times(128.77+142.55)=244.19\ \text{kW}$$

$$Q'_c=0.95\times(103.94+153.04)=243.7\ \text{kvar}$$

$$S'_c=\sqrt{244.19^2+243.7^2}=344.99\ \text{kV}\cdot\text{A}$$

变压器损耗：

$$\Delta P=0.015\times344.99=5.18\ \text{kW}$$

$$\Delta Q=0.06\times344.99=20.7\ \text{kvar}$$

35/10 kV变压器高压侧：

$$P_c=244.19+5.18=249.37\ \text{kW}$$

$$Q_c=243.7+20.7=264.4\ \text{kvar}$$

$$S_c=\sqrt{249.37^2+264.4^2}=363.44\ \text{kV}\cdot\text{A}$$

即一新村6线和一新村8线总的S_C＝363.44 kV·A。

2＃变压器在满足一、二级负荷时，还应满足农闲时与农忙时的差值ΔS_c＝1 388.54－1 339.77＝49 kV·A。

综上所述，2＃变压器的容量为S_{T2}＝363.44＋49＝412.44 kV·A，因此，可以

确定 2＃主变的型号为 S9－630－35。

（2）主接线方式的确定

该变电站 35 kV 进线为两回，10 kV 母线侧出线较多，且该农村一、二类负荷比例较少，故采用高压侧单母线、低压侧单母线分段的接线方式，1＃主变所对应的分段下的出线为一新村 1 线～一新村 4 线，2＃主变所对应的分段下的出线为一新村 5 线～一新村 8 线。

4）短路电流的计算

有名制的计算方法需将所有元件归算至同一电压等级，该变电站有两个电压等级，用此种方法较为复杂。因此，选择标幺制，以简化计算，供电系统图如图 6.2 所示。

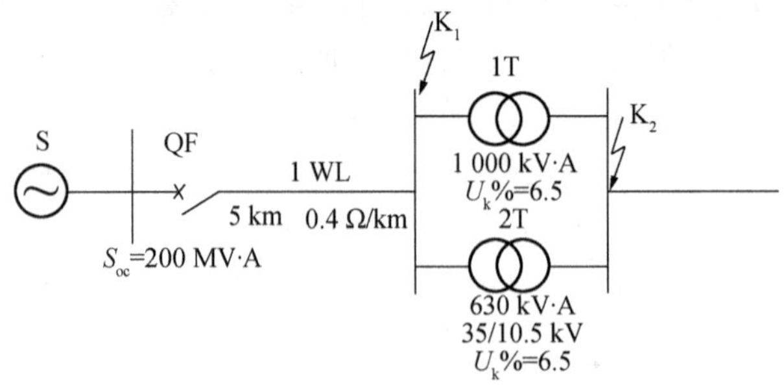

图 6.2　供电系统图

计算结果如表 6.11 所示。

表 6.11　短路计算数据汇总表

短路点		计算结果		
K_1 点（35 kV 侧）	最大运行方式	I_{K1max}(kA)	$i_{sh.K1max}$(kA)	S_{K1max}(kA)
		2.41	6.15	154.8
	最小运行方式	I_{K1min}(kA)	$i_{sh.K1min}$(kA)	S_{K1min}(kA)
		2.41	6.15	154.8
K_2 点（10 kV 侧）	最大运行方式	I_{K2max}(kA)	$i_{sh.K2max}$(kA)	S_{K2max}(kA)
		1.19	3.03	21.6
	最小运行方式（1＃变压器单独运行）	I_{K21min}(kA)	$i_{sh.K21min}$(kA)	S_{K21min}(kA)
		0.77	1.96	13.99
	最小运行方式（2＃变压器单独运行）	I_{K22min}(kA)	$i_{sh.K22min}$(kA)	S_{K22min}(kA)
		0.5	1.28	9.12

5）电气设备的选择

(1) 35 kV 侧电气设备的选择

1＃主变低压侧：$I_{N12}=\dfrac{1\ 000}{\sqrt{3}\times 10}=57.74$ A，2＃主变低压侧：$I_{N22}=\dfrac{630}{\sqrt{3}\times 10}=36.37$ A，则根据$\dfrac{U_1}{U_2}=\dfrac{I_2}{I_1}$，可得1＃主变高压侧 $I_{N11}=16.5$ A，2＃主变高压侧 $I_{N21}=10.4$ A。

① 高压隔离开关的选择

查阅高压电气设备手册，选定 GN－35/400 型高压隔离开关，计算结果列于表 6.12.

表 6.12 高压隔离开关选择校验表

序号	GN－35/400		选择要求	装设地点电气条件		结论
	项目	数据		项目	数据	
1	U_N	35 kV	≥	$U_{N,s}$	35 kV	合格
2	I_N	400 A	≥	I_N	16.5 A	合格
3	i_{max}	31.5 kA	≥	$i_{sh}^{(3)}$	6.15 kA	合格
4	$I_t^2 t_{th}$	$12.5^2\times 4=625$ kA²·s	≥	$I_\infty^{(3)} t_{ima}$	$2.41^2\times(1.1+0.165)=7.3$ kA²·s	合格

注：保护时间：1.1 s，合闸时间：0.09 s，分闸时间：0.075 s。

因为 16.5 A＞10.4 A，所以 GN－35/400 型高压隔离开关也满足 2＃主变所在线路的要求。

② 高压熔断器的选择

查阅高压电气设备手册，选择 RW5－35 型跌落式熔断器。

对于 RW 系列跌落式熔断器，其额定短路开断电流上限值 $I_{cs.max}\geqslant I_{sh}^{(3)}$。

根据 RW 5－35 的技术参数可知 $I_{cs.max}=\dfrac{200\times 10^3}{\sqrt{3}\times 35}=3.3$ kA；根据短路电流的计算可知，$I_{sh}^{(3)}=1.51I_k=1.51\times 2.41=2.77$ kA，即 $I_{cs.max}\geqslant I_{sh}^{(3)}$。

同时，其额定短路开断电流下限值 $I_{cs.min}\leqslant I_k^{(2)}$

根据 RW 5－35 的技术参数可知 $I_{cs.min}=\dfrac{15\times 10^3}{\sqrt{3}\times 35}=247$ A；根据短路电流的计算可知 $I_k^{(2)}=\dfrac{\sqrt{3}}{2}I_k^{(3)}=\dfrac{\sqrt{3}}{2}\times 2.41=2.08$ kA，即 $I_{cs.min}\leqslant I_k^{(2)}$。

综上，跌落式熔断器 RW 5－35 满足要求。

③ 高压断路器的选择

农村变电站中常用少油断路器，但当油面过低或者油质变坏时都可能引发火灾，考虑到电气防火，所以选择真空断路器。查询高压设备手册，选定 ZN－35/630 型真空断路器，计算结果列于表 6.13.

表 6.13　高压断路器选择校验表

序号	ZN－35/630－16		选择要求	装设地点电气条件		结论
	项目	数据		项目	数据	
1	U_N	35 kV	≥	$U_{N,s}$	35 kV	合格
2	I_N	630 A	≥	I_N	16.5 A	合格
3	i_{max}	31.5 kA	≥	$i_{sh}^{(3)}$	6.15 kA	合格
4	I_{cs}	16 kA	≥	$I_{k,max}^{(3)}$	2.41 kA	合格
5	$I_{th}^2 t_{th}$	$16^2 \times 4 = 1\,024\ kA^2 \cdot s$	≥	$I_{\infty}^{(3)2} t_{ima}$	$2.41^2 \times (1.1+0.165) = 7.3\ kA^2 \cdot s$	合格

因为 16.5 A＞10.4 A，所以 ZN－35/630－16 型高压断路器也满足 2＃主变所在线路的要求。

④ 电流互感器的选择

结合装设地点条件，选定 LZZB－35/100 型电流互感器，计算结果列于表 6.14.

表 6.14　电流互感器选择校验表

序号	LZZB－35/150		选择要求	装设地点电气条件		结论
	项目	数据		项目	数据	
1	U_N	35 kV	≥	$U_{N,s}$	35 kV	合格
2	I_N	100 A	≥	I_N	16.5 A	合格
3	i_{max}	21.2 kA	≥	$i_{sh}^{(3)}$	6.15 kA	合格
4	$I_{th}^2 t_{th}$	$6.5^2 \times 1 = 42.25\ kA^2 \cdot s$	≥	$I_{\infty}^{(3)2} t_{ima}$	$2.41^2 \times (1.1+0.165) = 7.3\ kA^2 \cdot s$	合格

因为 16.5 A＞10.4 A，所以 LZZB－35/100 型电流互感器也满足 2＃主变所在线路的要求。

⑤ 避雷器的选择

查阅高压电气设备手册，选定 HY5WZ－42/134 合成绝缘无间隙氧化锌避雷器。这种避雷器具有如下特点：没有间隙，密封性好，解决了防止内部元件受潮的关键技术问题，同时也使得预试周期长；承受过电压的能力强；电气性能优良，可在恶劣环境中可靠运行；外部的合成绝缘材料可以防止恶性爆炸事故；机械强度高；体积小，重量轻；除了配电型外，其他均可以加装底座，便于调节安装尺寸；使用寿命不少于 20 年。

母线上避雷器一般多是与电压互感器成套使用的。互感器用于测量，避雷器用于过电压保护。整个装置用于保护母线上的各设备免受过电压损坏，因此还需选择电压互感器。

⑥ 电压互感器的选择

查阅高压电气设备手册，选定 JDZXF9 - 35 型电压互感器。该变压器采用全封闭式、支柱式结构，体积小、重量轻、安装容易、密封性好、环境适应能力强。

(2) 10 kV 侧电气设备的选择

① 电流互感器的选择

根据工作要求和安装地点选择电流互感器的型号为 LZZB6 - 10。1＃主变低压侧 $I_{c12}=57.74$ A，2＃主变低压侧 $I_{c22}=36.37$ A。因此 1＃主变侧选定工作电流为 75 A 的 LZBB 6 - 10/75 电流互感器，2＃主变侧选定工作电流为 50 A 的 LZBB 6 - 10/50 电流互感器。

1＃主变侧的 LZBB 6 - 10/75 的校验如表 6.15 所示。

表 6.15　10 kV 侧电流互感器选择校验表(1＃主变侧)

序号	LZBB6 - 10/75		选择要求	装设地点电气条件		结论
	项目	数据		项目	数据	
1	U_N	10 kV	≥	$U_{N,S}$	10 kV	合格
2	I_N	75 A	≥	I_N	57.74 A	合格
3	i_{max}	28.7 kA	≥	$i_{sh}^{(3)}$	3.03 kA	合格
4	$I_{th}^2 t_{th}$	$11.3^2\times1=127.7$ kA²·s	≥	$I_{\infty}^{(3)2} t_{ima}$	$1.19^2\times(1.1+0.12)=1.72$ kA²·s	合格

根据相同的计算校验方法可以发现，2＃主变侧的 LZBB 6 - 10/50 也符合各项要求。

② 断路器的选择

考虑到电气防火，此处的断路器仍选择真空断路器，选择的断路器型号为 ZN 3 - 10Ⅱ/630，计算结果列于表 6.16.

表 6.16　10 kV 侧断路器选择校验表(1＃主变侧)

序号	ZN3 - 10Ⅱ/630		选择要求	装设地点电气条件		结论
	项目	数据		项目	数据	
1	U_N	10 kV	≥	$U_{N,S}$	10 kV	合格
2	I_N	630 A	≥	I_N	57.74 A	合格
3	i_{max}	20 kA	≥	$i_{sh}^{(3)}$	3.03 kA	合格
4	I_{cs}	8 kA	≥	$I_{k.max}^{(3)}$	1.19 kA	合格
5	$I_{th}^2 t_{th}$	$16^2\times4=1\,024$ kA²·s	≥	$I_{\infty}^{(3)2} t_{ima}$	$1.19^2\times(1.1+0.12)=1.72$ kA²·s	合格

注：保护时间：1.1 s，合闸时间：0.07 s，分闸时间：0.05 s。

因为 57.74 A＞36.37 A，所以，ZN3 - 10Ⅱ/630 同时也满足 2＃主变侧的

要求。

③ 隔离开关的选择

查阅相关高压电气设备手册，选择 GN 6-10/200-10 型隔离开关，计算结果列于表 6.17.

表 6.17　10 kV 侧隔离开关选择校验表(1＃主变侧)

序号	GN6-10/200-10		选择要求	装设地点电气条件		结论
	项目	数据		项目	数据	
1	U_N	10 kV	⩾	$U_{N,S}$	10 kV	合格
2	I_N	200 A	⩾	I_N	57.74 A	合格
3	i_{max}	25.5 kA	⩾	$i_{sh}^{(3)}$	3.03 kA	合格
4	$I_{th}^2 t_{th}$	$10^2 \times 5 = 500\ kA^2 \cdot s$	⩾	$I_{\infty}^{(3)2} t_{ima}$	$1.19^2 \times (1.1 + 0.12) = 1.72\ kA^2 \cdot s$	合格

因为 57.74 A＞36.37 A，所以，GN 6-10/200-10 同时也满足 2＃主变侧的要求。

④ 避雷器的选择

结合装设地点条件，选择 HY 5WZ-12.7/45 合成绝缘无间隙氧化锌避雷器。

⑤ 电压互感器的选择

考虑到电气防火，避免选用充油电气设备，结合装设地点条件，选择 JDZX 6-10 型电压互感器。

(3) 出线侧电气设备的选择

该变电站设计的两台主变容量不一样，所以出线侧设备的选择要分两段来选：1＃主变对应 10 kVⅠ母，2＃主变对应 10 kVⅡ母。

① 10 kVⅠ母上的出线(一新村 1 线～一新村 4 线)

根据负荷计算的数据可知，四条出线中数据最大的为农忙时的一新村 4 线：$P_c=142.95$ kW，$Q_c=153.61$ kvar，$S_c=209.84$ kV·A。若所选的设备满足一新村 4 线，则其他三条线都可以满足。因为 $I_c=\dfrac{S_c}{\sqrt{3}U_N}=\dfrac{209.84}{\sqrt{3}\times 10}=12.12$ A，所以采用和高压设备相同的选择方法，确定各设备的型号如下：

隔离开关：GW4-10/200-6.3；

断路器：ZW1-10/630-6.3；

电流互感器：LZZB6-10/15；

避雷器：HY5WS-12.7/50 W。

② 10 kVⅡ母上的出线(一新村 5 线～一新村 8 线)

根据负荷计算的数据可知，四条出线中数据最大的为农忙时的一新村 8 线：P_c

=142.55 kW,Q_c=153.04 kvar,S_c=210.61 kV·A。与 10 kVⅠ母上的四条出线比较,数据之间的差值很小,因此该处四条出线上的设备可选择与前四条出线相同。

至此,系统中的主要电气设备已选择完成,主要电气设备的选择如表 6.18 所示。

表 6.18 电气设备选择表

序号	名称	型号及规格	数量	备注
1	高压断路器	ZN-35/630-16	2	35 kV 进线侧
2	高压隔离开关	GN-35/400	2	35 kV 进线侧
3	电流互感器	LZZB-35/100	2	35 kV 进线侧
4	高压隔离开关	GN-35/400	3	变压器 35 kV 侧
5	跌落式熔断器	RW-35/400	2	变压器 35 kV 侧
6	油浸式变压器	S9-1000-35	1	1#主变
7	油浸式变压器	S9-630-35	1	2#主变
8	高压熔断器	RN1-35/40	1	变压器 35 kV 侧
9	电压互感器	JDZXF9-35	1	变压器 35 kV 侧
10	避雷器	HY5WZ-42/134	1	变压器 35 kV 侧
11	高压隔离开关	GN6-10/200-10	8	变压器 10 kV 侧
12	高压隔离开关	GN6-10/200-10	17	10 kV 出线侧
13	高压真空断路器	ZN3-10Ⅱ/630	2	变压器 10 kV 侧
14	高压真空断路器	ZN3-10Ⅱ/630	2	并联电容器回路上
15	高压真空断路器	ZN3-10Ⅱ/630	8	10 kV 出线侧
16	电流互感器	LZZB6-10/75	1	1#变压器 10 kV 侧
17	电流互感器	LZZB6-10/75	1	1#电容器组回路上
18	电流互感器	LZZB6-10/75	4	10 kVⅠ母侧出线上
19	电流互感器	LZZB6-10/50	1	2#变压器 10 kV 侧
20	电流互感器	LZZB6-10/50	1	2#电容器组回路上
21	电流互感器	LZZB6-10/50	4	10 kVⅡ母侧出线上
22	避雷器	HY5WZ-12.7/45	2	10 kV 母线上
23	避雷器	HY5WZ-12.7/45	2	并联电容器回路上
24	避雷器	HY5WZ-12.7/45	8	10 kV 出线上
25	电压互感器	JDZX6-10	2	10 kV 侧
26	高压熔断器	RN3-10/75	2	10 kV 侧
27	并联电容器	BWF10.5-80-1W	6	10 kV 侧

6.4.2 变电站二次系统的设计

该变电站二次系统的设计，主要有电力线路的继电保护、高压断路器控制回路、变电站的智能测量、监控系统及其防雷与接地保护。

1）电力线路的继电保护

本设计中，主要对 35 kV 侧的电源进线进行继电器继电保护的设计。国家标准中规定，35 kV 线路用电流速断保护加过电流保护。35 kV 进线侧继电保护图如图 6.3 所示。

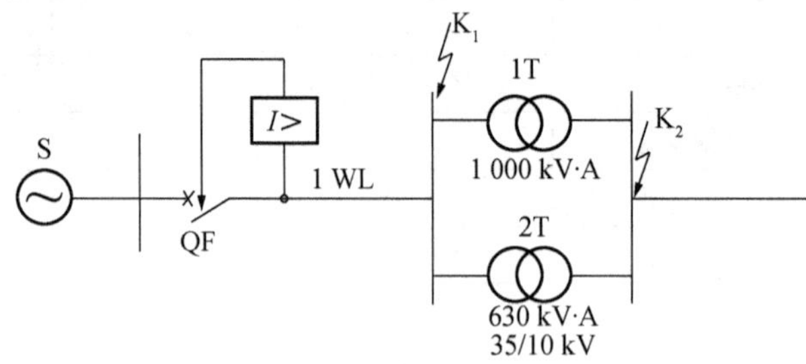

图 6.3　35 kV 进线继电保护图

选择定时限过电流保护，则 $K_{rel}=1.2$，$K_{re}=0.85$。因为是三相三电流互感器，所以 $K_w=1$，且 $K_i=\frac{100}{5}=20$。通过调查了解到上一级 110/35 kV 变电站内的主要数据有变压器容量 $S_c=50$ MV·A，低压侧短路电流 $I_{K.max}^{(3)}=4.2$ kA。

（1）瞬时电流速断保护

① 动作电流整定

$$I_{op.KA}=\frac{K_{rel}K_w}{K_i}I_{K1.max}^{(3)}=\frac{1.2\times1}{20}\times2\ 410=144.6\ \text{A}$$

选定 DL－31/200 电流继电器，线圈并联，整定动作电流为 145 A。

瞬时速断保护的一次侧动作电流为：

$$I_{op1}=\frac{K_i}{K_w}I_{op.KA}=\frac{20}{1}\times145=2\ 900\ \text{A}$$

② 灵敏度校验

$$K_S=\frac{I_{K.min}^{(2)}}{I_{op1}}=\frac{0.87\times4.2\times10^3}{2\ 900}=1.26<2$$

灵敏度不满足，所以 1 WL 瞬时电流速断保护不满足。故该线路还应与下一级限时电流速断保护相配合。

(2) 时限电流速断保护

① 动作电流整定

下级线路的瞬时电流速断保护的动作电流整定为：

$$I_{op.KA}=\frac{K_{rel}K_w}{K_i}I_{K2.max}^{(3)}=\frac{1.2\times1}{15}\times1\ 190=95.2\ \text{A}$$

选择 DL-10/100 电流继电器，整定动作电流为 96 A。

下级线路的瞬时电流速断保护一次侧动作电流为：

$$I_{op1(ioc)}=\frac{K_i}{K_w}\times I_{op.KA}=\frac{15}{1}\times96=1\ 440\ \text{A}$$

1 WL 时限速断保护的动作电流为：

$$I_{op.KA}-\frac{K_{rel}K_w}{K_i}I_{op1(ioc)}=\frac{1.2\times1}{20}\times1\ 440=86.4\ \text{A}$$

选定 DL-31/100 电流继电器，线圈并联，整定动作电流为 87 A。

时限速断保护的一次侧动作电流为：

$$I_{op1}=\frac{K_i}{K_w}I_{op.KA}=\frac{20}{1}\times87=1\ 740\ \text{A}$$

② 整定动作时限

因为是 35 kV 进线，所以动作时限整定 $t=1.1$ s。

③ 校验灵敏度

$$K_S=\frac{I_{K1.min}^{(2)}}{I_{op1}}=\frac{0.87\times2.41\times10^3}{1\ 740}=1.205>1.2$$

时限电流速断保护整定满足。

(3) 定时限过电流保护

① 整定动作电流

根据 110 kV 变电站变压器的容量 $I_c=\frac{S_c}{\sqrt{3}U_N}=\frac{50\times10^3}{\sqrt{3}\times110}=262.4$ A，则线路可能出现的最大负荷电流 $I_{L.max}=(1.5\sim3)I_c=393.6\sim787.3$ A。

1 WL 整定动作电流为：

$$I_{op.KA}=\frac{K_{rel}K_w}{K_{re}K_i}I_{L.max}=\frac{1.2\times1}{0.85\times20}\times787.3=55.6\ \text{A}$$

选定 DL-11/100 电流继电器，线圈并联，整定动作电流为 56 A。

定时限过电流保护的一次侧动作电流为：

$$I_{op1}=\frac{K_i}{K_w}I_{op.KA}=\frac{20}{1}\times 56=1\ 120\ \text{A}>787.3\ \text{A}$$

③ 整定动作时限

动作时限整定 $t=1.1$ s。

④ 校验保护灵敏度

$$K_S=\frac{I_{K1.\min}^{(2)}}{I_{op1}}=\frac{0.87\times 2.41\times 10^3}{1\ 120}=1.87>1.5$$

定时限过电流保护整定满足。

综上所述，35 kV 进线的继电保护方案为时限电流速断保护加定时限过电流保护。

2）断路器控制回路设计

该回路的设计是为了控制断路器的合、分闸。结合一次系统的设计，该变电站内的高压断路器主要聚集在 10 kV 侧，均为真空断路器。查阅设备手册，应选择 CT8G 型弹簧操动机构，操作电源可取自互感器低压侧。回路设计如图 6.4 所示，实现的功能如下：

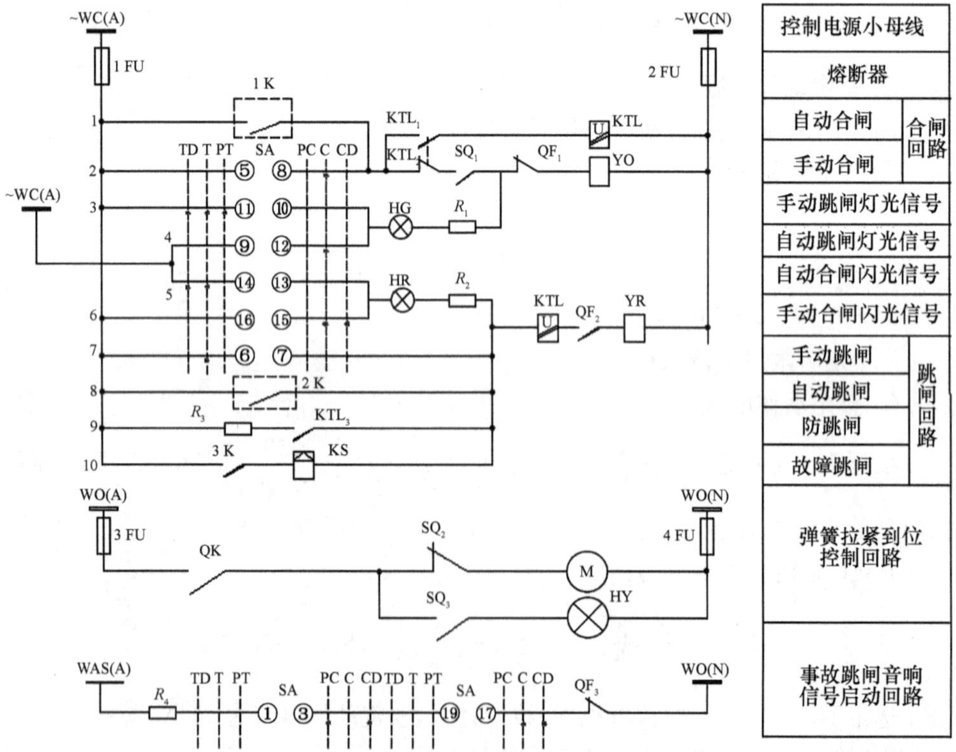

图 6.4　交流操作弹簧操动机构的断路器控制信号回路

① 手动或自动合、分闸；

② 设置回路用于控制监测弹簧是否拉紧到位；

③ 完成命令后，操动机构需能自动切除命令脉冲，切断电源；

④ 设置提示断路器手动合、分闸位置的信号；

⑤ 有防跳措施；

⑥ 遵从不对称原理完成断路器的事故跳闸回路的接线。

3）测量与监控系统设计

变电站内有各种电力装置和电气设备，测量与监控系统的主要目的就是测量检测设备、装置的运行状态，监控测量仪表，让工作人员及时发现问题解决问题。

（1）测量系统的设计

在供配电系统各处配置的电测量仪表构成了整个测量系统，电测量仪表合理配置能正确反应显示系统各处的运行状况以及各项参数。电测量的目的有 3 个：① 对用电量的计量，如有功电能、无功电能；② 对供配电系统运行状态、技术经济分析进行测量，例如电压、电流、功率、电能等。这些参数通常都需要定时记录；③ 检测交、直流系统是否安全，如三相电压是否平衡等。

该变电站测量系统的设计如下：

① 每条 35 kV 进线上，装设电流表、有功电能表和无功电能表用于计费。

② 每段 10 kV 母线上，装 4 个电压表，1 个用于测量线电压，其余用于测量相电压。

③ 两台变压器的高压侧或低压侧装电流表，有功功率表、无功功率表，有功电能表、无功电能表各 1 只，共 5 只。

④10 kV 出线上，装电流表、有功电能表和无功电能表各 1 只，共 3 只。

（2）监控系统的设计

系统中的继电保护测量装置在动作后都会发出相应信号提醒值班员，这些信号都是通过中央信号系统发出，因而变电站监控系统设计主要就是中央信号系统的设计，具存接受信号、显示相应的故障位置和类型、报警等功能。中央信号回路分事故信号回路和预告信号回路，设计如图 6.5、图 6.6 所示。中央信号回路实现的功能如下：

① 中央事故信号利用电笛在断路器发生事故跳闸后发出音响信号。该信号装置保证无论哪个断路器事故跳闸之后，都立即发出相应信号。

② 中央预告信号利用电铃提示系统异常工作状态，用灯光和光字牌显示异常的地点和性质。该信号装置保证无论系统何处异常运行时，都按要求准确发出相应信号。

③ 装置的音响信号发出后，能手动解除，灯光及其他信号需故障消除时才能

解除。

④ 接线安全性好，能观察信号回路的完好性。

⑤ 能对信号和光字牌是否完好进行测试。

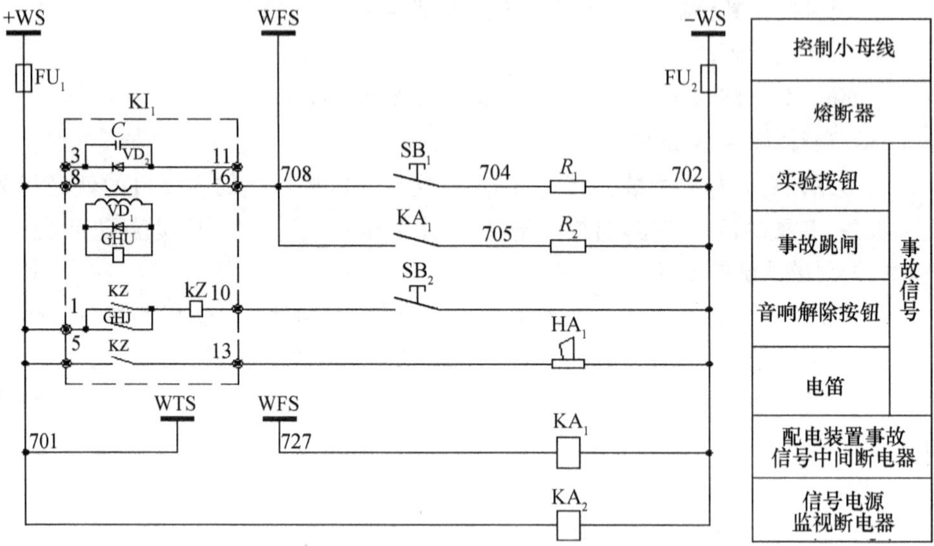

图 6.5　中央事故信号回路

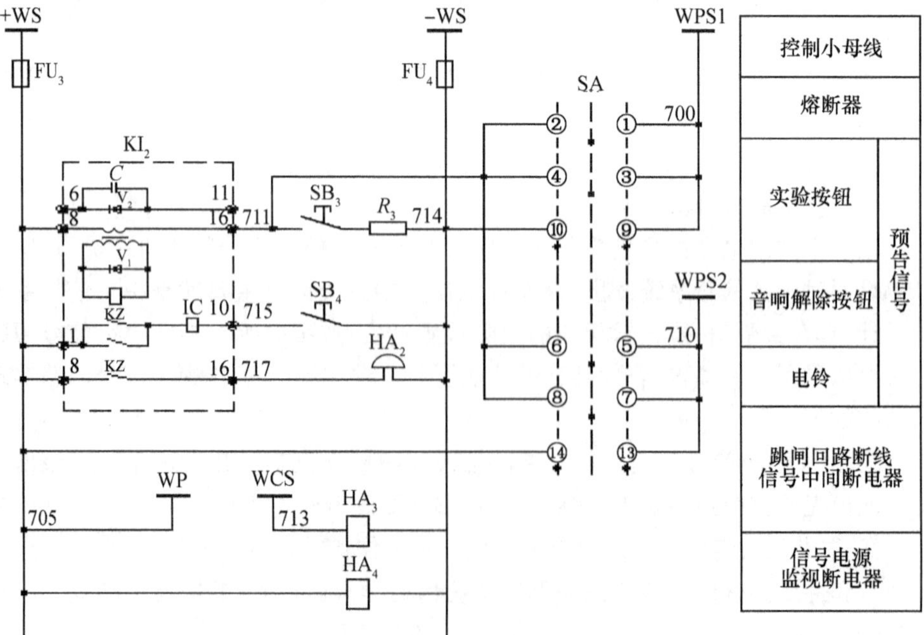

图 6.6　中央预告信号回路

4）防雷与接地保护设计

变电站系统最重要的是要保证其安全性，电气安全最主要的措施就是防雷和接地。合理设计防雷接地方案，正确选用防雷接地装置是至关重要的。

（1）防雷方案设计

① 变电站的防雷。由于变电站规格不大，所以选择用避雷针做防雷保护，避雷针高度为 8 m，距离变电站距离为 11 m（保护范围的计算略）；② 电力装置的防雷。选择在各段母线上安装氧化锌避雷器保护母线上的设备。

（2）接地保护方案设计（见图 6.7）

该变电站为第三类防雷建筑物，其接地装置与电气设备等的接地装置共用。接地装置的主要部分是接地体。农村变电站环境较差，故选用人工接地体，遵循国家标准，采用水平接地为主，垂直接地为辅的复合接地网，具体设计如图 6.7 所示。

具体参数如下：① 接地电阻：该变电站中性点是经消弧线圈接地，接地装置供高、低压电力装置以及电气设备的共同接地，则 $R_d \leqslant 30\ \Omega$；② 土壤的电阻率：因存在气候的变化，故 $\rho=\psi\rho_0$，季节系数 $\psi=1.3$；变电站处于江苏平原地区，土质一般为黑土，即 $\rho_0=50\ \Omega\cdot m$，所以 $\rho=50\times1.3=65\ \Omega\cdot m$；③ 接地体：选择 50 mm×50 mm×5 mm，长度为 2.5 m 的角钢作为垂直接地体，选择 40 mm×5 mm 的扁钢作为水平接地体；④ 接地装置形式：在变电站的墙外 2 m 处打入相应数量的角钢，再用扁钢围成水平的环路，在有人出入的地方，装设帽檐式均压带。

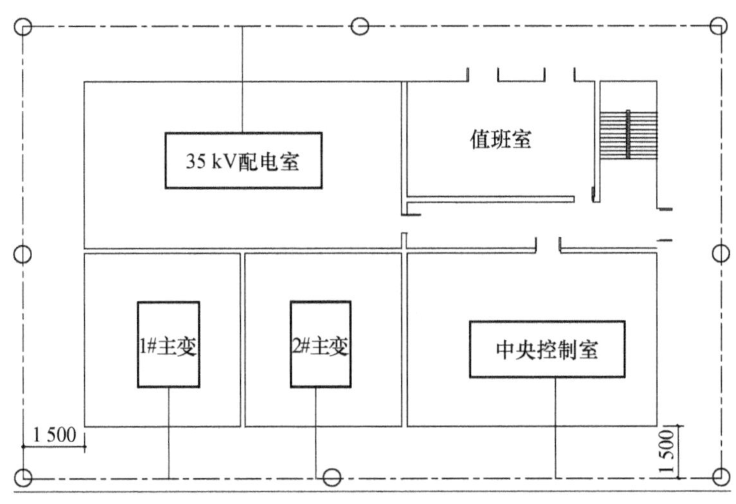

图 6.7 接地方案示意图

图 6.7 为变电站的俯视图，图中，○：垂直接地体；——：水平接地体及均压带；——：接地线。

单根垂直接地体的接地电阻的计算：

$$R=\frac{\rho}{2\pi l}\left(\ln\frac{8l}{d}-1\right) \tag{6.13}$$

式中：ρ——土壤最大电阻率（Ω·m）；

l——垂直接地体的长度（m）；

d——接地极用圆钢时，圆钢的直径（m）。

本设计采用的是等边角钢，等边角钢的等效直径为 $d=0.84b$。

将数据代入式（6.13）中可得 $R=\frac{65}{2\times3.14\times2.5}\left(\ln\frac{8\times2.5}{0.84\times0.05}-1\right)=21.5\ \Omega$，符合要求。

根据变电站规格算得闭合装置的周长为：$L=(9.9+2+2)\times2+(5.75+2+2)\times2=47.3$ m，接地体的敷设间距为 6～7 m，则接地体个数 $n=\frac{47.3}{6}=6.8\sim7.9$ 个，取 8 个。

综上所述，该变电站的接地方案为：室内墙上连接一圈接地线，室内电气装置连接到接地线上，再从接地线连接到接地装置上。接地装置：用 8 根 50 mm×50 mm×5 mm，长为 2.5 m 的角钢沿着变电站四周垂直打入地下，角钢之间的间隔大概为 6 m。用 40 mm×5 mm 的扁钢沿着角钢围成一个接地网，接地网应封闭且各角做成圆弧形。

6.4.3 变电站的土建设计

1）变电站布置

变电站的布置形式有三种：户内、户外和混合。该变电站选用户内式双层变电站，布置情况如图 6.8、图 6.9 所示。具体考虑如下：

① 为方便值班员的各项工作，室内安排比较紧凑，但符合最小允许的通道宽度，也考虑了今后可能的发展和扩建。

② 变电站各室的位置根据变电站的接线原理设计，高、低压配电室进出线方便，控制室和值班室便于工作人员使用和管理。

③ 主控制室、值班室面向南方，向阳采光且便于通风。

④ 各室的设置符合安全防火要求。

⑤ 室内有电气装置或电气设备的房间门均向外侧开放，相邻配电室的门均为双开门。

⑥ 站内装修无可燃材料，各种管道不从变电站内经过。

⑦ 变电站内各室的大小都是根据所选器件尺寸并留有安全防火间距。

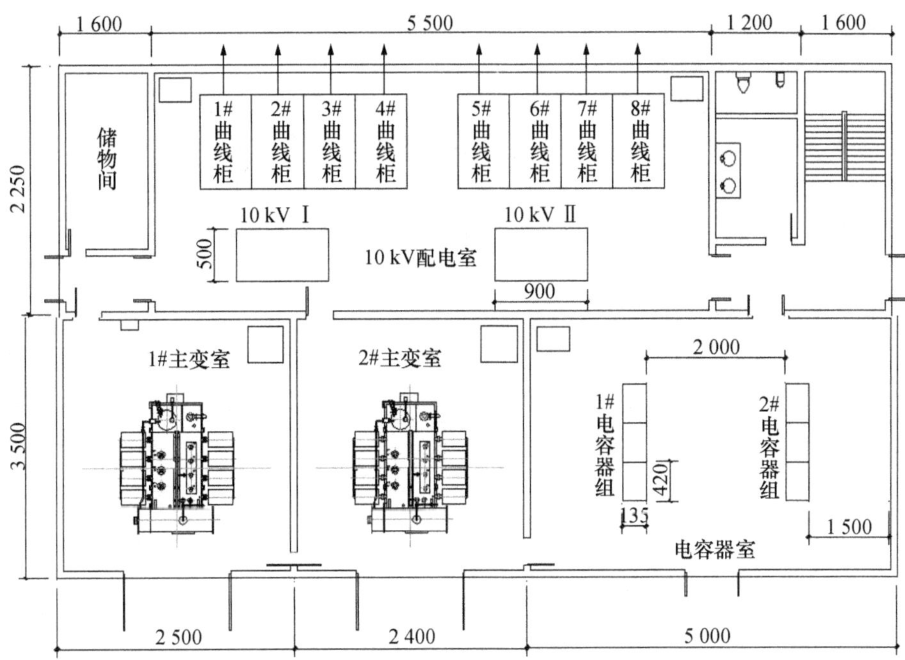

图 6.8　变电站一层布置示意图

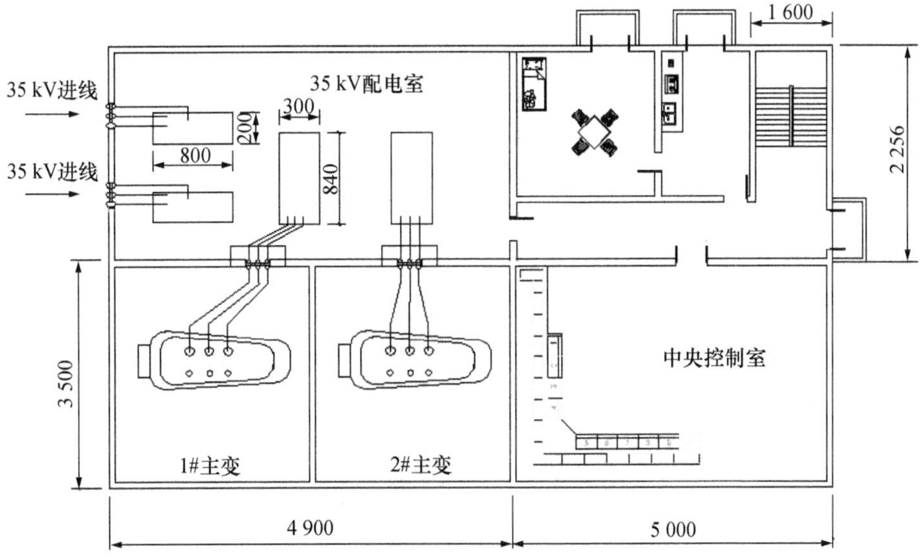

图 6.9　变电站二层布置示意图

2）电缆沟的设计

电缆沟是变电站内较为重要的基础设施，结合电气安全防火要求，从以下三个方面提出电缆沟的优化设计方案：

① 电缆沟的选型

砖砌或现浇混凝土是传统电缆沟常见的做法，虽然此种方法投资较少，但是易受天气条件的影响，工期长，电缆沟的质量很难得到保证。故本次选用预制装配式电缆沟，由断面为“U”字形、两侧沟壁对称、长为 1.8 m 的预制电缆沟单体构成。其壁厚和底板的长、宽采用 125 mm。与此同时，其底部还设有弧形排水槽，可及时排水，保证了安全性。

② 电缆沟盖板的选型

目前最常见的是预制钢筋混凝土电缆沟盖板，其设计形式单一，同时质量大、体积大，不便于沟内电缆的检修和维护工作的实施。盖板长期裸露于地面，随着时间推移，其陈旧、损坏将会影响整个变电站的美观。故本次选用主原料为无机矿物质，搭配植物纤维为增强原料，使用无机粘合剂填充的复合电缆沟盖板。

③ 电缆支架的选型

传统的钢电缆支架生产工程量大，潮湿的环境下易生锈，使用寿命短。故本次选择复合材料电缆支架，选用不饱和树脂玻璃纤维作为增强原料，利用特制的模具，在高温和重压的条件下一次模压成型。

6.4.4　变电站的电气防火设计

1）安全隐患分析

该变电站内在设计的过程中已经充分考虑电气安全，特别在电气设备选择和变电站的布置中将安全性能最大化，但变电站电气设备较多，且长期在高温高压下工作，加上还有很多运行中的人为因素会导致电气火灾。根据前面的分析，该电站可能发生火灾的区域有变压器室、电缆沟、控制室等，可能发生火灾的事故方式有短路、过载、漏电、不当操作等。

2）电气防火设计

火灾一旦发生，损失大，对周围用户的影响也很大，因此必须有完备的应对措施。针对该电站的设计，发生火灾后的应急措施如下：

(1) 设计火灾自动报警系统。主变室、配电室、电容器室和控制室均安装火灾探测器，配电室和控制室均选择安装感烟探测器。电容器室和主变室设于背阳侧，则电容器室选择感温探测器；对于主变室，由于变压器相对其他设备而言更为重要，选择感烟感温探测器。

(2) 设计灭火系统。在两个变压器室内均装设排油充氮灭火装置，用于油浸式变压器的灭火，以及时阻止火灾。在变电站其他各室安装 1211 移动式气体灭火器，用于必要时的电气设备的灭火。

(3) 设计防火封堵系统。用防火材料将主控制室的电缆出入口的空隙全部堵住,实现阻燃作用。对于主控制室与电缆夹层之间的电缆,在楼板上下涂上防火涂料,实现阻隔作用,防止火灾蔓延。

参考文献

[1] 唐志平. 供配电技术[M]. 北京:电子工业出版社,2014,151-160.

[2] 张仰先. 美国农网的特点[J]. 农电管理,2000,03:43-44.

[3] 徐晓楠,王平,梁清泉农村防火[M]. 北京:化学工业出版社,2014,39-62.

[4] 阎士琦. 农村配电设计手册[M]. 北京:中国电力出版社,2001,27-30.

[5] 浙江省电力工业局农村电网 10 kV 架空配电线路典型设计方案[M]. 北京:中国电力出版社,2002,7-10.

[6] 陈建忠. 35 kV 变电站电气主接线的设计选择[J]. 农电管理,2008,9(256):9-10.

[7] GB/T 14049-2008,额定电压 10 kV 架空绝缘电缆[S]. 2008.

[8] 王子午,徐泽植. 组合(箱式)变电站、变压器及附录[M]. 北京:煤炭工业出版社,1998,530-430.

[9] GB/T 6451-2008,油浸式电力变压器技术参数和要求[S]. 2008.

[10] 王子午,徐泽植. 高压电器[M]. 北京:煤炭工业出版社,1998,406-543.

[11] 陈胜利. 农村电网 35 kV 常规变电站技改方案与效益[J]. 四川水利,2005,26(5):21-22.

[12] 崔连毕. 35 kV 变电站防雷接地保护设计研究[J]. 科技资讯,2013(18):6-7.

[13] 丛远新. 接地设计与工程实践[M]. 北京:机械工业出版社,2014,26-30.

[14] 宋金鹏,栗忠辉. 35 kV 农村小型化变电所的设计[J]. 黑龙江纺织,2013,6(2):35-37.

[15] 刘峰. 变电站电缆沟的设计[J]. 城市建设理论研究,2015,5(22):42-45.

[16] 杨宇. 二次交流回路绝缘监测装置的研制[D]. 太原:太原理工大学,2002.

[17] 张鹏. 关于建设农村小型化变电站的一些意见[J]. 农村电气化,2008:219-221.

[18] 傅立革. 35 kV 小型化变电所防火设计方案探讨[J]. 农村电气化,2001(5):16.

[19] 司戈. 近五年我国电气火灾形势及特点分析[J]. 消防科学与技术,2014(5):569-571.

[20] 高庆敏. 电气防火技术[M]. 北京:机械工业出版社,2012,82-117.

[21] Gary Rockis. Electrical Motor Controls Automated Iudustrial systems. Third Edition[J]. American Technical Publishers inc,2003:28-30.

[22] Won-Cheol Yun. Power Transformer[R]. U. S. A:Analog Decices,2006(9):23-25.

7 农村电网综合自动化研究与设计

综合自动化是将变电所的二次设备经过功能组合和优化设计，利用先进的计算机技术、通信技术、现代电子技术和信号处理技术等实现对所内主要设备和输配电线路的自动监视、测量、控制和保护。2000年后，综合自动化系统在农村变电所开始得到应用，它是经济、技术发展的必然产物，可带来巨大的经济和社会效益，是变电站自动化公认的发展方向。

7.1 概述

从我国目前农村用电情况和国内外农电发展趋势来看，新建农村变电所应充分体现出安全性、可靠性、经济性和先进性，其主结线应简单清晰、安全可靠，设备布局应紧凑合理、维护方便，并要选用技术性能先进的设备，发展远动设施。故应根据需要设计更多的农村无人值守变电所。为实现无人值班，应做好一次系统设计和设备选型工作。主接线设计简单灵活、操作方便，一次设备状况良好、性能可靠才利于远方监控的实现。

据报道，在西欧、北美及日本等发达国家，绝大多数变电所(包括500、380 kV及以下电压等级变电所)都已是无人值班，并且管理人员很少，其管理水平、自动化程度以及供电可靠性很高。如美国田纳西流域管理局(TAV)负责管理161～500 kV电压等级的电网和部分69、46 kV电网，供电区域面积为207 199 km^2(80 000 mile, 1 mile＝2.589×10^6 m^2)，最低负荷为12 000 MW，最高负荷为26 000 MW，平均负荷在16 000～17 000 MW之间，其变电系统自动化程度和供电可靠性非常高。

与我国相比，美国农村变电所有如下主要特点：

① 主接线简单，主变压器一般为双绕组，其高压侧多采用熔断器保护。

② 一次设备质量好且检修周期长。

③ 几乎全是无人值班，且远动终端设备体积小、性能优良可靠。

④ 占地面积小。为节约占地，有的变电所采用立体多层设备布置。

⑤ 房屋建筑面积小。主控制室多采用组装式，不用实体砖砌围墙而多用铁丝网栅。

农村变电所进一步的建设和发展，将会使农村供电布局逐步得到完善，安全供电水平和可靠性不断提高，供电部门的经济效益和社会效益逐步上升。由于农村终端变电所投资少，建设周期短，还可加快其发展速度。农村变电所建设方案的实施及今后的发展与是否采用先进的技术和设备分不开，所以应加速我国各种电气设备的研制、引进和开发工作。生产推广国产质量高、成本低的电气设备，满足农村变电所改造和发展的需要。

7.2 农村变电所综合自动化现状分析

7.2.1 农村变电所综合自动化趋势

在变电站的新建过程中，采用新技术、新产品，正确选择设备的型号，对电网的安全运行，提高供电的经济可靠性，减少变电站占地面积，减少设备的安装、调试、维护工作量，减人增效等方面起决定性作用。

(1) 变电站主设备要选择大容量、高电压

经济发展较快的地区负荷年增长率在20%左右，以此发展速度，用电负荷在3～5年内将翻一番，设备选型过程中如不考虑负荷增长，则新设备投运2～3年将出现过载现象，势必要再一次增容、改造、扩建，这样就既造成人、财、物的浪费，又影响供电的可靠性和社会的经济效益，所以主设备的容量应选择当前用电负荷的3～5倍或更大些，分2～3期完成。同时其附属设备如断路器、隔离刀闸、互器、导线等也应配套完成；对负荷集中，负荷长率较高，有经济发展后劲的地区，应尽量选择较高一级的电压等级，使电网布局结构合理完善，保留足够发展裕度，防止重复建设。

(2) 设备选型无油化

国内挂网运行的设备以充油设备为多，主变有油浸自冷、油浸风冷等，断路器有少油、多油等型式，电压互感器、电流互感器也多为注油设备。注油设备存在以下问题：

① 耐油胶垫易老化，出现渗漏油。

② 焊口易出现砂眼而渗漏油。

③ 每年要按周期取油样做色谱分析及简化试验。

④ 灭弧能力差。

⑤ 检修周期短。

以上问题长期困扰着检修人员，增加了工作量和工作难度。逐步推广应用的真空断路器、SF_6断路器、SF_6互感器、干式变压器等无油设备，可克服上述缺陷，既

降低了材料消耗,又减少了检修、维护的工作量。

(3) 采用新技术,提高综合自动化能力

随着电子技术的发展,微机的功能得到进一步扩展和开发,在电力系统中也得到迅速推广应用。微机监控、保护及远动技术已融为一体,使变电站和调度的综合自动化能力得到进一步提高。利用微机控制的变电站已可以实现无人值守,具备远方数采和监控功能,在线修改定值,投、退保护,复归信号,按程序完成变电站操作任务等。这些新技术的应用,提高了电网的安全可靠性和自动化水平,达到了减人增效、降低调试维护工作量的目的。

7.2.2 综合自动化发展趋势

(1) 功能综合化。变电所综合自动化技术是建立在计算机硬件技术、数据通信技术、模块化软件上的,它取代了变电所电磁式保护,监控装置综合了仪表屏、操作屏、模拟屏、变送器、远动装置、有载调压无功补偿、中央信号系统和光字牌等。

(2) 结构微机化。综合自动化系统内主要部件是微机化的分布式结构,通过网络总线连接,使微机保护、数据采集、控制等环节的 CPU 同时并行运行。

(3) 操作监视屏幕化。不管有人值班还是无人值班,操作人员不是在变电所内就是在主控站内,面对彩色大屏幕显示器进行变电所的全方位监视与操作。常规方式下的指针表读数被屏幕数据取代;常规庞大的模拟屏被 CRT 屏幕上的实时接线画面取代;常规在操作屏上完成的跳合闸操作被 CRT 屏幕上光标操作取代。通过计算机的彩色屏幕可以监视若大变电所内瞬息万变的各种信息。

(4) 运行管理智能化。智能化不仅表现在常规的自动化功能上,如自动报警、自动报表、电压无功自动调节、小电流接地选线、事故差别与处理等方面,还表现在在线自诊断,并不断将自诊断的结果送向远方的主控端。这是区别常规二次系统的重要特征。简言之,常规二次系统只能监测一次设备,而本身的故障必须靠维护人员去检查发现。综合自动化系统不仅监测一次设备,还每时每刻检测自己是否有故障,充分体现了智能性。

现代计算机技术、现代通信和网络技术的迅速发展为改变变电站监视、控制、保护和计量装置及系统分隔的状态提供了优化组合和系统集成的技术基础,因此,变电站综合自动化系统是在计算机和网络通信技术基础上发展起来的一系列自动化技术的综合。它包括微机保护、故障录波和故障测距、小电流自动选线、电能计量、远动监控、电压无功综合控制等功能。综合自动化系统能完全取代常规监视仪表、操作控制屏柜、模拟屏柜、中央信号系统、变送器及常规远动装置等,能为变电站运行人员提供更为丰富齐全的变电站设备运行状态及信息,使管理运行、维护、检修更为安全可靠,从而保证电能质量和供电的可靠性。自动化系统以对象设计的全分层分布式为潮流，朝着二次设备功能集成化、一次设备智能数字化方向发展；经济性和可靠性也是变电站自动化技术发展所要考虑的实际问题。EIC 61850 标准的实施应用、电能质量监测管理、一次设备在线监测、以及网络安全技术等当今流行的各种新观念、新技术将更多地融入变电站综合自动化，将使整个系统更加安全、高效、经济和可靠。其总的发展趋势可从以下几个不同角度来描述：

① 系统总体结构向开放和全分散型发展。

② 子站模块设计向综合化、多功能发展。

③ 信媒介将更多地引入光纤。

④ 专用设备到总体控制平台，站内综合管理向全开放式发展。

⑤ 传统控制方法向综合智能方向发展。

⑥ 单纯的屏幕数据监视到多媒体监视。

因此，研究分析变电站的综合自动化系统的结构、发展过程和方向，有利于更深地了解综合自动化系统的优缺点，通过实践，不断地提高设计和制造水平，不断地提高电网运行的自动化水平，从而更好地为国民经济建设服务。

7.3 农网综合自动化系统设计

7.3.1 综合自动化系统结构设计

变电所综合自动化是广泛采用微机保护和微机远动技术，对变电所的模拟量、脉冲量、开关状态量及一些非电量信号分别进行采集，经过功能的重新组合，按照预定的程序和要求，对变电所实现自动化监视、测量、协调和控制的集合体和全过程。

在无人值班的情况下必须提高变电所的综合自动化水平。变电所自动化系统是无人值班变电所可靠的技术支撑和物质基础。无人值班变电所相对有人值班变电所而言，其自动化系统有自身的特点和要求，而且，可以通过多种不同的模式来构成。不同模式实现的无人值班变电所在设计方法、硬件配置、变电所保护、控制测量以及远动等方面的协调配合都存在较大差异。

1）集中式结构形式的综合自动化系统

集中式结构形式的综合自动化系统是按变电所的规模配置相应容量、功能的微机保护装置和微机远动装置，按遥测、遥信、控、电度、保护功能划分成不同的子系统，集中组屏，将它们安装在变电所主控制室内，如图 7.1 所示。主变压器、各进出线路及所内所有电气设备的运行状态通过电流互感器、电压互感器或相应变送器经电缆传送到主控室的微机保护装置和微机远动装置，经初步处理后送到前置机进行预处理，并与调度端的主计算机进行数据通信。当地监控计算机完成当地显示、控制和制表打印功能。优点是有利于观察信号，方便调试，结构简单，价格相对较低。

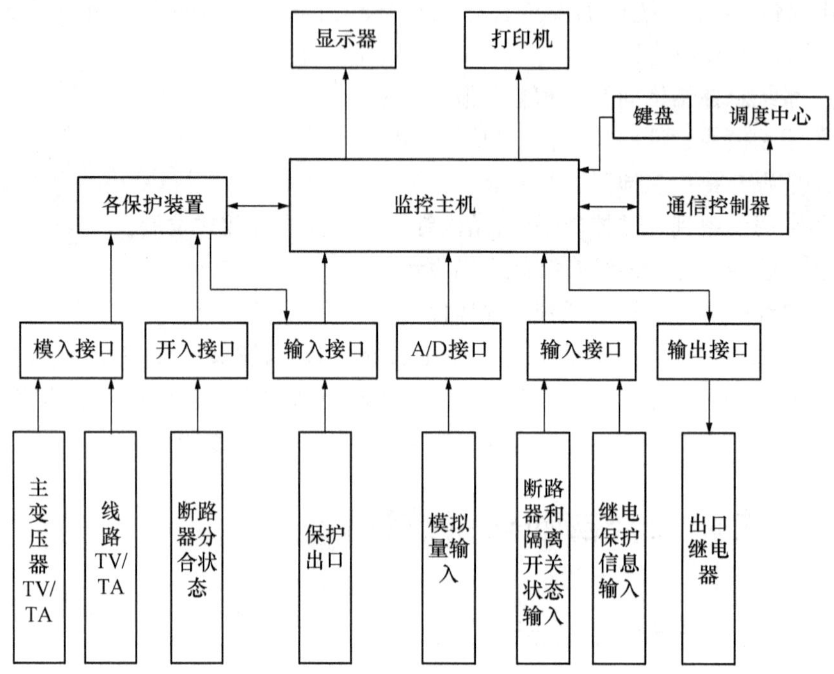

图 7.1　集中式结构形式的综合自动化系统

集中监控的主要缺点表现有：

(1) 系统信息集中处理，需要敷设大量电缆，耗费大量的二次电缆，工程量大。

(2) 该系统内信号采集后以模拟量传输为主，容易产生数据传输瓶颈问题，系统精度低，易受外界干扰信号影响。

(3) 信息传输速率低。

(4) 调试麻烦，可扩性及维护性较差。

变电所综合自动化的目标是实现变电所的小型化、高可靠性的无人化。针对集中式系统的诸多不足，我国从 20 世纪 90 年代开始研究分布式综合自动化系统。

2) 分散分布式结构形式的综合自动化系统

分散分布式就是将变电所分为两个层次，即变电站层和间隔层。分散分布式布置以间隔为单元划分，每一个间隔的测量、信号、控制、保护综合在一个或两个(保护与控制分开)单元上，分散安装在对应的开关柜或控制室，各间隔的设备相对独立，仅通过站内通信网互联，并同变电所层的设备通信，如图 7.2 所示。

其软、硬件配置特点有：

(1) 在每个开关柜上均分别安装微机继电保护装置和微型 RTU。

(2) 各种电气设备均单独加装微机保护装置和微型 RTU。

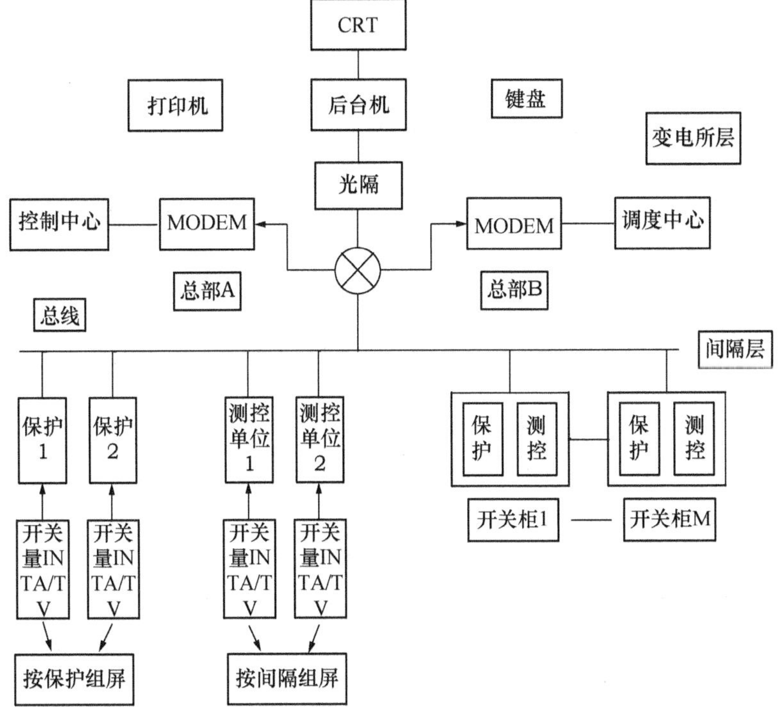

图 7.2　分布式变电所综合自动化系统框图

(3) 由两条光缆连接所有 RTU 和保护装置。

(4) 各装置单独运行的工作温度范围可达－25 ℃～70 ℃。

(5) 由于分散安装，所以大大节省了控制室的面积、节省了大量电缆及安装费用，从而降低了系统造价。

分布式系统的主要特点有：

(1) 不同电气设备均单独安装对应的微机保护装置和微型 RTU，其中任一装置出现故障，均不影响系统正常运行。

(2) 系统内装置间信息的传送均为数字信号，所以系统抗干扰能力强。

(3) 分布式系统为多 CPU 工作方式，各装置都具有一定数据处理能力，从而大大减轻了主控制机的负担。

(4) 系统扩充灵活、方便。

(5) 实时检测数据和保护信息分别存放在数据库中，调度中心直接从前置机中获取，为无人化建立了可靠的自动化监控系统。

(6) 系统自诊断能力强，能自动对系统内所有装置巡检，发现故障能自动检出，并加以隔离，可诊断到每块板。

(7) 具有事件顺序记录功能，分辨率可达 1 ms，为事故分析提供了有效的数据。

综上所述，由于分布式系统具有投资少、功能强、装置维护方便、扩充灵活、可靠性高等特点，因而是当今的主流和发展方向。

综合国内外关于综合自动化的趋向意见，总结为以下几点：

① 通讯特点：各单元依靠现场总线联网，起到汇总、下打和上传信息的作用。单元装置不依赖网络而可独立运行。

② 继电保护相对独立：为该系统配置专用的电流和电压互感器保护装置，在不与监控设备联用时能独立运行保护装置，逻辑判断所需输入的开关量和保护跳闸的输出开关量应是独立的，不得与其他设备合用。

③ 系统的继电保护按被保护的电力设备单元（间隔）分别独立设置，直接由相关的电流互感器和电压互感器输入电气量，然后由触点输出，直接操作相应断路器的跳闸线圈。

3) 集中与分散结合式综合自动化系统

随着单片机技术和通信技术的发展，特别是现场总线和局部网络技术的应用，出现一种发展趋势是以每个电网元件（如一条出线，一台变压器、一组电容器等）为对象，集测量、保护、控制为一体，设计在同一机箱中。至于高压线路保护装置和变压器保护装置，仍可采用集中组屏安装在主控室内。这种结构方式介于集中式与分散式两种结构之间，形式较多。目前国内应用较多的是分散式结构-集中式组屏。这种结构方式具有分散式结构的全部优点，同时由于采用了集中式组屏，有利于系统的设计、安装与维护管理。其有以下特点：

(1) 就地安装，节约控制电缆，通过现场总线与保护交换机交换信息。

(2) 高压线路保护和变压器保护采用集中组屏结构，保护屏安装在控制室或保护室内，同样通过现场总线与保护管理机通信，使这些重要的保护装置处于比较好的工作环境，对可靠性较为有利。

(3) 其他自动装置中，备用电源自投装置和电压、无功综合控制装置采用集中组屏结构，安装于控制室或保护室中。

(4) 采用电能管理机采集各脉冲电表的脉冲量，计算出电能量，然后送给监控主机，再转发给控制中心；或采用带串行通信接口的智能型电能计量表，通过串行总线，由电能管理机将采集的各电能量送往监控机，再传送给控制中心。因为中低压变电站的一次设备比较集中，所以此种结构方式比较适用于中低压变电站。

7.3.2　微机保护设计

1）微机保护结构设计

微机保护在电力系统中的应用已十分普遍，但农网大部分仍使用传统的电磁型保护。图 7.3 给出了传统变电所监控系统的组成示意图，从中看出，整个监控系统的正常运转均是以人为核心，存在着元件数量多、连线较复杂、功能性差、可靠性差、体积大、功耗大、灵敏度低、维护量大和管理不便等缺陷。同时，也造成大量的人力资源的浪费，增加了人为错误造成损失的可能性。变电所自动化系统中很重要的一个技术是用微机保护代替传统的继电保护屏，从而改变传统的继电保护装置无法与外界通讯的缺陷。随着自动化监控系统的广泛使用，中低压开关设备具有遥信、遥控、遥测、快速切除故障、备用电源自动投入、快速恢复送电等自动化功能，实现了集中监控、集保护、测量、控制通讯功能于一体的现代化智能变配电供电模式。

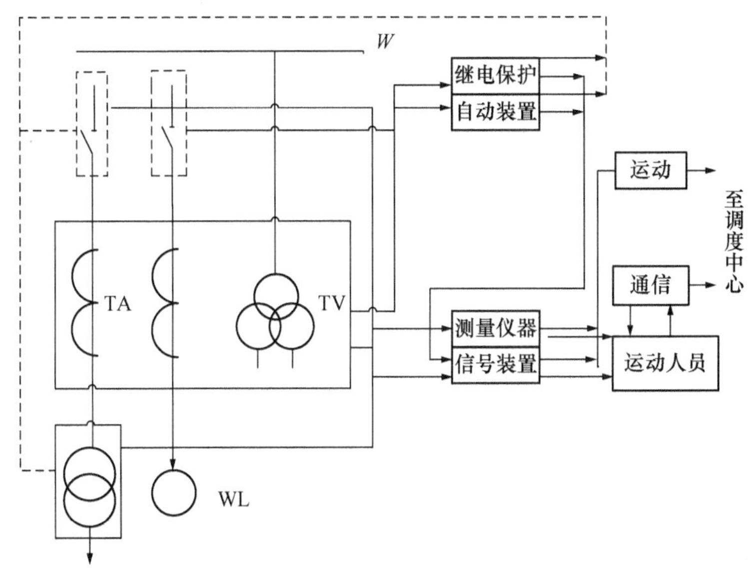

图 7.3　传统变电所监控系统组成示意图

图 7.4 给出了微机保护系统的结构图。微机保护系统主要包括微机主系统、数据采集系统、模拟量输入系统、开关量输入输出系统、信号接口等。

（1）微机主系统。微机主系统是微机保护系统的核心。

（2）数据采集系统。借助于微机保护中的微机 CPU 将输入的模拟信号转换成数字信号。采用数字信号能进一步促成微机保护装置的信息化. 从而实现信息的有效利用和共享。

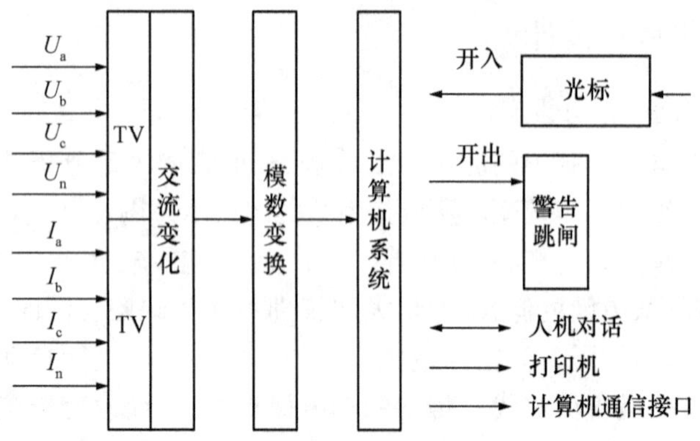

图 7.4　微机保护系统结构图

(3) 开关量输入输出系统。是微机保护与外部设备的连接电路，弥补了传统继电保护装置与外界无法通讯的不足。

(4) 通讯接口电路。每一个保护装置都带有标准的通信接口通路。

(5) 供电电源。电源是微机保护装置中的重要组成部分，是微机保护系统正常运转的前提条件。

(6) 人机连接通路。主要是将键盘、打印机以及报警开关等外部设备与系统的连接，有利于人为调试设备。

2) 变电所自动化对微机保护的要求

微机保护系统为变电所自动化系统中的关键环节，为了保证变电所自动化系统能够正常稳定运转，要求微机保护系统至少具备如下功能：

① 故障记录且断电保持。

② 存储多套整定值，并能显示、修改当地整定值。

③ 实时显示保护主要状态。

④ 与监控系统通讯。根据监控系统命令发出故障信息、保护装置动作信息、保护装置动作值以及自诊断信息；接收监控系统选择保护类型及修改保护整定值的命令等。

⑤ 维护调试方便。微机型保护装置具有自诊断功能，一旦发生异常就会发出警报。通常只要上电后无警报就可确认装置完好。

⑥ 可靠性高。计算机在程序指挥下有极强的综合分析和判断能力，因而可以实现常规保护办不到的自动纠错、自动识别和排除干扰。

⑦ 灵活性大。由于计算机是一种可编程序的智能化装置，所以通过转换不同的预编程序的存储器芯片，可较容易地进行程序修改，以适应运行情况变化和不同使用条件的需要。

微机保护主要包括线路保护、变压器保护、母线保护、电容器保护、距离保护、备用电源自投装置和多次自动重合闸装置等。

7.3.3 监控系统设计

监控主机(上位机)应能接收下级装置(综保及转换模块等)上传的所有状态量、测量量、电度量、继电保护工况和动作信息等,并对其进行分类、存储、显示、打印、报警,同时根据各级别密码实现不同权限的远方或站内控制、参数设置和遥调等,并应具备如下主要功能:

(1) 显示动态模拟图。在一次系统图上实时显示 V、I、P、Q、W、kW · h、$K_{kvar \cdot h}$、F、$\cos\varphi$、谐波、温度及各种遥信量(断路器、刀闸、接点状态,保护信号工况等)。

(2) 负荷曲线、电压及电流柱形图的显示。

(3) 电量统计报表(日、月、年)的显示和打印(定时打印及召唤打印),定时打印时间可人为设置。

(4) 故障报警。对电压、电流、功率、频率、功率因数越限,开关量变位,继电保护动作,过负荷等工况实时发出报警信号。

(5) 历史数据应至少保存一年待查。

(6) 电量的分时管理。按时段对电量进行累计,如按日峰、日谷、月高峰、月低谷进行统计。

(7) 操作权限。所有操作,如修改参数、保护投入及退出等均有密码控制,并对操作情况及操作人记录存盘。

(8) 显示保护动作的结果及记录的信息、时间等。

(9) 具有四遥功能(遥测、遥控、遥信、遥调)及与各种智能设备通讯的能力。可向上级调度发送信息及接受上级调度的指令。

(10) 故障诊断和故障录波。故障时,能迅速诊断出故障回路及开关跳闸顺序,并显示故障录波波形。

(11) 事故重演。在人机界面上对追忆的数据进行显示。

(12) 自动生成操作票及五防闭锁专家系统。此系统可根据指定的操作对象,自动生成操作闭锁条件及相应操作票,并监视每一操作过程。如有操作错误则立即报警,并提示正确的操作顺序与对象。

(13) 母线联络开关实现备用电源自动投入(合环保护)及故障电源恢复后手动/自动检测同期后实现倒闸操作(自动合进线开关跳母联开关)。

(14) 完成计算机监控系统的系统功能。

7.4 案例设计:南方某村无人值守变电所电气系统设计

我国南方农村变电所大多是采用 35/10 kV 供电的,而东北大部分是 66/10 kV供电,本次设计对象为南方农村,故选用前者供电方式。要求在设计中,以小型化模式为基础,简化主接线。设计原始资料如下:电气主接线 35 kV 母线采用单母线运行方式,由一进一出两条 35 kV 线路组成,进线处不加保护,出线侧设线路保护;10 kV 侧馈电线路较多,负荷较为重要,因此采用单母线分段带旁路接线方式。

7.4.1 主接线设计

变电所的位置和容量确认后,主要考虑主变压器台数及容量。正常情况下,为了提高供电的可靠性,防止因一台主变故障或检修影响整个变电站的供电,变电站中一般装设两台主变压器,互为备用。若变电站装设三台主变,虽然供电可靠性有所提高,但是投资较大,接线网络较复杂,增大了占地面积、配电设备及继电保护、维护和倒闸操作的复杂性,并且会造成中压侧短路容量过大,不宜选用轻型设备。由于此变电所以农业及工业用电为主,可配置相同容量的变压器并联运行,选择两台 10 000 kV · A 三相双绕组有载自冷式调压变压器,型号为 SZ-10000/35,额定电压比为 35±3 * 1.25%/10.5 kV,接线组别为 Y_{d11},该变压器能满足当地农村 5～10 年的规划负荷用电,并可以满足远期 10～20 年的负荷发展。

35 kV 由二回输电线的分支线接入变电所,采用双线路双变压器组接线方式,正常时双线双变压器分列运行。同时,在双变 35 kV 母线上设联络高压负荷隔离开关,一回线检修时可由另一回线带双变运行。变电所 10 kV 侧本期出线 8 回,预留 8 回,全部为电缆出线。由于馈电线路较多,负荷较为重要,因此采用单母线分段方式。单母线分段接线优点有:① 母线发生故障时,仅故障母线停止供电,非故障母线仍可继续工作,缩小母线故障影响范围。② 对双回线路供电的重要用户,可将双回路接于不同的母线段上,保证供电。

图 7.5 为主接线示意图。

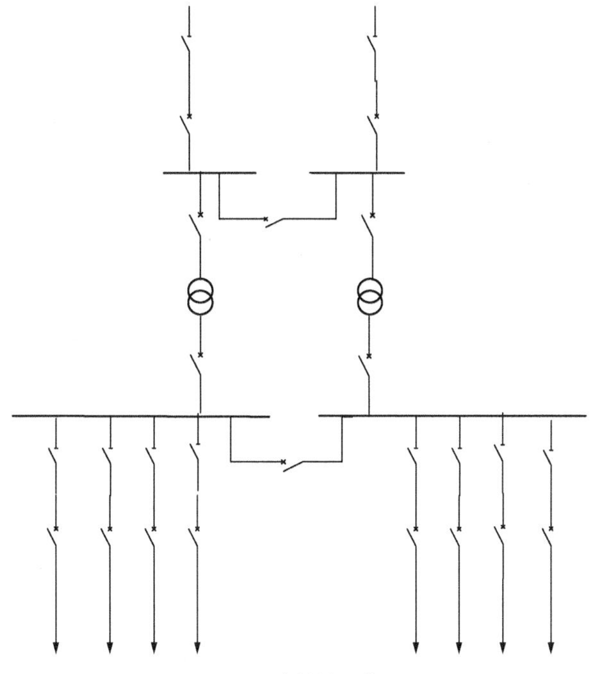

图 7.5 主接线示意图

7.4.2 设备选择校验

1) 电气设备的选择与校验

农村变电所一般位置距电源点较远,为方便地区电网电压的灵活调整,变电所安排一定容量的低压电容器是很重要的。由于农村变电所带负荷比较分散,因而从电网经济运行的角度出发,农村变电所电容器的无功补偿应采用集中和分散相结合的方式进行补偿。按照农村电网电力规划设计导则,农村变电所电容器的安装容量可按变压器容量的10%~15%选定,本设计中 35 kV 变电所的 10 kV 母线侧可装设 2×1 200 kvar 的低压电容器。

高压电气设备主要有高压断路器、高压隔离开关、高压负荷开关、高压熔断器、互感器、高压开关柜、避雷器等,而低压设备主要有低压断路器、低压熔断器、低压开关、低压开关柜等。计算短路电流后,进行设备选型。

2) 短路电流的计算

根据《农网电力规划设计导则》的规定,35 kV 电网的短路电流水平应限制在 16 kA 以下,故变电所设备选择时应依次短路电流水平进行设备选择校验。

结合目前 35 kV 熔断器的开断电流水平(7 kA 以下)和 35 kV 变电所装设熔断器方案,35 kV 母线的短路电流水平应控制在 7 kA 以下,故设备选择校验应按短路电流 7 kA 选择。

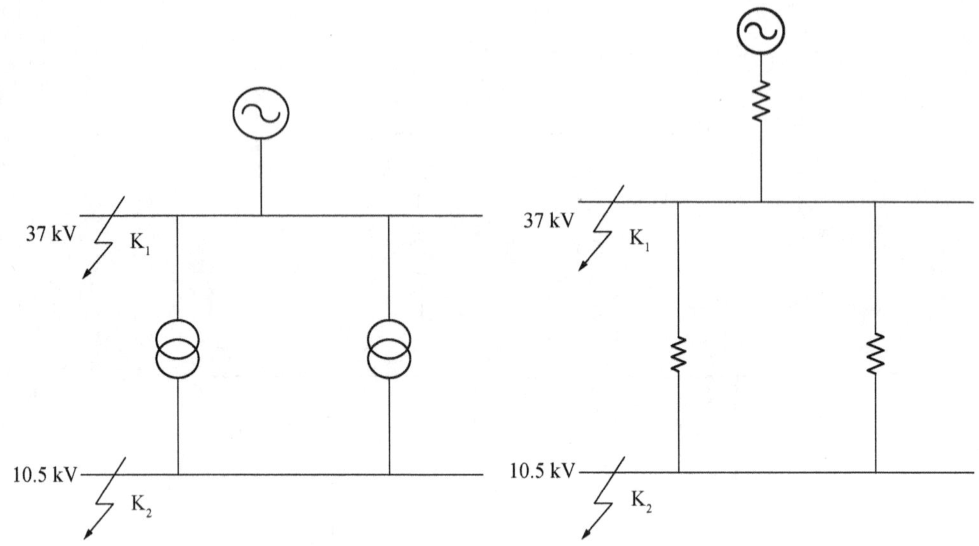

图 7.6　供电系统接线图　　图 7.7　正序阻抗图

由图 7.6 供电系统接线图，根据远期系统参数进行短路电流计算，取基准容量 $S_d=100$ MV · A，基准电压 $U_d=U_{av}$，两个电压的基准电压分别为 $U_i=37$ kV，$U_j=10.5$ kV。

系统：上级变压器 $X_1^*=0.2229$

变压器：$X_2^*=X_3^*=\dfrac{U_K\%}{100}\dfrac{S_d}{S_n}=\dfrac{7}{100}\times\dfrac{100}{10}=0.7$

计算 K_1 点短路时的短路电流及短路容量。

① 计算短路回路总阻抗标幺值

$$X_{K1}^*=X_1^*=0.2229$$

② 计算 K_1 点所在电压级的基准电流

$$I_{d1}=\frac{S_d}{\sqrt{3}U_i}=\frac{100}{\sqrt{3}\times 37}=1.56\ \text{kA}$$

③ 计算 K_1 点短路电流各量

$$I_{K1}^*=1/X_{K1}^*=4.49$$

$$I_{K1}=I_{d1}I_{K1}^*=1.56\times 4.49=7.004\ \text{kA}$$

$$i_{sh.K1}=2.55I_{K1}=2.55\times 7.004=17.86\ \text{kA}$$

$$S_{K1}=\frac{S_d}{X_{K1}^*}=100\times 4.49=449\ \text{MV}\cdot\text{A}$$

计算 K_2 点短路时的短路电流及短路容量。

① 计算短路回路总阻抗标幺值

$$X_{K2}^{*}=X_1^{*}+X_2^{*}\,//\,X_3^{*}=0.2229+0.35=0.5729$$

② 计算 K_2 点所在电压级的基准电流

$$I_{d2}=\frac{S_d}{\sqrt{3}U_i}=\frac{100}{\sqrt{3}\times 10.5}=5.5\ \text{kA}$$

③ 计算 K_2 点短路电流各量

$$I_{K2}^{*}=1/X_{K2}^{*}=1.746$$

$$I_{K2}=I_{d2}I_{K2}^{*}=5.5\times 1.746=9.6\ \text{kA}$$

$$i_{sh.K2}=2.55I_{K2}=2.55\times 9.6=24.48\ \text{kA}$$

$$S_{K1}=\frac{S_d}{X_{K2}^{*}}=100\times 1.746=174.6\ \text{MV}\cdot\text{A}$$

$$I_{c1}=\frac{S_N}{\sqrt{3}U_N}=\frac{10\,000}{\sqrt{3}\times 37}=156\ \text{A}$$

$$I_{c2}=\frac{S_N}{\sqrt{3}U_N}=\frac{10\,000}{\sqrt{3}\times 10.5}=550\ \text{A}$$

可得图 7.7 正序阻抗图，短路计算结果可进行各级电压设备选择和校验（见表 7.1、表 7.2）

表 7.1 设备选型表

设备名称	型号	短路点编号	计算值				保证值				备注
			工作电流(A)	短路电流有效值(kA)	短路电流冲击值(kA)	短路电流热效应($kA^2\cdot s$)	额定电流(A)	额定开断电流(kA)	动稳定电流(kA)	热稳定电流($kA^2\cdot s$)	
断路器	ZW-40.5	K_1	156	7.004	17.86	$7^2\times1$	1250	25	63	$25^2\times4$	35 kV 侧
	ZWG-10	K_2	550	9.6	24.48	$9.6^2\times1$	1250	20	50	$20^2\times3$	主变压器进线
	ZWG-10	K_2	183.3	5.958	15.193	$5.958^2\times1$	630	12.5	50	$12.5^2\times3$	馈线
隔离开关	GW4-35ID(W)	K_1	156	7.004	17.86	$7^2\times1$	630		50	$20^2\times4$	35 kV 侧
电流互感器	LZZBW-10	K_2	183.3	5.958	15.193	$5.958^2\times1$	300		130	$60^2\times1$	馈线
	LZZBW-10	K_2	550	9.6	24.48	$9.6^2\times1$	800		130	$60^2\times1$	主变压器进线

表 7.2　导线及电缆选择表

序号	安装地点回路名称	短路点编号	计算值			导体型号及截面	保证值	
			工作电压(kV)	工作电流(kA)	热稳定要求的小截面(mm^2)		持续允许电流(A)	计算截面(mm^2)
1	35 kV 主变压器进线	K_1	37	156	123.869	LGJ－120/20	407	134.49
2	10 kV 主变压器进线	K_2	10.5	550	118.171	LGJ－300/25	754	331.3
3	35 kV 母线	K_1	37	165	123.869	LGJ－120/20	407	134.49
4	10 kV 母线	K_2	10.5	550	118.71	LGJ－300/25	754	331.3
5	电容器电缆		10.5	110	78.713	YJV－8.7/10－3＊70	240	70

7.4.3　防雷与接地设计

1）防雷设计

农村 35 kV 变电所的防直击雷保护的措施主要有：装设避雷针保护整个变电所建筑物；在 35 kV 电力线路进线段 1～2 km 内装设避雷线，使该段线路免遭直接雷击，如图 7.8 所示。10 kV 架空线路在每路进线终端装设 FZ 型或 FS 型阀型避雷器，如图 7.9 所示。

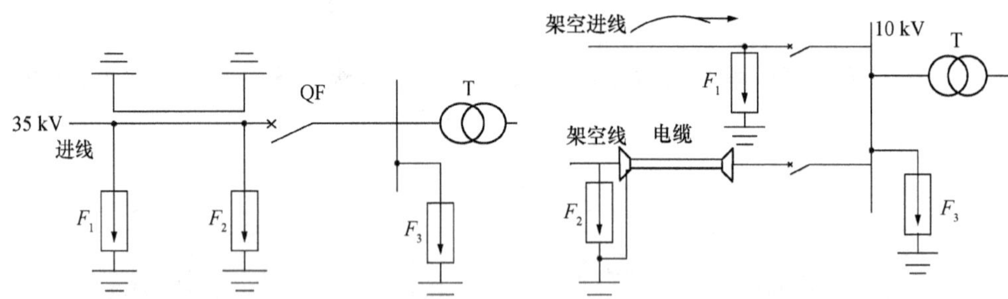

图 7.8　变电所 35 kV 进线防雷保护接线　　**图 7.9　10 kV 变配电所进线防雷保护接线**

变电所区面积约为 30 m×30 m，采用 1 支独立避雷针保护，避雷针高 35 m；35 kV、10 kV 每段母线上均装一组避雷器；变压器 35 kV 侧、10 kV 侧均装设避雷器；10 kV 每组出线连接处装设一组避雷器。

因避雷针的保护范围以其能防护直击雷的空间来表示，按新颁国家标准，采用“滚球法”来确定。滚球半径 h_r 按建筑物防雷类别确定，本变电所设为第三类防雷建筑物，即 $h_r=60$ m，被保护物高 $h_x=7.5$ m，则避雷针保护半径为：

$$r_x=\sqrt{h(2h_r-h)}-\sqrt{h_x(2h_r-h_x)}=\sqrt{43*(2*60-43)}-\sqrt{7.5*(2*60-7.5)}$$
$$=28.5\ \text{m}$$

2) 接地设计

变电所的接地设置采用水平接地体为主垂直接地体为辅且边缘闭合的复合接地网，接地体的截面经热稳定校验，计算材料的腐蚀程度，考虑一定裕度后确定，对独立避雷针设置集中接地装置。

根据DL/T 620－1997《交流电气装置的过电压保护和绝缘配合》规程：农村35 kV变电所的接地电阻要求为：变电所内接地网施工完毕后实测接地电阻值，要求在任何时候不大于4 Ω，若大于4 Ω则考虑采取降阻措施。

(1) 计算接地电阻

接地体与土壤之间的接触电阻及土壤的电阻之和称散流电阻；散流电阻加接地线本身的电阻称接地电阻。

估算可利用的自然接地体工频接地电阻：

$$R_{\mathrm{E(nat)}} \approx \frac{0.2\rho}{\sqrt[3]{V}} = \frac{0.2\times200}{\sqrt[3]{5\times7.5\times1}} = 12$$

式中：ρ——土壤电阻率(Ω·m)，黄土ρ=200 Ω·m；

V——钢筋混凝土基础的体积(m^3)。

按设计规范允许的接地电阻，R_{E}必须满足$R_{\mathrm{E}}\leqslant 4$ Ω，故所需补充的人工接地体的接地电阻$R_{\mathrm{E(man)}} = \frac{R_{\mathrm{E(nat)}}R_{\mathrm{E}}}{R_{\mathrm{E(nat)}}-R_{\mathrm{E}}} = \frac{12\times4}{12-4} = 6$ Ω。

接地装置方案初选采用环路式接地网，初步考虑围绕变电所建筑四周打入一圈钢管接地体，钢管直径为50 mm，长为2.5 m，间距为7.5 m，管间用40 mm×4 mm的扁钢连接，单根钢管接地电阻$R_{\mathrm{E(1)}} = \frac{\rho}{L} = \frac{200}{2.5} \approx 80$ Ω。

(2) 确定接地钢管数和接地方案

$\frac{R_{\mathrm{E(1)}}}{R_{\mathrm{E(man)}}} = \frac{80}{6} = 14$，考虑到管间的屏蔽效应，初选19根钢管作接地体，即$n=19$，$\frac{a}{l}=3$，$\eta_{\mathrm{E}}\approx 0.70$，所以$n=\frac{R_{\mathrm{E(1)}}}{\eta R_{\mathrm{E(man)}}} = \frac{80}{0.7\times6} = 19$。考虑到接地体的均匀对称布置，最后确定用19根直径50 mm、长2.5 m的钢管做接地体，做管间距2.5 m的环形布置，管间用40 mm×4 mm的扁钢连接，附加均压带。管顶距离地面0.7 m，扁钢距离地面0.75 m，与钢管用电焊或气焊牢固连接，围绕变电所周围水平敷设。高压配电室和低压配电室分别有两处和接地体连接，变压器室有一处和接地体连接。

高压开关柜、补偿电容器和低压配电屏的外壳与底座角铁用螺丝牢固连接，外引接地线和变电所内各接地装置的接地联络线和底座角铁连接，变压器的工作接地由中性点引下。

7.4.4 综合自动化系统设计

1）整体结构设计

变电所综合自动化是广泛采用微机保护和微机远动技术，对变电所的模拟量、脉冲量、开关状态量及一些非电量信号分别进行采集，经过功能的重新组合，按照预定的程序和要求对变电所实现自动化监视、测量、协调和控制的集合体和全过程。本案例按无人值守方式进行设计，采用保护控制一体化的分层分布式结构，如图 7.10 所示。

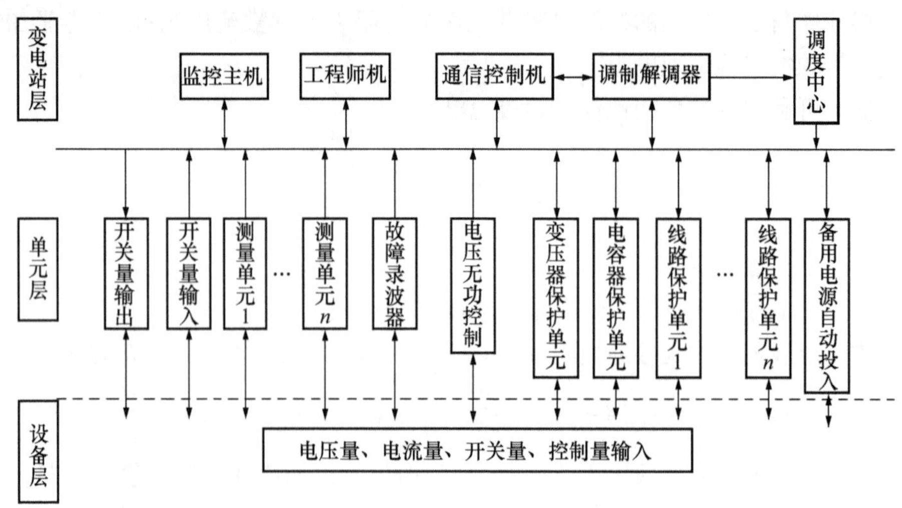

图 7.10 分层分布式综合自动化系统框图

设备层包括所内 35 kV 进线侧、主一次和主二次的断路器及其辅助触点、隔离开关、接地刀闸、电流互感器、电压互感器，10 kV 侧断路器及其辅助触点、隔离开关、接地刀闸、电流互感器、电压互感器、电容器等。

单元层采用具有测量控制和保护功能的模块化结构，包括 35 kV 进线保护及测控单元、主一次保护及测控单元、变压器保护及测控单元、主二次保护及测控单元，10 kV 线路保护及测控单元、电压互感器并列单元、备自投单元、公用测控单元、低周减载单元、小电流接地选线单元等，每个单元提供两组独立运行模式进行程序设计。保护运行不受测量影响，也不依赖网络通信。在保证可靠性情况下，通过保护、测控功能实行信息共享。

单元层面板采用面向对象设计，即面向电气一次回路或电气间隔，采用大屏幕图形液晶显示，提供图形和文字相结合的人机界面。

所有独立的单元装置直接通过局域网或串行总线与变电站层联系，变电所的监控主机负责与调度中心的通信，完成四遥任务，工程师实时收集变电所运行和事故信息，并通过对变电所的故障信息进行综合分析，为事故分析、故障定位和计算整定工作提供科学依据。

2）变电所综合自动化系统各项功能设计

（1）监控、控制系统功能设计

变电所综合自动化系统的主要功能包括数据采集、继电保护、运行控制、信息远传、事故报警，并实现遥信、遥测、遥控和遥调。本次设计对监控、控制系统设计如下功能：

模拟量采集：完成所内各段母线电压，线路电压、电流、有功功率、无功功率，主变电流、有功功率、无功功率，馈线电流、电压、功率、频率、功率因数等参数的采集；

状态量采集：完成所内各断路器位置状态、隔离开关位置状态、继电保护动作状态、有载调压变压器分接头的位置状态、变电所一次设备运行警告信号、接地信号等参数的采集；

数字量采集：采集由计算机构成的保护或自动装置信息，如保护装置发送的测量值及定值、自诊断信息、波形等；

脉冲量采集：通过脉冲电能表输出的电量脉冲值实现电能量的监测，采用微机电能计量仪表计算；

事件顺序记录：断路器跳合闸记录、保护动作顺序记录；

故障录波和故障测距故障记录：记录继电保护动作前后与故障有关的电流量和母线电压，采用专用故障录波屏，采集 35 kV 侧电压、电流，当发生事故时有助于尽快查明故障点，缩短修复事件，减少损失，提高安全可靠性；

人机对话：运行人员通过人机对话可以观察和了解全所的运行情况和参数，可对数据进行管理；

操作控制：实现变电所正常运行的监视和操作，保证变电所正常运行，安全运行人员可对断路器和隔离开关进行分合操作，对变压器分接头位置进行调节控制，对电容器组和电抗器组进行投切控制，配套闭锁装置；

安全监视：在监控系统运行过程中，对采集的电流及电压、主变的温度频率等量进行运行监控，对断路器、隔离开关、接地开关、变压器分接头位置和运行情况进行状态变位监视，对正常测量值、超过限定值的报警信号等进行模拟量的监视；

打印：定时打印报表，开关操作记录、事件顺序记录等；

数据处理与记录：历史数据的形成和存储，对包括调度中心变电管理和继电保护要求的数据进行处理与记录。

（2）保护系统功能设计

对变电所的主要设备及输电线路实现全套保护。

微机保护系统：设置线路保护、变压器保护、馈线保护、电容器保护等，35 kV

进线采用带双回线的距离保护，变压器采用差动保护，高后备及低后备采用过电流保护，本体采用轻瓦斯和重瓦斯，对油温、油位、压力进行检测和保护，10 kV 馈线回路采用三相三段式过流保护，电容器采用三段式过电流保护、过电压保护、低电压保护、不平衡电压保护；

电压无功综合控制：自动调节有载调压变压器的分接头位置，自动控制无功补偿设备的投切、控制及运行；

低周减负荷控制：采用低频减负荷装置，根据系统频率下降的情况进行负荷的切除，保证电力系统频率正常；

备用电源自投控制：采用分段备自投，在系统故障或其他原因导致工作电源被断开后能迅速自动将备用电源或备用装置投入工作，提高供电可靠性。

3）微机保护设计

本次设计的微机保护主要包括：线路保护、变压器保护、母线保护、电容器保护、距离保护、备用电源自投装置和多次自动重合闸装置等。

（1）主变压器保护

① 纵联差动保护：作为变压器引出线、套管及内部故障的主保护，瞬时动作跳两侧断路器。

② 气体保护：作为变压器内部故障的主保护，其中轻瓦斯动作发信号，重瓦斯动作跳两侧断路器。

③ 有载分接开关调压装置：轻瓦斯动作发信号，重瓦斯动作于跳两侧断路器。

④ 温度信号装置：作为变压器上层油温的信号装置。

（2）主变压器后备保护

① 35 kV 侧设置过电流保护，动作跳两侧断路器。

② 35 kV 侧设置过负荷保护，动作发信号。

（3）线路保护

10 kV 线路采用速断和带时限过流保护，配置自动重合闸装置，通过负荷定值，实现负荷监控。

① 电流速断保护

电流速断保护是反应电流增大而瞬时动作的保护，一般只保护线路的一部分。电流速断保护装于线路的电源处。下面以 1＃出线为例，说明电流速断的整定过程。

速断保护的动作电流按躲开被保护线路末端最大短路电流来整定。

$$I_{dz}=K_{rel}I_{d1.\max}=1.3\times5\ 985=7.78$$
$$I_{dz.j}=I_{dz}/n_{th}=7\ 780\times(2\ 000/5)=19.45$$

式中：K_{rel}——可靠系数，取 1.2～1.3；

$I_{d1.max}$——线路末端最大短路电流（A）。

灵敏度校验按被保护线路始端短路时，流过保护安装处的最小两相短路电流校验。

$$l_{b.zx}=\frac{1}{x_1}\left(\frac{\sqrt{3}}{2}\times\frac{E}{I_{dz}}-x_{x.zd}\right)=\frac{1}{0.4}\times\left(\frac{\sqrt{3}}{2}\times\frac{10.5/\sqrt{3}}{7.78}-0.5729\times\frac{10.5^2}{100}\right)=1.78$$

式中：$l_{b.zx}$——电流速断保护的最小长度（km）；

$x_{x.zd}$——系统的等效电抗（Ω）。

$\frac{l_{b.zx}}{l_1}\times100\%=\frac{1.78}{5}\times100\%=35.6\%\geqslant15\%$，满足灵敏度校验要求。

② 定时限过电流保护

定时限过流保护是反应电流增大而动作的保护，要求保护本条线路全长和下条线路全长，作为本条线路主保护拒动的后备，也作为下条线路保护和断路器拒动的后备，要求在最大负荷时，保护不动作。下面以 1＃出线为例，说明定限时过流保护的整定过程。

动作电流按躲开被保护线路的最大负荷 $I_{f.zd}$，在自起动电流下继电器能可靠返回来整定。

$$I_{dz}=\frac{K_{rel}K_{zq}}{K_f}I_{f.zd.}=\frac{1.2\times2}{0.85}\times686.3=2230.5$$

式中：K_{rel}——可靠系数，取 1.15～1.25；

K_{zq}——自启动系数，取 1～3；

K_f——返回系数；取 0.85；

$I_{f.zd.}$——被保护线路的最大负荷电流（kA）。

对于 1＃出线

$$I_{f.zd.}=\frac{10000\times1.08\times0.9\times e^{5\times0.05}}{\sqrt{3}\times10.5}=686.3$$

$$I_{dz.j}=I_{dz}/n_{th}=2230.5\times(2000/5)=5.57$$

作为本条线路后备保护，灵敏度校验结果为 $K_{im}=\frac{I_{d.min}^{(2)}}{I_{dz}}=\frac{\sqrt{3}/2\times2448}{2230.5}=1.9\geqslant1.5$，满足灵敏度校验要求。

式中：$I_{d.min}^{(2)}$——保护区末端两相金属性短路时流过保护的最小短路电流。

时间整定：定时限过流保护整定时间为 $t=0.5$ s。其他出线的电流速断、定时限过流保护整定计算与上面相同，这里不再赘述。

4) 监控系统设计

监控主机(上位机)应能接收下级装置(综保及转换模块等)上传的所有状态量、测量量、电度量、继电保护工况和动作信息等,并对其进行分类、存储、显示、打印、报警,同时根据各级别密码实现不同权限的远方或站内控制、参数设置和遥调等,并应具备如下主要功能:

(1) 显示动态模拟图。在一次系统图上实时显示 U、I、P、Q、W、kW · h、$K_{kvar \cdot h}$、F、$\cos\varphi$、谐波、温度及各种遥信量(断路器、刀闸、接点状态,保护信号工况等)

(2) 负荷曲线、电压及电流柱形图的显示。

(3) 电量统计报表(日、月、年)的显示和打印(定时打印及召唤打印),定时打印时间可人为设置。

(4) 故障报警。对电压、电流、功率、频率、功率因数越限,开关量变位,继电保护动作,过负荷等工况实时发出报警信号。

(5) 历史数据应至少保存一年待查。

(6) 电量的分时管理。按时段对电量进行累计,如按日峰、日谷、月高峰、月低谷进行统计。

(7) 操作权限。所有操作,如修改参数、保护投入及退出等均有密码控制,并对操作情况及操作人记录存盘。

(8) 显示保护动作的结果及记录的信息、时间等。

(9) 具有四遥功能(遥测、遥控、遥信、遥调)及与各种智能设备通讯的能力。可向上级调度发送信息及接受上级调度的指令。

(10) 故障诊断和故障录波。故障时,能迅速诊断出故障回路及开关跳闸顺序,并显示故障录波波形。

(11) 事故重演。在人机界面上对追忆的数据进行显示。

(12) 自动生成操作票及五防闭锁专家系统。此系统可根据指定的操作对象,自动生成操作闭锁条件及相应操作票,并监视每一操作过程。如有操作错误则立即报警,并提示正确的操作顺序与对象。

(13) 母线联络开关实现备用电源自动投入(合环保护)及故障电源恢复后手动/自动设置检同期后实现倒闸操作(自动合进线开关跳母联开关)。

(14) 完成计算机监控系统的系统功能。

选择 BJ - 3 监控系统作为本变电所监控系统,该系统由各种不同的功能部件配置而成,通过灵活的配置与组态,可满足各种无人值班变电站电气运行的监视与控制要求,图 7.11 为 BJ - 3 监控系统原理框图。

本工程由 1 个主控部件、7 个从控部件以及后台监视系统组成,分装在 2 个机柜内,各功能插件由各种功能部件的不同组合及一个直流工作电源装入 4U 标准插箱内而成。功能部件分为四类：

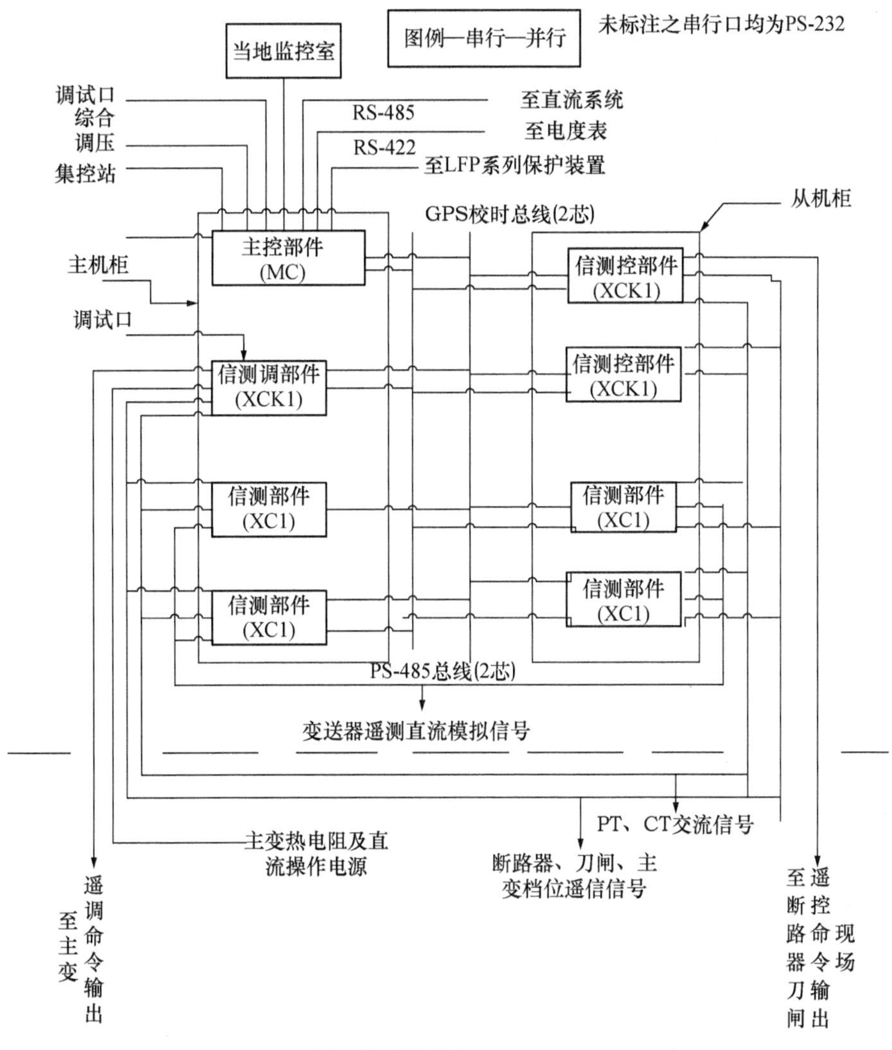

图 7.11 监控系统结构图(Control system structure)

① 信测部件(XC1)：采集遥信、遥测数据并发往主控部件。

② 信测控部件(XCK1)：除具有遥测功能外，还可接受主控部件对 4 个断路器的控制命令(合、分)，并输出执行。

③ 信测调部件(XCT1)：除具有信测部件的功能外，还可接受主控部件对 23 台主变压器的档位调节命令，并输出执行。

④ 主控部件(通信部件 MC)：提供 10 个通信端口，与各从控部件、保护系统、直流电源、计量系统、无功综合控制系统、当地监控机、调度中心、集控站等进行数

据通讯,并可接受卫星校时命令,每秒向外输出一个校时脉冲,保证所有设备时钟同步,对整个变电站进行控制、管理。

BJ 3 监控系统的当地监控功能十分强大,在后台彩色显示器(CRT)上可用主接线图、表格、曲线、棒图等形式显示变电站的运行状态和运行参数,以不同的颜色区分不同的状态(断路器的分、合,检修、运行参数的正常、越限等);可进行断路器、刀闸的分合操作及主变分接头的控制,可以多种形式(语舌、音响、文字、颜色等)表示开关变位、参数越限等;可抑止报弊、修改限值;可进行报表的自动定时打印、事故报文自动打印等,屏幕界面可任意复制,具有各种统计,计算功能,屏幕可显示所要的保护定值、保护测量值,并可根据操作权限,修改各种参数等。

BJ 3 监控系统可向远方发送遥测、遥信数据,可同时向两个调度所发送不同内容、不同规约的报文,可向调度所转发事件顺序记录和保护的定值、测量值,自检等信息;可执行调度所下达的遥控、遥调、修改保护定值、保护的投退及复归等命令,事件准确率可达 99.99%。

按建设方式的不同,无人值班变电所的设计有三种基本方案:新建方案、改造方案和发展方案。本次设计主要针对新建方案进行设计思路的探讨。所谓新建方案,是指以小型化模式为基础,简化主接线,采用检修周期长、可靠性更高的新型一次设备,装设微机远方监控设备和其他自动化设备,实现主控端(调度室)对变电所的三遥或四遥监控。这种方案应用先进技术和先进装备,符合中国农电实际,具有小型化的主要特点:技术先进、安全可靠、户外式、占地少、造价低,能满足农网变电所安全经济的无人值班运行。

本案例设计的无人值班变电所占地面积小、投资省、建设工期短,解放了变电值班人员,同时其运行和管理费用低,具有显著的经济效益。相信对该 35 kV 无人值班变电所模式的研究可为今后推广无人值班变电所积累经验。

参考文献

[1] 唐志平.供配电技术[M].北京:电子工业出版社

[2] Ronaid P. O Riley.电气工程接地技术[M].北京:电子工业出版社,2004

[3] 航空工业部第四规划设计研究院,等.工厂配电设计手册[M].北京:水利电力出版社,1983.

[4] 段传宗.无人值班变电所及农网综合自动化[M].北京:中国电力出版社,1998

[5] 刘介才.工厂供电设计指导.机械工业出版社,2008

[6] 刘介才.工厂供电简明设计手册[M].北京:机械工业出版社,1998

[7] 丁书文.变电站综合自动化技术[M].北京:电力工业出版社,2005

[8] 黄益庄.变电站综合自动化技术[M].北京:中国电力出版社,2000

[9] 金午桥,洪宪平.变电站自动化新技术的应用研究[J].电网技术,2000,33(5):51-54

[10] 刘清瑞.简论超高压变电站自动化系统的发展策略[J]. 电网技术,1999,23(2):77-80

[11] 国家电力公司.农村电网建设与改造管理办法[EB/OL]. http://www.docin.com/p-90474132.html,/2017-05-06

[12] 四川省电力工业局.变电所自动化技术与无人值班[M].北京:中国电力出版社,1998

[13] 税正中,施怀瑾.电力系统继电保护[M].重庆:重庆大学出版社,1997

[14] 国家电网公司,县城电网建设与改造技术导则[EB/OL]. http://wenku.baidu.com/view/ba3e42dca d51foldc281f156.html,/2012-02-16/2017-05-08

[15] 建筑物防雷设计规范. GB 50057-94[M].北京:中国计划出版社,1994

[16] 电气制图. GB 6988-86[M].北京:中国标准出版社,1986

[17] Barbier C,Carpentier L,Saccomanno F. CIGRE SC32 report:tentative classification and terminologies relating to stability problems of power systems[J]. Electra,1978

[18] Crary S B,Herlitz I,Favez B. CIGRE SC32 report:system stability andvoltage,power and frequency control[R]. Paris:CIGRE,1988

[19] Das S. ORBWork: A Distributed CORBA-Based Runtime For The METEOR2 Workflow Management System. Master's Thesis,University of Georgia,Computer Science Department,1997

[20] Palaniswami D. Development of WebWork: METEOR2's Web-Based Workflow Management System. Master's Thesis. University of Georgia,Athens,GA,1997

[21] [3] Loyka S L. A Simple Formula for the Ground Resister Calculation. IEEE Trans on Electromagnetic Compatibility,1999

[22] Alonso G,Agrawal D,Abbadi El A. Exotica/FMQM:A Persistent Message-based Architecture for Distributed Workflow Management. IBM Research Report RJ9912,IBM Almaden Research Center,1994

[23] Weissenfels J,Wodtke D,etc. Mentor Architecture for Enterprise-wide Workflow Management[EB/OL].

[24] Power Electronics,Third Edition,Mcgraw hill book,1993

[25] Tanenbaum,A,Computer Networks,4th Ed. 2003,Prentice-Hall

[26] Rake V A,Unman M A,Fernandez M I,Mata C t et el. Direct lightning strikes to the lightning protective system ofa residential building:triggered-lightning experiments. Power Engineering Society Summer Meeting;2002 IEEE,2002

[27] Rake V A,Unman M A,Fernandez M I,et a1. Directt lighting strikes to the lightning protective system of a residential building,IEEE Transactions on Power Delivery,2002

8 新能源在农网中的应用研究

我国是一个能源生产与消费大国，经济的快速发展导致能源需求快速增长，能源已成为对国民经济发展有重大影响的支柱产业。进入新世纪后，发展与深化“新农村、新电力、新服务”，建设新型农网，提高农网自动化，成为国家电网公司农电工作的战略重点。随着农村工业化、城镇化进程速度加快，对能源的需求大幅增长。据统计，近年来农村能源消耗量已占全国总能源消耗的 30%以上，用电量已达到全国总用电量的 51%，并且保持 10%以上的速度增长，农网智能化建设实施之后，这一增长势头更是显著。由于我国燃料供应主要以煤炭为主，如此巨大的能源需求会导致煤炭供应不足，煤炭与电力价格也将随之上涨，给许多农村电网带来难以承受的负担。为解决能源紧缺问题，新能源发电已成为世界电力发展的新方向。农村地区分布着大量可再生能源，如风能、水能、太阳能和生物质能等，其中微型水力、低速风力以及太阳能分布广阔，资源极为丰富。据农业部估算和统计，全国广大农村地区的可再生能源每年可获得相当于 73 亿吨标准煤的能量，相当于目前全国农村能耗总量的 12 倍。清洁能源建设是国家构建“资源节约型、环境友好型”社会的重要政策，国家电网公司出台了一系列积极政策促进光伏、风电等分布式能源发展，因此，在农村大力开发新型供能系统，是新农村能源供给体系不可缺少的一部分。

8.1 新能源概述

8.1.1 新能源发电技术简介

本节主要讨论农村资源较为丰富的太阳能、风能、水能、生物质能、地热能和潮汐能等的发电技术。

1) 太阳能光伏发电技术

太阳能发电有两种方式，一种是光热电转换方式，另一种是光电直接转换方式。其中，光电直接转换方式是利用光电效应，将太阳辐射能直接转换成电能，光电转换的基本装置是太阳能电池。通过太阳能电池(又称光伏电池)将太阳辐射能转换为电能的发电系统称为太阳能电池发电系统(又称太阳能光伏发电系统)。

太阳能光伏发电技术是利用光伏电池将太阳能直接转换成电能，独立运行或并入电网运行是太阳能光伏发电的两种主要发电方式。独立运行是指不将太阳能这种分布式能源并入主电网，一般由光伏阵列、控制器、蓄电池和逆变器组成，电能的唯一来源是太阳能电池阵列。为保证稳定性和运行效率，系统必须配备蓄电池来储存和调节电能。并网运行是指将太阳能这种分布式能源并入主电网，通过电力电子器件（并网逆变器、光伏阵列模块）和电网部件相连接，同时利用适当的控制策略控制光伏阵列模块，使其运行在最大功率点，向电网注入正弦电流。并网之后，光伏电池会在最大功率点处一直运行。太阳能光伏发电已进入大规模商业化发电阶段，并网运行方式是电力工业组成部分的重要方向之一，是当今世界太阳能光伏发电技术发展的主流趋势。

太阳能光伏发电具有不消耗任何燃料、不受地域限制、建设灵活、运行可靠、维护简单和零污染等诸多优点。但由于其发电成本较常规发电上网通常要贵十多倍，导致以前没有在农村大规模建设太阳能发电厂。但随着科技的进步、光伏电池成本的下降、能源形势的走向以及价格形成机制的变化，太阳能发电将成为最具有竞争力的发电技术，也必将成为农村发电系统的主力军。

2）水力发电技术

水力发电是使河流、湖泊等位于高处具有势能的水流至低处，将其中所含势能转换成水轮机之动能，再以水轮机为原动力，推动发电机产生电能。水力发电在某种意义上讲是水的位能转变成机械能再转变成电能的过程。

按照水源的性质，有常规水电站发电和抽水蓄能发电两种发电方式。其中常规水电站发电是利用天然河流、湖泊等水源发电；抽水蓄能电站发电是利用电网负荷低谷时多余的电力，将低处下水库的水抽到高处上存蓄，待电网负荷高峰时放水发电。常规水电站通常与降水量关系紧密，因此发电负荷具有较强的不稳定性，并且规律性和调节能力较差，需要研究预测模型的可行方案来提高发电负荷预测的准确性。

水力发电技术具有启动性快、可调性强、响应迅速等优点。但大型水电站会影响电站周围生态平衡和环境，所以近年来小型水电站成为水电技术的主要发展方向。我国水轮机及辅机制造行业进入快速发展期，其经济规模及技术水平都有显著提高，水轮机制造技术已达世界先进水平。

3）生物质发电技术

生物质发电是利用农业、林业、工业废弃物，甚至城市垃圾为原料（如秸秆、稻草、蔗渣、木糠等直接燃烧或发酵成沼气后燃烧），燃烧产生的热量使水蒸汽带动汽轮机进行发电，是可再生能源发电的一种。

按照发电方式的不同，生物质发电包括直燃发电、混燃发电、气化发电、沼气发电、垃圾发电等。直燃发电是将生物质在锅炉中直接燃烧，生产蒸汽带动蒸汽轮机及发电机发电。混燃发电使将生物质与煤混合作为燃料发电，包括生物质直接与煤混合后投入燃烧和生物质气化产生燃气与煤混合燃烧两种方式。气化发电是指生物质在气化炉中转化为气体燃料，经净化后直接进入燃气机中燃烧发电或者直接进入燃料电池发电。沼气发电是利用工农业或城镇生活中产生的大量有机废弃物，经厌氧发酵处理产生沼气，驱动发电机组发电。垃圾发电包括垃圾焚烧发电和垃圾气化发电，垃圾焚烧发电是利用垃圾在焚烧锅炉中燃烧放出的热量，将水加热，获得过热蒸汽，推动汽轮机带动发电机发电；垃圾气化发电是指在密闭的容器中，利用空气和蒸汽作为混合气化剂，将垃圾进行缺氧燃烧，炉温控制在 800 ℃，使垃圾释放出大量的一氧化碳、氢气、甲烷等可燃性气体，经过过滤和清洗后，将该气体转化为电能。垃圾气化发电技术的垃圾处理彻底、过程洁净，并可以回收部分资源，被认为是最具前景的垃圾发电技术。

生物质发电技术的优点在于其具有巨大的资源保障，有利于环境，而且可以提高农民的收入，这对其在我国经济可持续发展、节能减排和建设新型农网过程中使用起到推动作用。近年来，生物质气化发电发展非常快，预计到 2025 年之前，可再生能源中，生物质能发电将占据主导地位，利用生物质再生能源发电已经成为解决能源短缺的重要途径之一。

4）风力发电技术

风力发电技术是利用风轮把风的动能转变成机械动能，再把机械能转化为电力动能，主要包括风力机和发电机两大部分。风力机将吸收的风能转变为机械能，再通过变速齿轮箱增速驱动发电机，带动发电机构均匀运转，完成机械能转化成电能。风能是一种清洁的可再生能源，风力发电不需要使用燃料，也不会产生辐射或空气污染，是最成熟、最具潜力和最有商业化发展前景的利用洁净能源发电的方式之一。

风力发电机主要包括水平轴风力发电机和垂直轴风力发电机。水平轴风力发电机风轮的旋转轴与风向平行，有升力型和阻力型两类，升力型旋转速度快，阻力型旋转速度慢，实际中采用升力型水平轴风力发电机的较多；垂直轴风力发电机风轮的旋转轴垂直于地面或者气流方向，它在风向改变的时候无需对风，在这点上相对于水平轴风力发电机是一大优势，这不仅使结构设计简化，而且也减少了风轮对风时的陀螺力。

风力发电技术的优点在于风能是永不枯竭的能源，发电过程清洁，环境收益好，电站建设周期短，装机规模灵活。20 世纪 90 年代，世界风力发电得到了前所未有的飞速发展。中国风能储量很大，分布面广，仅陆地上的风能储量就有约 2.53 亿 kW，因此风力发电是国内新能源发电的战略重点，预计未来很长一段时间都将保持高速发展。

5）地热发电技术

地热发电技术是把地下的热水、高温岩体或蒸汽等所具备的地热能转换为机械能，再把机械能转换为电能的能量转变过程。超过沸点的中、高温地热（蒸汽）直接进入汽轮发电机组并推动汽轮机，带动发电机发电；或者通过热交换利用地热来加热某种低沸点的工作流体，使之变成蒸汽，然后进入汽轮发电机组并推动汽轮机，带动发电机发电。地热发电不需要装备庞大的锅炉，也不需要消耗燃料，是利用地下热水和蒸汽为动力源的一种新型发电技术，是新能源发电中最为现实并最具竞争力的技术之一。

根据开发的地热资源种类，地热发电分为蒸汽型地热发电和热水型地热发电两类。蒸汽型地热发电是把蒸汽田中的干蒸汽直接引入汽轮发电机组发电，但在引入发电机组前应把蒸汽中所含的岩屑和水滴分离出去，这种发电方式最为简单，但干蒸汽地热资源十分有限，且多存于较深的地层，开采技术难度大，故发展受到限制。热水型地热发电是利用地下热水所产生的蒸汽来推动汽轮发电机发电，是地热发电的主要方式，包括闪蒸系统和双循环系统。闪蒸系统即将高压热水从热水井中抽至地面，压力降低后，部分热水沸腾并"闪蒸"成蒸汽，蒸汽送至汽轮机做功，分离后的热水可继续利用后排出或回注入地层；双循环系统即地热水首先流经热交换器，将地热能传给另一种低沸点的工作流体，使之沸腾而产生蒸汽，蒸汽进入汽轮机做功后进入凝汽器，再通过热交换器，从而完成发电循环，地热水则从热交换器回流注入地下，双循环系统特别适合于含盐量大、腐蚀性强和不凝结气体含量高的地热资源。

地热发电的优点有：地热几乎是取之不尽、用之不竭的，并能随时随地被利用，经过一次发电后的流体还可以二次做功，发电效率高，节约了能源，在发电过程中不产生废水、废气等污染；相对于太阳能和风能的不稳定性，地热能不受天气、季节变化影响，是较为可靠的可再生能源，可以作为煤炭、天然气和核能的最佳替代能源。我国是一个地热能源蕴藏丰富并以中、低温地热能源为主的国家，仅中东部沉积盆地中就探明地下热水资源 491.7 亿 m^3，它们蕴涵的能量相当于 18.54 亿 t 标准煤，所以它是未来新能源发电的主要方式。

8.1.2　新能源发电的特性分析

1）新能源发电的典型特性

太阳能光伏发电安全可靠、能源质量高、无枯竭危险、无噪声、无污染、无需消耗燃料；太阳能随处可见，可就近供电，无需架输电线路，减少了线路损失，方便地域与建筑物相结合；发电系统没有运动部件，不易损坏，维修保养简单，维护费用低，适合无人值守；建设周期短，方便灵活，可根据负荷的增减任意添加或减少太阳能方阵容量。但发电量受气候影响，在晚上或阴雨天不能或很少发电；其能量密度较低，大规格使用时，需要占用较大面积；价格比较贵，为常规发电的 3～15 倍，初始投资较高。

水力发电的主要特点是水资源可再生，因此不会枯竭，但会受丰水年份和枯水年份的影响；水电站设备比较简单，上级电站使用过的水流可给下级电站使用，故发电成本和年运行费用较低，其年运行费用仅为同容量火电厂的 10%左右；水轮发电机启动操作灵活，可在几秒内完成负荷增减任务，因此水力发电是电力系统中调峰、调频、负荷备用、事故备用等的主力军；兴建水电站兼有灌溉、防洪、给水、航运及旅游等综合工程效益。但大型水电站的建设可能诱发地震、导致干旱或洪水，对地下水位、作物生长等产生不良影响，且会淹没农田，移民搬迁和安置费用巨大；水电站的建设周期较长，一次性投资较大。

生物质能发电是电网友好型电源，其处理调节性能好，可以参加电网调峰，和电网容易匹配；集中秸秆处理能防止农村大量秸秆焚烧导致的雾霾天气，有助于节能减排；生物质能来源广泛，储量丰富，有助于调整能源消费结构；生物质能的有效利用可带动农户收入增加，有助于精准扶贫；在各种新能源电力中，生物质能电力是最好的电力。

风力发电最显著的特点是清洁、环境效益好、可再生、装机规模灵活等，但其有功出力具有随机性和波动性，会对系统调度运行产生重大影响，需要调用其他地域的调峰资源参与调整风电，处理波动，减少弃风电量，实现风能资源的合理、有效利用。风力发电需要占用大片土地，噪声大，有视觉污染，影响鸟类生存，不稳定、不可控等因素是风电发展的技术瓶颈，且发电成本目前仍然很高。

地热发电的优点是一般不需燃料，发电成本多数情况下比水电、火电、核电低，设备的利用时间长，建厂投资一般低于水电站，且不受降雨量季节变化的影响，发电稳定，可以大大减少环境污染等。但无论何种地热类型，采用何种汽轮机类型，其热效率一般只有 6.4%～18.6%，大部分的热量白白地消耗掉，其对地下热水或蒸汽的温度要求一般都要在 150 ℃以上；地热源不宜离用热的城镇或居民点过远，否则投资多、损耗大、经济性差。

2) 新能源发电的共性特点

(1) 节能特性。新电源发电一般都靠近用户端，实行就近发电和用电，减少了远距离的电能传输，输电线上的线路损耗较低，稳定性较高。

(2) 环保特性。新能源发电利用的都是可再生能源，属于洁净能源，对传统发电的一氧化碳、二氧化碳、硫化物以及氮化物等有害气体排放起到良好的抑制作用；不需要远距离输电，故电压等级较低，产生的电磁污染较传统方式小很多。

(3) 灵活特性。大部分新能源发电具有电厂规模小、建设周期短、投资少、占地面积不大等优点，发电系统的控制设备性能先进、停开机方便、操作简单、调节灵活，可根据负荷的变化在短时间内进行发电并网或关停发电装置。

(4) 可靠特性。由于农村电网的智能化建设还刚刚起步，在改造过程中存在可靠性与稳定性降低的问题，加上地震、洪水、雪灾、人为损坏、战争等自然灾害导致的供电中断情况时有发生，故新能源发电的灵活特性可大大提高农网供电的可靠性。

8.2 新能源在农网中的应用

随着电力产科技的快速发展与进步，新能源正以飞快的速度渗透到传统配电网当中，新能源发电技术因其灵活性高、成本低、损耗小和节能环保等优势正渐渐改变着电力生产和电力传输模式，同时也逐步在农村电网得到快速应用。新能源方便就地建成小规模的低压电网(微电网)给周边地区的负载供应电能，不需要远距离的电能传输，对于用电较为分散的农村是较为理想的电源。

1) 光伏发电

早在 20 世纪 80 年代，我国就开始对太阳能光伏电池进行开发生产。光伏发电根据系统分类有两种模式，一种是离网光伏发电系统，一种是并网发电系统。当时在西部地区大力推广离网光伏发电，推出“光明工程”和“乡乡通”等项目；而现在农村的光伏发电系统一般都是并网系统，采取的是“自发自用，余电上网”的运行模式。

回顾国内太阳能光伏发电的历程，具有代表性的工程有：1998 年 10 月那曲安多县光伏电站，1998 年兰西拉光缆干线工程，1995 年西藏广播电视发射接收工程，1996 年塔中 4 -轮南输油输气管道应急高呼光伏电源系统，2010 年镇江市新区法院建筑群的光伏建筑一体化项目，2014 年长丰县美好乡村扶贫项目，2015 江苏省绿色能源(供电所光伏发电)试点项目，2015 年安徽省来安县全面启动乡村光伏发电项目等。从目前的发展趋势看，“送电到乡”工程解决了无电乡的供电问题，2006—2010 年，约有一万多个无电村和一百多万无电用户的用电问题得到了妥善解决，至 2011 年，国内已建成多座兆瓦级的光伏发电站，预计在未来的 10 年时间里，荒漠电站的装机量将达 13 GW。

随着光伏电站在农村的普及，不少农村房顶都装上了高科技的光伏电池板，摇身变成了光伏村。光伏发电系统非常适用于日照较为充足、农网基础条件较差以及人口居住和用电较为分散的农村地区，因此光伏企业十分看好农村市场。目前，在发展中国家农村地区应用最广泛的光伏发电系统主要是太阳能光伏用户系统

(Solar Home System，SHS)，可为家庭照明、电视、收音机或风扇等小型家电提供电能，但冰箱、电磁炉等较大功率的家用电器无法使用，该领域的发展方向主要是太阳能—柴油复合发电微电网。

在农村，之前人们认为太阳能发电是一种高新技术产品，不会操作和控制，对其安全性也不是太了解，加上并网困难、农网基础设施薄弱等原因，太阳能光伏发电技术的推广及使用一度受到限制。"十三五"期间，国家正进行第三次农网升级改造，将投资 6 500 多亿用于农网升级改造。新一轮的农村电网改造工程，给太阳能光伏发电带来了新的机遇，不仅能满足农民的日常电力消耗和消费升级的用电需求，而且还有望破解光伏扶贫、并网方面的难题。展望未来，光伏发电将在我国能源家族中起着越来越大的作用。

2) 小型风力发电

1978 年 1 月，美国在新墨西哥州的克莱顿镇建成了足够 60 户居民用电的风力发电机组；1978 年初夏，丹麦在日德兰半岛西海岸建成发电量达 2 000 kW 的风力发电机组，所发电量的 75%送入电网，其余供给附近的一所学校用；1979 年上半年，美国在北卡罗来纳州的蓝岭山，建成了一座世界上最大的发电用的风车，能满足北卡罗来纳州七个县 1%～2%的用电需要。

我国风电行业起步较早，但发展缓慢。20 世纪 90 年代，在国家政策的大力支持下，风电技术有了长足的进步，逐步形成新兴市场。"十五"期间，中国的并网风电得到迅速发展。2006 年，中国风电累计装机容量达到 260 万 kW，成为继欧洲、美国和印度之后风力发电的主要发展市场之一。2007 年我国风电产业规模延续暴发式增长态势，截至 2007 年底全国累计装机约 600 万 kW。2008 年 8 月，中国风电装机总量已经达到 700 万 kW，占中国发电总装机容量的 1%，位居世界第五，这也意味着中国已进入可再生能源大国行列。"十一五"期间，风电发展加快，投资规模在 2010 年达到 1 038 亿元。"十二五"期间，受"弃风"问题的影响，投资出现削减，但在 2014 年的风电抢装影响下，投资规模回升。至 2016 年，中国风电新增装机容量为 2 337 万 kW，累积装机容量达到 16 873 万 kW。

中国风能资源丰富，主要分布在内蒙古、新疆、东北地区和沿海岛屿，可开发利用的风能资源总量约为 2.53 亿 kW，国内最著名的风电场是新疆乌鲁木齐附近的达坂城风电场，总装机并网容量为 135 万 kW。我国西藏、四川、青海、新疆等西部地区居住地比较偏远的广大农牧民及海岛渔民，由于交通不便、居住分散、用电量低等原因，通过架设输电线路供电不是特别经济，迫切需要利用地理和环境优势，大力发展风力发电机组。而小型风力发电设备由于安装便捷，同时易被较薄弱的农村电网消纳，受到广泛应用，成功的案例包括在大西洋的加那利群岛、亚速群岛等风力资源较丰富的海岛地区的使用。

经过三十年的发展，我国 5 kW 以下的小型风电技术已经成熟，形成了年产 6 万台的能力，到 2007 年底，我国小型风力发电机组达 35 万台，居世界首位，在电网不能通达的偏远地区，约 180 万农牧渔民利用风能实现了家庭电气化，电灯和电视进入农家、牧户、渔船，生活质量明显提高。

作为农村能源的组成部分，小型风力发电系统的推广应用对于改善用电结构，特别是改善边远山区的生产、生活用能，推动生态环境建设诸领域的发展将发挥积极作用，因此具有广阔的市场前景。

3）微型水力发电

1878 年法国建成世界第一座水电站；1882 年美洲第一座水电站建于美国威斯康星州阿普尔顿的福克斯河上，由一台水车带动两台直流发电机组成；1885 年欧洲建成第一座商业性水电站——意大利特沃利水电站。19 世纪 90 年代起，水力发电在北美、欧洲许多国家受到重视，利用山区湍急河流、跌水、瀑布等优良地形位置修建了一批数十至数千千瓦的水电站。20 世纪 30 年代由于长距离输电技术的发展，水电建设的速度和规模有了更快和更大的发展。中国大陆第一座水电站 1910 年建于云南省螳螂川上的石龙坝水电站，2010 年云南省有史以来单项投资最大的工程项目——华能小湾水电站四号机组(装机 70 万 kW)正式投产发电，成为中国水电装机突破 2 亿 kW 的标志性机组，我国水力发电总装机容量由此跃居世界第一。

微型水力发电(微水电或小水电)是一种利用电力负荷的微型水能资源进行的发电，它可以在没有变电的情况下独立运行，也可以与地方农网并网运行，经济性能较好，使用方便，对自然生态改变较小，不造成生态环境的污染和破坏，故在农村地区受到欢迎并得到广泛应用。对于无法并入电网的偏远农村地区，微水电是最便宜的供电方式，装机容量从 500 kW～10 MW 不等，为居民提供生活用电的同时，也为农村的小型工业、小型商业、饮用水和农业灌溉等提供电能。微水电目前存在的问题主要是选址和用电高峰时供电能力不足。

4）生物质能

生物质作为地球上最丰富的可再生能源被世界各国所重视。20 世纪 70 年代，世界性的石油危机爆发后，丹麦开始积极开发清洁的可再生能源，大力推行秸秆等生物质发电，90 年代在欧美许多国家开始大发展，截至 2004 年，世界生物质发电装机已达 3 900 万 kW，年发电量约 2 000 亿 kW·h，可替代 7 000 万 t 标准煤，是风电、光电、地热等可再生能源发电量的总和。我国从 1987 年开始生物质能发电技术的研究，1998 年谷壳气化发电示范工程建成。1999 年木屑气化发电示范工程建成，2000 年秸秆气化发电示范工程建成，为推动生物质能发电技术的发展，2003 年以来，国家先后批准了河北晋州、山东单县、江苏如东和湖南岳阳等多个秸秆发电示范项目。截至 2005 年底，我国已发展户用沼气池 1 800 多万户，建成大型畜禽养殖场沼气工程和工业有机废水沼气工程约 1 500 处，沼气年利用量达到约 80 亿 m^3。全国生物质发电总装机容量约 200 万 kW，其中蔗渣发电约 170 万 kW，垃圾发电约 20 万 kW，其余为稻壳等农林废弃物气化发电和沼气发电等。

生物质能是许多农村地区家庭取暖、做饭的主要能源。在农村可以加以利用的生物质有：农作物秸秆、农业加工业废弃物、能源植物、畜禽粪便、生活污水等。如今很多农村地区对生物质能的利用大多还停留在初级阶段，如生物质直接燃烧、粪便直接灌溉农田等。在农作物废料等生物质能的原料较为充足的地区，生物质能完全可以用于发电，也可以与农作物加工厂相结合，如利用蔗糖厂产生的大量废渣发电。利用生物质燃烧发电，不仅可为当地供电，利用油桐等植物生产的生物燃料（如非食用纯植物油）还可直接为交通运输工具提供动力，或可转化为生物柴油。

中国是一个农业大国，生物质资源十分丰富，各种农作物每年产生秸秆 6 亿多 t，其中可以作为能源使用的约 4 亿 t；全国林木总生物量约 190 亿 t，可获得量为 9 亿 t，可作为能源利用的总量约为 3 亿 t。我国农村目前面临两大急需解决的问题：贫困问题和环境恶化问题，而开发与利用生物质能，努力实现农村能源需求，保护环境，促进农村发展，增加农民收入；经济合理地利用农作物秸秆，促进农业生态系统内部能量转移和物质交换由恶性循环转向良性循环；积极、稳步发展农村沼气、生物质压缩成型技术等，是解决这两大问题的良好途径。

5）潮汐能

潮汐能发电是通过水库，在涨潮时将海水储存在水库内，以势能的形式保存，然后，在落潮时放出海水，利用高、低潮位之间的落差，推动水轮机旋转，带动发电机发电。潮汐能可为沿海或岛屿农村地区用户供电。

潮汐发电在国外发展很快，欧洲各国拥有浩瀚的海洋和漫长的海岸线，这些都是稳定、廉价的潮汐资源，因此在开发利用潮汐方面一直走在世界前列，在潮汐发电的研究与开发领域保持领先优势。欧美一些国家从 20 世纪初就开始研究潮汐发电，1913 年德国在北海海岸建立了第一座潮汐发电站，1967 年法国建成第一座具有商业实用价值的电站郎斯电站，1968 年前苏联在其北方摩尔曼斯克附近的基斯拉雅湾建成了一座 800 kW 的试验潮汐电站，1980 年，加拿大在芬地湾兴建了一座 2 万 kW 的中间试验潮汐电站。

潮汐发电在我国、印度和印尼等发展中国家目前还处于起步阶段。2007 年，意大利某公司在我国、印尼和菲律宾三个国家分别成立了 3 家合资企业，开展在偏远的乡村安装潮汐能发电机的工作。印度在加尔各答附近的一个偏远地区建设了一座 2 MW 的潮汐能发电站，为当地供电。墨西哥、巴西和南非等国家也在偏远的沿海地区利用潮汐能为农村地区供电。中国海岸线主要集中在福建、浙江、江苏、山东等省，因此潮汐能发电也主要在这些省份的农村地区得到应用。1957 年我国在山东建成了第一座潮汐发电站，1978 年在山东建成乳山县白沙口潮汐电站，1980 在浙江省乐清湾北端的江厦港建成我国第一座“单库双向”式潮汐电站——江厦潮汐试验电站，该电站集发电、围垦造田、海水养殖和发展旅游业等各种功能为一体，其规模仅次于法国朗斯潮汐电站（装机容量为 24 万 kW，年发电 5.4 亿 kW·h），是当时世界第二大潮汐发电站。

6）新型复合发电系统

由于风力发电、光伏发电等新能源发电普遍存在发电量波动大的弊端，因此，复合发电系统的应用得到了发展。复合发电系统是指综合了两种以上发电技术的系统，新型复合发电系统通常是指两种不同可再生能源发电技术的融合，如光伏发电＋风力发电、风力发电＋光伏发电＋微水发电、风力发电＋微水发电等，复合发电系统的发电量相对稳定。

新型复合发电系统的使用主要考虑当地自然条件与经济因素。农村地区的可再生资源比较往往比较丰富，再加上小型农业生产的用电需求比较多，比较适合采用新型复合发电系统。我国正处于新农村建设起步阶段，随着农村城镇化建设的进一步发展，用电需求还在大幅增加。为防止发电对气候的影响，实现 2020 年二氧化碳减排目标，应选择零排放的可再生能源来进行复合发电，满足我国农村城镇化生活、生产的用电需求。当前可再生能源复合发电系统已经是新农村建设供电的主力军，例如新型的热电光电复合发电技术将热电和光电技术的优点合二为一，能够合理利用太阳能，将太阳能发电效率提高到 20%以上；风力光伏复合发电技术采用世界上最为充足的两种自然能源进行发电，使昼夜均有较为稳定的发电输出，供电系统更加安全、可靠。

7）地热发电

在各种可再生能源的应用中，地热能显得较为低调，人们更多地关注来自太空的太阳能量，却忽略了地球本身赋予人类的丰富资源。1904 年，意大利托斯卡纳的拉德瑞罗第一次用地热驱动 0.75 马力的小发电机投入运转，并提供给 5 个 100 W的电灯照明，随后建造了第一座 500 kW 的小型地热电站。中国地热资源多为低温地热，主要分布在西藏、四川、华北、松辽和苏北。中国最著名的地热发电在西藏羊八井镇，它是我国目前最大的地热试验基地，是当今世界唯一利用中温浅层热储资源进行工业性发电的电厂，也是世界上海拔最高的地热发电站。

8.3　农村电网中新能源的控制技术

我国具有发展新能源丰富的资源条件和工业基础，当前在国家相关政策的大力支持下，新能源产业呈现良好的发展势头，但是在控制技术方面，还面临着较大的挑战。

8.3.1　新能源在新农网中的控制方法

1）微电网技术

大部分新能源发电属于前沿技术，发电单元可能会存在许多不稳定因素。将发电单元及其匹配的负载单元看作一个系统，即“微型电网”。微型电网（微网）是为配电系统服务而产生的，可以运行在孤岛模式、并网模式以及两种模式间的平稳转换模式。微网可以降低发电单元对主电网带来的负面影响，也可以使各个发电单元更好地发挥积极的辅助作用。

微电网技术是新型电力电子技术、清洁能源发电技术、分布式发电技术和储能技术等多种关键技术的综合，具有以下特点：

控制灵活方便。微网的发电单元可以随时接入或断开，具备即插即用的特点。

可以孤岛运行。微网可以独自运行（孤岛模式）。当上级网络发生故障时，微网可以继续运行，提高了供电可靠性。

既是电源也是负载。对用户来说，微网是一个独立的电力系统，可以满足用户对电能质量和供电可靠性的需求；从大电网角度来看，微网是一种模块化的整体，就像电网中的一个部件（如发电机或负载）一样。

对公用电网的影响较小。微网是一个独立的整体，不会对公用电网安全性产生负面影响，并入时不需要改变公共电网的运行策略。

备有储能系统。为解决新能源发电单元响应速度慢、惯性小等问题，在微网中会配备相应的储能系统（蓄电池储能系统或飞轮储能系统等），增加了系统容量，从而增大了微网的惯性，平抑了电压波动，减弱了电压闪变，提高了电能质量。

2）基于电力电子技术的控制方法

新能源的并网需要通过电力电子器件，将发电单元（如风电机、光伏电池、燃料电池等连接转换器）通过合理的控制策略将电能输入到电网。与传统电力系统的控制相比，基于电力电子技术、含有能量管理的控制响应速度快、过流能力弱、惯性小。同时，作用于新能源的变换装置与传统器件相比，除了必须具备常规并联运行的能力外，还需要具备一些额外的功能，如可以控制电压/频率（U/f）和控制有功/无功（P/Q）的功能，负荷功率变化时运用 U/f 控制策略可以共享不同新能源发电产生的变化功率；当新能源发电单元运行在孤岛状态时可以为农电网系统提供相应的频率支撑；P/Q 控制则根据新能源发电实际运行状况来进行控制。

3）基于多代理的控制方法

风能和太阳能在地域与时间上具有较强的互补性，因此风光互补混合供电系统在农村得到较好应用，风光互补混合发电系统的电压优化控制可以通过基于多代理的控制方法，以提高电网运行的安全性与平稳性。

在现代电网中，多代理系统由控制代理、数据库代理、发电单元代理和用户代理组成，通过 TCP/IP 协议，各代理之间可以实现数据交换。代理在各自环境中互动，用户代理传送负荷信息与需求指令至发电单元代理，发电单元代理将电能生产信息传送至用户代理。采用多代理技术对各个分布式电源、开关和负荷状态进行监控，使得控制器更容易设计，电网的信息更容易获取，系统稳定性更容易分析。

8.3.2 新能源的控制技术

1）光伏发电的最大功率点跟踪技术

（1）定义

光伏电池的输出特性会随着光照强度、温度、负载状态等发生变化，不同条件下光伏电池最大功率点的位置也会发生变化。为提高光伏发电系统的整体效率，应实时变更负载特性，即调整光伏电池的工作点，使之能在不同的光照强度和温度下始终工作在最大功率点附近，这一跟踪过程称为最大功率点跟踪（MPPT）。

MPPT 控制技术是先实时监测光伏电池的输出功率，再经过一定的控制算法预测当前工况下光伏电池可能的最大功率输出点，最后通过改变当前的阻抗、电压、电流等电量的方式来满足最大功率输出的要求。

（2）控制方法

根据 MPPT 控制算法的特征和具体实现机理，MPPT 控制方法分为基于参数选择方式的间接控制法、基于采样数据的直接控制法和基于现代控制理论的人工智能控制法三类。

① 基于参数选择方式的间接控制法

恒电压跟踪法：光伏电池温度不变时，光伏电池的最大功率点与光照强度成正比。

开路电压比例系数法：由恒电压跟踪法改进而成，可克服环境和自身结温度、变化对系统的影响。

短路电流比例系数法：与开路电压比例系数法类似。

查表法：根据实际需要，预先设定好各种参数模型并存储在数据表中，当系统运行时，根据实际工况选择不同的参数，通过查表调取相关数据来进行控制。

曲线拟合法:根据光伏电池的 $P-U$ 特性曲线,通过对光伏电池端输出电压 UL 和输出电流 IL 的不断采集,建立一个与其功能相似的电路原理性模型,再与已得到的最大功率点直接拟合曲线方程。

② 基于采样数据的直接控制法

根据电压、电流和检测值,经 MPPT 控制方法直接实现控制。

扰动观测法:研究最多的一种 MPPT 控制方法。首先在光伏电池工作于某一参考电压下检测其输出功率,然后在该电压基础上加一个正向电压扰动量,再次检测光伏电池的输出功率,根据变化情况分析确定工作点。

变步长式扰动观察法:由常规的扰动观察法改良衍生而来。

电导增量法:通过比较光伏电池的瞬时电导和电导的变化量实现。

实际测量法:又称为扫描法。

寄生电容法:根据光伏电池单元存在的结电容提出的方法。

③ 基于现代控制理论的人工智能控制法

模糊逻辑控制法:是一种基于模糊逻辑算法的 MPPT 控制方法。逻辑控制器先将采集到的控制信息经过语言控制规则进行模糊推理和模糊决策,求得控制的模糊集,经过模糊判断得出输出控制的精确量,再作用于被控对象,最终使被控对象达到预期的控制效果。

神经网络控制法:将神经网络应用于 MPPT 的一种控制方法,模拟人的大脑神经处理信息的方式。

滑模控制法:通过不断变化的开关特性迫使系统在一定条件下沿规定状态轨迹做小幅度、高频率的上下"滑模运动",以到达并保持在所设计的滑动面上。

2) 风力发电机组的控制技术

(1) 风力机的控制技术

风力机和发电机是风力发电的两个关键部分,有限的机械强度和电气性能使其速度和功率受到限制,因此风力机和发电机的功率和速度控制是关键技术。风力发电机组在超过额定风速(一般为 12～16 m/s)以后,由于机械强度和风力机、发电机、电力电子容量等物理性能的限制,必须降低所捕获的能量,使功率的输出保持在额定值附近,即保持功率输出恒定,同时减小叶片承受的负荷和整个风力机受到的冲击,保证风力机不受到伤害。

① 风力机的定浆调节与控制

定桨距风力发电机组普遍设计有两个不同功率、不同极对数的双速异步发电机,大功率高转速的发电机工作于高风速区,小功率低转速的发电机工作于低风速区,由此来调整叶片尖速比,达到最佳风能利用系数。

② 风力机的变桨距调节与控制

变桨距调节是指通过变桨距机构改变安装在轮上的叶片的桨距角大小，使风轮叶片的桨距角随风速的变化而变化，一般用于变速运行的风力发电机。

③ 变速风电机组最大功率追踪及转速控制

变速风电机组在风速低于额定风速时通过变速运行获得最大的风能，这依靠最大功率追踪模块及转速控制器实现。在风速超出额定风速后依靠风力机桨距角控制系统将捕获的最大风能限制在额定出力。

(2) 独立运行式风力发电机组的控制系统

独立运行式风力发电机组一般是 110 kW 的风力发电系统，适用于远离电网、有一定用电量的家庭农场、公路、铁路养路站、小型微波发射站、移动通信发射站、光纤通信信号放大站、输油管线保护站等用户。典型的独立运行式风电系统主要包括风力机、发电机、蓄电池、逆变器和控制系统。

(3) 风力发电机组的并网控制策略

目前，国内风电场采用的风力发电机机型主要有恒速恒频的笼型异步发电机、变速恒频的双馈异步发电机、直驱式永磁同步发电机三种，这三种发电系统的并网控制策略有所不同。

① 笼型异步发电机的并网技术

目前常用的是比较先进的晶闸管软并网技术，启动装置由晶闸管构成，并网时通过晶闸管导通角的控制，限制并网时的冲击电流，从而使笼型感应发电机平稳并入电网。

② 双馈异步发电机的并网技术

根据风速的变化和发电机转速的变化，通过变频装置调整转子电流的频率，实现定子感应电势的恒频控制，即变速恒频控制。目前，适合双馈发电机组的并网方式主要是基于定子矢量控制技术，包括空载并网方式、独立负荷并网方式以及孤岛并网方式等。空载并网是指并网前双馈发电机空载，定子电流为零，提取电网电压信息进行控制，对原动机要求较高，需要原动机有足够的调速能力；独立负荷并网是指并网前双馈电机带负荷运行，根据电网信息和定子电压、电流对双馈电机和负荷的值进行控制，在满足并网条件时进行并网。

③ 永磁同步发电机的并网技术

变速恒频直驱式同步发电机系统主要包括风力机、永磁同步发电机、全功率变流器等。这种风电系统采用的是适于并网的多极永磁同步发电机，风力机与发电机直接相连，不需要安装变速齿轮箱升速。通过控制器采集电网电压、频率、相序等参数，然后与逆变器输出电压等参数进行比较，达到并网条件时进行并网。这种方式并网瞬间不会产生冲击电流，不会引起电网电压的下降，也不会对发电机定子绕组及其他机械部件造成损坏。

3）生物质能的控制技术

（1）生物质燃烧技术

生物质现代燃烧技术主要分为层燃、悬浮燃烧和流化床三种形式。

① 层燃技术

层燃技术主要包括固定炉排、滚动炉排、振动炉排、往复推动炉排等。层燃方式的主要特点是生物质无需严格的预处理，滚动炉排和往复推动炉排的拨火作用强，比较适用于低热值、高灰分生物质的燃烧。

② 悬浮燃烧技术

悬浮燃烧是首先将燃料磨成细粉，然后磨成细粉，使空气流经燃烧器，将燃料喷入炉膛，在炉膛内进行燃烧。其特点是将燃料投入连续、缓慢转动的筒体内焚烧，直到燃尽，燃料与空气可良好接触，故能够实现均匀充分的燃烧。

③ 流化床技术

流化床是基于气固流态化的一项技术，即当气流流过一个固体颗粒的床层时，若其流速达到使气流流阻压降等于固体颗粒层的重力时，固体床料被流态化。其特点是适应范围广，能够使用一般燃烧方式无法燃烧的石煤等劣质燃料、含水率较高的生物质及混合燃料等。此外，流化床燃烧技术还可以降低尾气中氮和硫的氧化物等有害气体的含量，从而保护环境，是一种清洁燃烧技术。

（2）生物质燃烧热发电技术

① 生物质直接燃烧发电

生物质直接燃烧发电是将生物质燃料与过量空气在锅炉中进行燃烧，产生的热烟气和锅炉的热交换部件换热，产生的高温高压蒸汽在蒸汽轮机中膨胀做功，带动发电机发电。燃烧发电系统主要由上料系统、生物质锅炉、汽轮发电机组合烟气除尘系统及辅助设备组成。

② 生物质和煤混合燃烧技术

分为生物质与煤直接混合燃烧和生物质与煤间接混合燃烧，是一种低成本、低风险的可再生能源利用方式，可实现燃料燃烧特性的互补，使混合燃料容易着火燃烧。

（3）生物质气化发电技术

生物质气化发电的基本原理是把生物质原料在气化炉气化，生成可燃气体并净化，再利用可燃气体推动燃气发电设备进行发电，是一种最有效和最洁净的现代化生物质能发电方式，其特点是设备紧凑、污染少，可以克服生物质燃烧能量密度低和资源分散的缺点。

生物质气化发电技术按燃气发电方式可分为内燃机发电系统、燃气轮机发电系统和燃气—蒸汽联合循环发电系统。

8.4　新能源发电应用前景分析

当前，我国经济高速发展，经济规模跃居世界前列，能源消费结构的不合理引起的资源环境问题日益突出，大力发展新能源发电技术已成为日益紧迫的问题。我国可再生能源资源丰富，通过近年来的发展，新能源发电已经取得了一定进展，形成了一定规模、体系相对完善的新能源产业，因此新能源发电有着广阔的发展前景。

(1) 风力发电和太阳能发电发展最为迅速。中国风能资源丰富且风力发电技术较为成熟，目前正在以“建设大基地，融入大电网”的方式进行规划和布局；同样，我国太阳能发电的太阳能电池制造水平较高，加上国家能源局制定的《新能源产业振兴发展规划》中要求大力发展新能源发电，对风电装机容量和太阳能发电装机容量提出了明确的目标，因此可以预言，到 2020 年末，全国风电开发建设规模有望达到 1 亿 kW，太阳能发电也将成为新能源发电的主力军。

(2) 生物质能发电优势明显，前景较好。相较于风力发电和太阳能发电的间歇性特点，生物质能发电具有更加突出的优点，特别由于其经济价值较高，近年来受到农村的青睐，在众多新能源和可再生能源发电中仅次于小水电。预计到 2020 年，生物质能发电的装机容量将达到 2 000 万 kW。

(3) 在有条件的区域发展地热发电和潮汐发电。地热发电和潮汐发电均具有地域性，其发展受到地理条件的限制。目前，中国高温地热电站主要集中在西藏地区，今后，可继续在西藏地区大力发展地热发电。我国潮汐能蕴藏量中可开发利用部分的 92%集中在经济发达、能源需求迫切的华东沿海地区，但是，由于潮汐发电开发成本较高和技术上的原因，其发展并不是很快。在大力发展海洋经济的今天，潮汐发电不仅得到政府部门的重视，更成为装备制造企业进军战略性新兴产业的新商机。与风能和太阳能相比，潮汐能更为可靠，其发电量不会产生大的波动，而且不占用农田、不污染环境，成本只有火电的$\frac{1}{8}$，因此发展潜力巨大。

参考文献

[1]　刘慧. 我国农村发展地域差异及类型划分[J]. 地理学与国土研究，2002，11

[2]　邵长江. 城乡 35 kV 农网改造线路设计[J]. 科技论坛，2006，11：46

[3]　李国徽. 分析农网 10 kV 电容器故障原因及措施[J]. 实验研究，2016(19)：81－86

[4]　蒋淳舸. 关于当前农网改造中智能化农网的探讨[J]. 智能城市，2017，1：101

[5]　王学胜. 供电新模式服务新农村[J]. 农电管理，2010，8：13

[6] 傅俪国. 国外农村典型供电模式及建设运行维护经验[J]. 电力与电工,2013,12:80 - 82
[7] 汤昕. 农网电缆线路的选型和施工技术探讨[J]. 大众用电,2016,5:33 - 34
[8] 王召仁. 农网配电线路的改造和设计思路构架解析[J]. 山东工业技术,2016(24):165
[9] 王鸿桦. 农网配电智能化改造现状与措施[J]. 中国高新技术企业,2017,8:40 - 41
[10] 杨德秀,徐晓蕊. 农网线损管理中存在的问题及优化方案研究[J]. 电子测试,2016,6:153 - 156
[11] 赵杰浅. 浅谈农网 10 kV 配电变压器的防雷改进措施[J]. 电力讯息,2017,7:143 - 144
[12] 李成浅. 浅谈新农村电网建设[J]. 农电管理,2016,3:13 - 14
[13] 黄存强. 安娟,等. 青海县乡村配电网典型供电模式研究[J]. 青海电力,2016,6:41 - 44
[14] 赵杰试. 试论农网 10 kV 配电线路和设备常见故障的诊断[J]. 低碳技术,2017,7:85 - 86
[15] 凌河. 探究分析农网配电的运行管理[J]. 化工管理,2016,12:6
[16] 高永银. 小城镇典型供电模式的实践[J]. 农村电气化,2012,12:34 - 36
[17] 盛万兴,宋晓辉,等. 新农村典型供电模式[J]. 农村电气化,2009,8:5 - 7
[18] 梁德斌. 新农村典型供电模式的金湖样本[J]. 农村电工,2011,4:4 - 5
[19] 宋晓辉,盛万兴,等. 新农村电气化村典型供电模式[J]. 电力系统自动化,2008,9:104 - 107
[20] 赵昊鹏. 新农村建设背景下的农网发展分析及建议[J]. 农林科技,2016(15):75 - 76
[21] 王利. 新型城镇化- 农网发展新动力[J]. 中国电力企业管理,2014,12:19 - 23
[22] 陆晓东. 中低压农网改造升级中的经验积累[J]. 中国新技术新产品,2017,7:126 - 127
[23] GB 50952 - 2013 农村民居雷电防护工程技术规范[Z]. 2013
[24] GB 50039 - 2010 农村防火规范[Z]. 2010
[25] GB/T 50824 - 2013 农村居住建筑节能设计标准[Z]. 2013
[26] 杨世海,陈昊,等. 城市供配电技术[M]. 北京:中国电力出版社,2014,1
[27] 葛清. 农村分布式建筑供配电工程设计[J]. 农村电气化,2016,3
[28] 盛万兴,宋晓辉,等. 新农村典型供电模式[M]. 北京:中国电力出版社,2008,5
[29] fuzi5447679. 农网配电基本知识[EB/OL]. [2016-01-27]. https://wenku. baidu. com/view/9dcaad2a910ef 12d2bf9e718. html
[30] 书光 2018. 农网配电基本知识(一)[EB/OL]. [2016-07-14]. http://www. 360doc. com/content/16/0714/18/32672973_575510699. shtml
[31] 永不再玩新能源发电与控制技术[EB/OL]. [2017-04-25]. https://wenku. baidu. com/view/fc20d19bf424cc bff121dd36a32d7375a417c627. html